水与齐鲁文明

主　编：王维平
副主编：邓海燕　马振民　曲士松
　　　　刘　品
编　委：孟　斌　徐巧艺　周亚群
　　　　汪　玮　庞宇峰　黄　强
　　　　王天宇

黄河水利出版社
·郑州·

内 容 提 要

本书以水与齐鲁文明的关系为主线,分成水与齐鲁古代文明、水与齐鲁现代农业文明、水与齐鲁现代工业文明、景观水与齐鲁城市生态文明、黄河及南水北调东线工程与齐鲁文明和虚拟水与齐鲁国民经济发展六章内容。从历史和现代的角度,多方位探索水与文明发展的关系,阐述水对齐鲁文明产生和发展所起的作用,并以此为借鉴,以水为关键要素,预测和规划山东省未来发展的格局与趋势,为山东省建立人与自然和谐社会提供依据。

本书可供关心水与社会文明发展的各界人士,尤其适合从事水利行业的相关人员阅读参考。

图书在版编目(CIP)数据

水与齐鲁文明/王维平等编著. —郑州:黄河水利出版社,2013.12

ISBN 978 - 7 - 5509 - 0645 - 7

Ⅰ.①水… Ⅱ.①王… Ⅲ.①水利史 - 关系 - 文化史 - 研究 - 山东省 Ⅳ.①TV - 092 ②K295.2

中国版本图书馆 CIP 数据核字(2013)第 293557 号

组稿编辑:王路平 电话:0371 - 66022212 E-mail:hhslwlp@ 126. com

出 版 社:黄河水利出版社
地址:河南省郑州市顺河路黄委会综合楼 14 层 邮政编码:450003
发行单位:黄河水利出版社
发行部电话:0371 - 66026940、66020550、66028024、66022620(传真)
E-mail:hhslcbs@ 126. com
承印单位:河南地质彩色印刷厂
开本:850 mm × 1 168 mm 1/32
印张:8.25
字数:240 千字 印数:1—1 000
版次:2013 年 12 月第 1 版 印次:2013 年 12 月第 1 次印刷

定价:25.00 元

前　言

　　有人的地方必然有水。大河流孕育了大城市,小溪流产生了乡村,繁荣程度取决于水量的多少。水孕育了人类的文明。从自然的演化到生命的诞生,从原始人类的进化到人类文明社会的产生,都与水有着不解之缘,整个自然进化史和人类社会发展史都充分证明了这一点。

　　人类历史上的第一次生产方式变革是从采集和狩猎向农业的过渡,而农业文明的产生依赖于河流,依赖于充足的水源,才成为可能。农业的产生和发展在人类文明史上具有划时代的意义。农业文明绵延数千年的历史,是一部人与自然搏斗的历史,也是人与水抗争的历史。水既能给人类带来福利,也能给人类带来无尽的灾难。农业文明的根源在于水,水是整个古代文明的主线和精髓。

　　农业文明持续了数千年。工业文明至今只不过300多年,以工业化为代表的近代文明的产生,都与水有着这样或那样的联系,具有非常明显的"水利色彩"。水作为工业文明产生的动力,在历史的起点就决定了它在工业文明中的地位。水是工业生产过程中不可缺少的资源,它既可以作为能源,又可以作为原料,还可以用于洗涤和冷却,整个生产工艺过程都离不开水。

　　伴随着工业文明而来的是一系列生态环境问题,这就迫使人类反省自身的生存环境,关注生态问题,于是便产生了所谓生态文明,即从人类学、生态学、文化学的角度研究人类与生态环境协调相处的问题。水在生态环境和人类文明发展史中所起的作用,充分说明了人与水关系的和谐是人与环境关系和谐的必要条件和前提,也是生态文明建设的主旋律。

　　从人类源于水,到人类文明的产生和发展,从农业文明到工业文明,再到生态文明,其生产方式的每一次进步,都表明了人类对水资源认识的不断深化以及对人与水之间的关系更深刻的理解。总之,水既是人类生存的基本条件,又是社会生产必不可少的物质资源,没有水,就没有人类社会的今天。

本书以水与齐鲁文明的关系为主线,分成水与齐鲁古代文明、水与齐鲁现代农业文明、水与齐鲁现代工业文明、景观水与齐鲁城市生态文明、黄河及南水北调东线工程与齐鲁文明和虚拟水与齐鲁国民经济发展六章内容。从历史和现代的角度,多方位探索水与文明发展的关系,阐述水对齐鲁文明产生和发展所起的作用,并以此为借鉴,以水为关键要素,预测和规划山东省未来发展的格局与趋势,为山东省建立人与自然和谐社会提供依据。

本书经过长时间的编写和修改终于定稿。山东省水利厅副厅长马承新在成书过程中给予了很多的关心和支持。从最初构思文章框架到最终定稿,马副厅长都倾注了大量心血和精力,给予了大量的、极其有益的建议和具体的指导,并提供了大量资料。正是在马副厅长的悉心指导和帮助下,本书才得以顺利完成,在此表示真诚的谢意!

本书在编著过程中参考了大量的资料和文献,在此也向所有文献的作者表示衷心的感谢!

由于本书研究的是一个新的领域,涉及内容广、信息量大,再加上笔者水平有限,难免有不当之处,敬请读者批评指正。

编　者

2013 年 7 月

目　录

第一章 水与齐鲁古代文明

引 言

　　水,作为自然的元素,生命的依托,以它天然的联系,似乎从一开始便与人类生活乃至文化历史结下了一种不解之缘。纵观世界文化源流,是水势滔滔的尼罗河孕育了灿烂的古埃及文明;幼发拉底河的消长荣枯明显地影响了巴比伦王国的盛衰兴亡;地中海沿岸的自然环境,显然是古希腊文化的摇篮;流淌在东方的两条大河——黄河与长江,则滋润了蕴藉深厚的中原文化和绚烂多姿的楚文化。

　　古代的先民,依赖水、崇拜水、歌颂水,有限的利用水,水和文明处于和谐相处阶段。回溯历史,水对山东社会、经济发展起到了不可替代的作用,水孕育了博大精深的古代齐鲁文明,包括大汶口、龙山、北辛文明,华夏文明到春秋战国时期已相当成熟,这时候,齐鲁大地名人辈出,如孔丘、孟轲、墨翟、管仲、孙武等。一方水土养一方人,在后来的时间里,齐鲁大地又相继出现了诸葛亮(三国)、王羲之(东晋)、李清照(宋朝)、戚继光(明朝)、蒲松龄(清朝)等历史名人,对中国历史影响重大。

　　为谋求生存与发展,山东人民很早就开始了治水活动,在水旱灾害频繁并且严重的情况下,山东能较早地进入文明社会,并一直保持了较为先进的经济和文化,是与治水分不开的。自历史记载的春秋时期起,至今已有 2 000 余年历史:战国时期,为防御洪水泛滥,已修筑堤防;西汉时期,山东兴建了大型的引水灌溉工程;唐贞观年间建设小型水库、塘坝;元、明、清三代,开发运河。历代齐鲁人民治水活动都取得了重大成就,不仅在一定程度上满足了当时的水利需求,更为后代留下了珍贵的水利遗产。

本章主要从历史的角度来展示齐鲁古代丰富多彩、独树一帜的水文化,分析齐鲁古代重要的治水人物及其对后人影响重大的治水思想,并介绍山东历史上关于灌溉、航运和城市水利的几项具有代表性的水利工程。撰写本章的目的主要是通过回溯齐鲁古代水文明,借鉴古人系统和科学的治水思想与经验,结合当今和未来的自然环境、社会状况以及对水利事业的需求,科学治水,使水与齐鲁文明向着更加和谐的方向发展。

第一节　齐鲁古代水文化

人类发展史,无不与水密切相关,而水与文化一旦相融,那便更具意义。它带给人们的除了社会意识的提高,还有深厚的文化内涵。在中国文化史上,特别是山东文化史上,水文化在文学、神话传说、文化风俗等方面都得到了丰富的体现。

一、水与文学

(一)诸子百家

战国时代,由于齐国经济发达、政治开明,具有良好的文化政策,再加上齐国君王给予士人优厚的物质待遇,吸引了当时几乎所有的著名学派汇集稷下。而稷下学宫成为百家争鸣极其引人注目的学术场所。这一时期诞生了众多广为人知的思想家及其流派,孔孟的儒家学说、墨子的墨家学说、孙武的兵家学说、尹文的道家学说及邹衍的阴阳家学说等在齐鲁大地相互交融,蓬勃发展,并创造出对世人影响深远的文学论著,如儒家代表作《论语》、《孟子》;墨家代表作《墨子》以及兵家代表作《孙子兵法》等。这些文学作品不仅记载了诸子百家的思想,对后人也有深刻的影响,在齐鲁文学史乃至整个世界文学史都有着不可替代的地位。其中也不乏关于水的言论。那时的人们开始关注世间万物，并从中获得人生的真理。水是世间最普遍的自然物，也是最有灵性的东西，水是流动的、平等的、多情的，给予思想家无限的启迪。

孔子，儒家思想的创始人，提出"知者乐水，仁者乐山"（《论语·雍也》），用水来比拟智慧通达之人，而在目睹滔滔江水的一去不复返时，孔子又感叹其"逝者如斯夫，不舍昼夜"（《论语·子罕》），告诫世人珍惜时光；孔子观于东流之水，曰："夫水，大偏与诸生而无为也，似德。其流也埤下，裾拘必循其理，似义。其洸洸乎不屈尽，似道。若有决行之，其应佚若声响，其赴百仞之谷不惧，似勇。主量必平，似法。盈不求概，似正。淖约微达，似察。以出以入，以就鲜絜，似善化。其万折也必东，似志。是故君子见大水必观焉。"（《荀子·宥坐》）在"东流之水"中，孔子读出了"德"、"义"、"道"、"勇"、"法"、"正"、"察"、"善化"和"志"等种种意味，真可谓"观水有术"。孔子乐水的另一记载是对孔子与学生子路、曾皙、冉有、公西华畅谈理想的记录：一天，孔子饶有兴趣地问四个学生的志向，子路的理想是治理一个大国，冉有谦虚一点说管理一个小国，公西华则想做一名司仪。他们三人的志向抱负不可认为不宏大，但孔子并未作出评价。相比之下，曾皙的志向就微不足道了，他说："莫春者，春服既成，冠者五六人，童子六七人，浴乎沂，风乎舞雩，咏而归。"就是这段看似没有宏大抱负的话，却得到了孔子的赞同："吾与点也。"为什么会这样呢？这是因为，孔子一生孜孜追求和向往的就是国泰民安、天下太平、幸福自由的桃源生活，曾皙描绘的正是这样一个美妙境界。另一个原因就是孔子十分爱水，经常到自己家乡的沂水河中，清洗污尘，陶冶情操，亲近自然。孔子不仅限于陶醉、流连于山水的自然情趣，而且通过对自然之水的观察和体验，赋予水丰富的伦理道德思想。

作为儒家代表人物之一，孟子也对水有着独到并对后人影响深远的见解。孟子曰："水信无分于东西，无分于上下乎？人性之善也，犹水之就下也。人无有不善，水无有不下。今夫水，搏而跃之，可使过颡；激而行之，可使在山。是岂水之性哉？其势则然也。人之可使为不善，其性亦犹是也。"（《孟子·告子上》）以水性与人性作对比，表明了孟子人性本善的主张。古人往往以器皿盛水作为镜鉴，水之镜与心之态常常被关联起来，于是孟子提出"心之官则思"的思想。《孟子·尽心上》记载："孔子登东山而小鲁，登泰山而小天下。故观于海者难为水，游于圣人之门者难为言。观水有术，必观其澜。日月有明，容光必照焉。流水之为物也，不盈科不行；君子之志于道也，不成章不达。"此段的主旨是，见过大海的人难为湖泊溪流所吸引，流水不把坑洼填平不能前进，君子志存于"道"，没有成就"道"便不会通达。此处的所谓"道"显然不是道家本体意义上的"道"，而是一种社会人文的理想。

墨子，鲁国人，是中国历史上一位卓越的思想家和身体力行的实践家，所创立的墨家学说，与孔子创立的儒家学说在百家争鸣的先秦时期冠盖群说，并称"显学"。墨子及其弟子与后世学者著述的《墨子》，对中国传统文化思想的形成和发展产生了深远的影响。从水文化的视角去考察，可以感受其中质朴而浩瀚的文化思想中透露出颇为丰富的水文化信息。墨子的思想源头可追溯到大禹，"非禹之道也，不足谓墨"，可以看出墨子对大禹的推崇。墨子指出，"兼相爱，交相利，此圣王之法，天下之治道"（《兼爱中》），他还大量征引大禹治水的事迹，说明"兼爱"的主张取法于大禹等古代圣王。如果说大禹治水为民造福的精神是中华文化尤其是水文化的重要特征，那么墨子的思想和行动也充分体现了"大禹之道"。"兼爱"是墨子的政治主张之一，"我以为人之于就兼相爱交相利也，譬之犹火之就上，水之就下也，不可防止于天下"（《兼爱下》），墨子指出，只要执政者大力倡导推行兼爱之道，就如同火向上窜、水往低处流一样，将在天下形成一种不可遏止的态势。墨子也是政治活动家，一生奔波于各诸侯国之中，宣扬"非攻"，反对战争，并力主防御，创造了积极防御的《备城门》、《备水》等11篇专门的军事著作。滔滔的江水、滚滚的激流成为诸侯国以水代兵，进行兼并战争的工具，墨子提出了一套比较系统的对付水攻的防御办法。

在先秦诸子中，兵家是最受诸侯国欢迎的一家。历史为兵家提供了驰骋的舞台，而战争则为兵家提供了锻造的熔炉。春秋战国之际，一大批军事家走上历史的前台。但有"兵圣"之誉者，唯孙武一人。孙武所著的《孙子兵法》十三篇，有七篇直接谈到了水与战争的关系。以水的特性和功用论述军事思想,堪称该著作的鲜明特色之一。"激水之疾,至于漂石者,势也……是故善战者,其势险,其节短"(《势篇》),"善用兵者,修道而保法,故能为胜败之政。故胜兵若以镒称铢,败兵若以铢称镒。胜者之战民也,若决积水于千仞之溪者,形也"(《形篇》),其中"势"主要讲的是主观能动作用的发挥,从而造成有利的形势;"形"主要指军事实力,只有在一定的"形"的基础上,发挥将帅的指挥才能,造成有利的"势",才能战胜敌人。以水为喻,使得这对抽象概念变得具体、形象和易于理解。"战势不过奇正,奇正之变,不可胜穷也。奇正相生,如循环之无端,孰能穷之?故善出奇者,无穷如天地,不竭如江河"(《势篇》),"夫兵形象水,水之形,避高而趋下;兵之形,避实而就虚"(《虚实篇》)。用兵作战,灵活运用战略战术十分重要,对此,孙子提出了"奇正"与"虚实",并以水喻之。如何做到"避实而就虚,因敌而制胜"?孙子认为应根据敌情变化灵活运用各种战法而战胜敌人,又一次以水为喻:"水因地而制流,兵因敌而制胜。故兵无常势,水无常形,能因敌变化而取胜者,谓之神"(《虚实篇》)。天时、地利、人和都是决定战争胜负的重要原因。孙子十分重视地利,提出了以水助攻、以水代兵、依江河作战等原则。关于以水论兵的论述,不但妙语连珠,而且哲理精微,使抽象的军事理论为人们所深刻理解和掌握。

可见,水作为诸子百家思想启蒙与发展的摇篮,不仅大大丰富了齐鲁水文化,对当时经济社会的进步及人们思想的解放也起着至关重要的作用。诸子的思想也对后世人们的政治、经济、军事、文化、生活等方面产生了深远的影响。

(二) 诗词歌赋

中国文化源远流长,齐鲁文化在中国文学史中有着举足轻重的地位。古往今来涌现出不少杰出的文人骚客创作诗词歌赋来赞颂祖国的壮丽河山。齐鲁山水众多,对其描绘与歌颂的诗词歌赋更是不计其数,此处仅以济南泉水为例,说明水是诗人无限的创作源泉。另外,以水为灵感的诗词歌赋也为齐鲁水文化增添了色彩。

济南素有泉城、泉都之称。众多清冽甘美的泉水,从城市地下涌出,汇为河流、湖泊。盛水时节,在泉涌密集区,呈现出家家泉水,户户

第一章 水与齐鲁古代文明

垂杨,清泉石上流的绮丽风光。早在宋代,文学家曾巩就评价道:"齐多甘泉,冠于天下。"元代地理学家于钦亦称赞说:"济南山水甲齐鲁,泉甲天下。"

济南泉水,具有悠久的历史。《春秋》有公会齐侯于泺的记载,记述公元前694年鲁桓公与齐襄公在泺水相会之事。泺,系趵突泉之古称。北魏地理学家郦道元在《水经注·卷八·济水二》中描述道:"泺水出历(城)县故城西南,泉源上奋,水涌若轮。"金代文学家元好问在《济南行记》中说:"济南名泉七十有二。"于钦在其《齐乘》一书中把七十二泉的名字、位置记录了下来。

济南泉水多如繁星,然而却各具风采。或如沸腾的急湍,喷突翻滚;或如倾泻的瀑布,狮吼虎啸;或如串串珍珠,灿烂晶莹;或如古韵悠扬的琴瑟,铿锵有声,整个泉城沉浸在泉水潺潺淙淙、诗情画意之中,使得历代文人为之倾倒。唐、宋、元、明、清各代文人李白、曾巩、苏辙、晏璧、王士禛等都留下了赞泉的诗文。如唐代李白作有《陪从祖济南太守泛鹊山湖》三首:"初谓鹊山近,宁知湖水遥?此行殊访戴,自可缓归桡。""湖阔数千里,湖光摇碧山。湖西正有月,独送李膺还。""水入北湖去,舟从南浦回。遥看鹊山转,却似送人来。"这是现存最早的描写鹊山湖的诗篇,描写出了鹊山湖当时水域辽阔、引人入胜的自然美景。宋代曾巩《趵突泉》:"一派遥从玉水分,暗来都洒历山尘。滋荣冬茹温尝早,润泽春茶味更真。已觉路傍行似鉴,最怜沙际涌如轮。层城齐鲁封疆会,况托娥英诧世人。"元代赵孟頫《趵突泉诗》:"泺水发源天下无,平地涌出白玉壶。谷虚久恐元气泄,岁旱不虞东海枯。云雾蒸润华不注,波涛声震大明湖。时来泉水濯尘土,冰雪满怀清与孤。"这两首诗词都把趵突泉诗情画意的美景描写得淋漓尽致。明初,诗人晏璧作《济南七十二泉诗》,对济南名泉一一加以吟咏。到了清代,记述泉水的诗词歌赋、文章典籍,更是不胜枚举。

济南泉水也孕育出李清照、辛弃疾等一代又一代婉约与豪放派词人。他们赞美泉的词句以及以泉为灵感表达其感情的佳作数不胜数,在齐鲁文学史乃至整个中国文学史上都有着极其重要的地位。

二、水与神话传说

先人们逐水草而居,依赖水、歌颂水、崇拜水,并把水及其与水有关的人物赋予神话色彩。

大禹治水的古史传说早在3 000多年前的西周时期,就已在今天的宁阳及其大汶河沿岸广为流传。几千年来,有关大禹治水的传说在宁阳及其周边地区久传不衰,家喻户晓。人们至今传颂着许多大禹治水的故事、诗词及歌谣,如妇幼皆知的禹王台的传说、筷子的传说、建立禹王庙的传说、"禹碑虹渚"传说、威镇水妖之庙的传说、大禹定属相的传说、大禹"夫妻树"的传说、"虬枝歧柏"的传说、禹攻云山的传说、铁牛镇海眼的传说、白马庙里祀禹父的传说等十余个传说。这些传说正体现了中华民族的勤劳、智慧、勇敢、奉献、坚毅不屈、万众一心战胜困难的民族精神。其中与大禹治水传说相关的有"河出图,洛出书","河图洛书"成为古代中华民族的一个文化符号,深刻地启发着人们的哲学思维和文化心理。

被誉为"天下第一泉"的趵突泉,它的由来则与济南城中一名唤鲍全的青年樵夫有关。鲍全家境贫寒,双亲因重病无钱医治而亡,自此他向一和尚学医,治病救人。适逢济南大旱,没水煎药,鲍全每日早起挑水,医治穷人。一日,途中搭救一老者并认其为义父。老者见鲍全为穷人殚精竭虑,感其善心,遂给他出一主意,告知泰山有一黑虎潭,专治瘟疫,如若能挑回一担泉水,只要给每个病人的鼻中滴上一滴便可消除百病。鲍全历经艰辛来到黑虎潭,发现原来此处是龙宫,而老者正是龙王兄长。鲍全挑中龙王一件白玉壶,壶中之水取之不竭。待鲍全回到城中,果真治好许多病患。州官闻讯欲夺之,鲍全将壶埋于院中,公差搜得玉壶却搬不动,待到他们齐心用力之时,只听"咕咚"一声,平地窜出一股大水,水花四溅洒满全城,水珠落地化为泉眼,自此济南变成有名的泉城。而人们为纪念鲍全,遂将此泉唤为宝泉,年深日久,观其泉水咕嘟喷涌之状,又将其唤为"趵突泉"。关于济南泉水的传说还有很多,比如舜为凤身、龙吟琵琶、寺沉成湖、马刨泉涌等,不胜枚举。

家喻户晓、脍炙人口的八仙过海的传说发源并流传于山东蓬莱。

八仙象征着人们崇尚正义、向往自由的天性,千百年来,八仙的性格已凝练成蓬莱精神,八仙文化已沉淀成蓬莱地域文化的精髓。

关于齐鲁水文化的神话传说还有很多,至此不再枚举。神话传说固然有待考证,但这也有力说明了齐鲁水文化的历史悠久,同样,这些神话传说也为齐鲁水文化赋予了神秘的色彩,增添了生动的内容。神话是诗化的历史,但是在传说中常常包含着历史的真实。

三、水与文化遗迹

"凡立国都,非于大山之下,必于广川之上,高毋近旱而水用足,下毋近水而沟防省,因天材,就地利"(《管子·乘马》),凡是建立大小城市,都要在大河的旁边,要有充足的水源,先人逐水而居,水孕育了人类文明。同样,齐鲁之水孕育了博大精深的古代齐鲁文明,包括北辛文明、大汶口文明、龙山文明,是齐鲁人民智慧的结晶。

北辛文化得名于北辛遗址,北辛遗址得名于官桥镇北辛村,北辛村地处薛河故道南岸。薛河是古薛一带的母亲河,她孕育了东夷妊薛氏族,因此也就孕育了北辛文化,孕育了东方最早的农耕文明。薛河还是历史上最早的运河,也是后来京杭大运河的支流。薛河融汇着北辛文化、大汶口文化、龙山文化、岳石文化等诸多古老文化,它不仅为我们带来了珍贵的水资源,而且为几百万鲁南人民乃至整个华夏民族留下了丰富的文化财富。目前发现的北辛文化遗址,主要集中在四个小的区域之内,即鲁中南地区、鲁北地区、胶东半岛地区和苏北地区。鲁中南地区主要包括泰安、济宁和枣庄三市,地处泗河中上游和汶河流域,习惯上称呼的"汶泗流域"即指此区。鲁北地区主要包括济南、淄博、滨州、潍坊等地市。胶东半岛地区系指胶莱河以东的半岛及其沿海岛屿。苏北地区系指江苏省淮河以北区域。"北辛文化"上承古老的"东夷文化",下拓"齐鲁文化",博大精深,奠定了中华传统文化的根基,建构了中华民族精神的基本框架,在中华文化发展史上有着特殊重要的地位,为中华文化的发展作出了巨大的贡献。

大汶口文化,是新石器时代后期父系氏族社会的典型文化形态,主要是在以泰沂山系为发源地的汶、泗、沂、淄、潍等水域的广大地带,西部见之于黄河北岸,东部达到山东半岛,南部延及今江苏和安徽的北部。从碳同位素测定的数据推算,它前后延续了两千年左右。继大汶口文化之后是山东龙山文化,龙山文化泛指中国黄河中下游地区新石器时代晚期的一类文化遗存,因首次发现于山东历城龙山镇(今属章丘)而得名,距今4 000~4 600年,分布于黄河中下游的山东、河南、山西、陕西等省。

谈到文化遗迹,不得不说距今近7 000年的烟台市芝罘区白石村贝丘遗址,此遗迹充分说明了胶东半岛是中国史前海洋文明最重要的源头。从出土的石器、骨器及陶器等文物看,大量制作工艺精湛的渔具和海鱼鱼骨说明,当时胶东先民的渔业水平已十分发达。而长岛县北庄遗址发现了原始社会半地穴式房址90余座,充分反映出当时社会的繁荣景象,被考古界誉为"东方的半坡"。众多的出土文物证明,在大海丰富物产的养育下,胶东半岛的史前文化在我国已经处于领先位置。

可以看出,这些文化遗迹都在河流或海洋附近,文化遗迹沿着河流分布的空间地理特征说明文明的起源离不开水,水资源不仅养育了智慧的齐鲁人民,更孕育了这博大精深、源远流长的齐鲁文明。

四、水与文化风俗

司马迁在《史记》中论及水土与民风的关系,"泰山之阳则鲁,其阴则齐。齐带山海,膏壤千里,宜桑麻,人民多文采布帛鱼盐。临菑亦海岱之间一都会也。其俗宽缓阔达,而足智、好议论,地重,难动摇,怯于众斗,勇于持刺,故多劫人者,大国之风也。其中具五民。而邹鲁滨洙、泗,犹有周公遗风,俗好儒,备于礼,故其民龊龊。颇有桑麻之业,无林泽之饶。地小人众,俭啬,畏罪远邪。及其衰,好贾趋利,甚于周人"。齐国的都城在淄博,疆域从山东中部一直延伸到胶东半岛的大海之滨。鲁国的都城在曲阜,疆域主要在鲁西、鲁南一带。齐鲁之地自古山水雄浑,文化浩博,两地有着崇周礼、重教化、尚德义、重节操等共同的风尚。齐鲁人给人的总体印象是壮实英伟、淳朴厚道、耿直重情、富有同情心,充满了集温厚与阳刚为一体的豪洒之气。在今天,"山东大汉"被认为是北方人的代表,一提到北方人,人们最先想到的就是他们。但是细细打量的话,齐鲁两地的文化渊源大为不同,两地的人文情态亦有较大差异,如刘禹锡就说:"东近沂泗,多质实;南近腾鱼,多豪侠;西近济宁,多浮华;北近滋曲,多俭啬。"总的说来,齐人更为务实、开放、勇武,鲁人更为尊礼、崇德、守旧。司马迁在《齐太公世家》篇末也说道:"吾适齐,自泰山属之琅琊,北被于海,膏壤二千里,其民阔达多匿知,其天性也。以太公之圣建国本,桓公之盛修善政,以为诸侯会盟,称伯,不亦宜乎?洋洋哉,固大国之风也!"司马迁论齐这一地区,主要从自然环境、经济条件、历史特点等方面,也讲到了文化风俗。这些都说明文化风俗会随着山、水等自然条件的不同而不同,水对人们文化风俗及其性情的形成有着重要的作用。

第二节　齐鲁古代治水人物与思想

春秋战国时,五霸之一的齐桓公约集诸侯在葵丘会盟,盟约中规定"无曲堤",即国际边界河流不准曲为堤防,壅高河水危害他国。这大概是中国水法的雏形。我们的先人在保护和节约水资源方面的意识由来已久,孟子就曾明确指出,"民非水火不生活",管子也说:"食之所生,水与土也。"他们都认识到水是人类赖以生存的基础与条件,这足以说明当时掌握的水文知识已很丰富。齐鲁古代先人不仅对水有着充分的认识,并且为了满足农业、航运及城市等方面的需求,建设了很多水利工程,长期的治水使我们的先民逐步形成了系统的治水思想,对今人有着极其重要的借鉴意义。

一、管仲及其治水思想

管仲(前725—前645),不仅是春秋初年齐国政治家,还是著名的治水专家。他特别强调水利的作用,把兴修水利看作是治国安邦的根本大计。他的水利思想和主张在我国水利史上有着十分突出的地位和影响。

他认为,"善为国者,必先除其五害,五害之属,水最为大",五害即指水、旱、风雾雹霜、瘟疫、虫灾,"除五害,以水为始"。管仲把水、旱列为五害前两位,第一次明确提出了治水是治国安邦的头等大事。在管仲辅佐齐桓公治国的过程中,水利发挥了极为重要的作用。兴水利、除水害的理论之所以在管仲的治国策略中占了较大篇幅,是因为齐国独特的地理气候条件,特别是境内河流的洪涝灾害更是齐国统治者的心腹之患,并且齐国作为一个自然经济占主体的农业之国,最紧迫最基本的就是要发展农业生产,而水利又是农业的命脉,因而兴水利除水害成为统治者关注的重大课题。另外,根治水患对解决其他四害也有着直接或间接的意义。管仲开创了"治国者必先治水"之说。

为使水资源得到充分的开发利用,管仲将地表水按其来源和流经情况,具体提出了河流的分类:干流、分支、季节河、支流、人工河和湖泽等。根据不同水源的特点,因势利导,因地制宜,采取相应的工程措施,兴利除害,使其更好地为农田灌溉、河道航运以及城市供排水等方面服务。

在工程设计上,管仲也有其颇有建树的见解,有些一直沿用至今,对当时以及现在都有着十分重要的指导和借鉴意义。关于农业灌溉,管仲认为"夫水之性,以高就下"。引水灌田要顺应水往低处流的特性,采取相应的工程措施。要引水灌溉高处的农田,就需要在上游修建堰坝等扼水建筑物,为引水创造先决条件,还必须选择渠道的合理坡降。坡降大了,水流过快,会冲毁渠道,甚至剥蚀岩石;缓了,水流过慢,又会造成渠道淤积。这个就相当于现代渠道设计中的不冲不淤流速。当渠道通过难以避免的道路、小河或沟谷时,还需要修建多种形式的建筑物,如倒虹吸管、跌水等。这样,水就可以"迂其道而远之,以势行之",沿着渠道顺着地形向远处的农田流去。他还对渠道水流中的水跃和环流两种破坏性的水力现象作了比较科学的论述,初步认识到水跃现象是由于渠道纵剖面上的局部突然升降造成的,并指出,水跃能够破坏水利工程,甚至导致"水妄行"的事故发生。在2 000多年前,管仲能够对渠道工程中有关的水力学问题作出如此明晰和透彻的分析,的确令人称奇。管仲还对城市水利作过专门研究,有着精辟独到的见解。他认为:"凡立国都,非于大山之下,必于广川之上,高毋近旱而水用足,下毋近水而沟防省,因天材,就地利,故城郭不必中规矩,道路不必中准绳。"这里就指出了良好的水利环境对于城市建设必不可少,既要拥有足够的水资源,又要具备良好的防洪条件。城市建设布局要因地制宜,视地形和水利条件而定,不必拘泥于一定的建筑模式。强调了选择和建设城市既要充分考虑水资源的问题,又要兼顾防洪排涝的需要。齐国国都临淄故城在建筑时即充分运用了管仲的理论,其防洪、排水、给水、排污等系统网的布局,堪称当时城市水利建筑一绝,独一无二,这部分内容将在第三节重点介绍。

管子在重视水利工程技术问题的同时,还注意到了水利管理工作。在管仲的辅佐下,齐国开始设置了水行政机构,配置专职官员对水利事宜进行管理。他还指出,堤防要进行经常的维修和养护,并应设专门的水官来管理,水官要在冬天巡视各处堤防;维修堤防工作要在春天农闲时来做,对已修筑完工的堤防,要经常检查;遇到大雨,要对堤防加以防护,对迎水受冲刷的危险堤段,要采取相应的工程措施进行据守防护;堤防维护要以全年坚固无损为目标。只有做到平时经常的维修管理,才能防患于未然。他也专门论及了施工的组织管理工作,包括施工队伍的组织和施工器械的准备工作。

管子在地下水研究方面也颇有建树。他颇有先见地提出通过地下水埋藏深度来调整田赋的措施。掘地十仞(古八尺为一仞,一尺约为0.33 m,一仞约为2.67 m)才见到水,不会有大涝;五尺见到水不会有大旱。倘若地下十一仞才见到水,就应该减轻赋税,从原额中减去十分之一;若十四仞见到水,就减轻十分之四;十五仞见到水就应减去一半,和山地的赋税相同。倘若五尺见到水,就减赋税十分之一,四尺减十分之二,三尺减十分之三,二尺减十分之四,一尺就见到水,就按沼泽地的税额计征。也就是说,地下水埋深在五尺与十仞之间不减赋税。管仲对由于地下水埋深的大小而使农作物遭受旱灾和溃涝灾害有比较科学的认识。由于每十年对赋税定额进行一次调整,可见当时每十年要进行一次地下水埋深勘测。通过对地下水埋深定期普测,从而发现了植物种类的分布情况与地下水埋深的关系,由于植物习性和生理等原因,它们的分布地带,反映着地下水埋藏深度的不同,而且还注意到水质、色、味等特性的测试,如"白而甘","其泉咸","黑而苦"等。像这样对于地下水的高度认识和概括,没有大量的实地勘测资料是不可企及的。不仅如此,在对地下水垂直分布即水层的存在的概念及其与地质的关系方面的探讨也同时获得了可贵的成果,"青山十六施,百一十二尺而至于泉,青龙之所居,庚泥,不可得泉"、"徙山十九施,百三十三尺而至于泉,其下有灰壤,不可得泉"(《管子·水地》)。

管仲关于治水的理论和思想,是我国春秋早期治水理论的总结和概括,后人追述其言论编成《管子》一书,有关水利内容的论述集中在《水地》篇,论述水的重要性,水的物理性质,水对土壤、植物、动物、矿物的作用,特别叙述水的育人功能及各地水质与居民性格的关系等。《度地》篇论述治国先除五害,水源的五种类型,明渠水流的渠系设计;描述了有压管流、水跃、环流等水力学现象;还论及水行政机构,施工组织和工具配备,施工季节,滞洪区的设置,堤坝的填筑、维修、管理等。《地员》篇,论及地下水埋深、地下水水质和相应的地表土上适宜种植的农作物,以及水的自然水色、水味等。《乘马》篇论述城市水利理论等。《八观》、《轻重甲》篇论述齐国河海渔、盐业的生产和发展等。管子关于水利的言论和思想,直到今天仍有重要的借鉴意义。

二、王景及其治水思想

王景(约公元 30—85),字仲通,琅琊不其(今山东即墨)人,东汉水利学家。在治河过程中,王景运用其一大创造"堰流法",即在堤岸一侧设置侧向溢流堰,专门用来分泄洪水。这一治水思想的提出,使王景成功治理黄河,并对现在治理河流仍有重要的借鉴意义。

王景治理黄河是在新河道上开展大规模治理过程,主要内容有修筑黄河和汴河堤防、建分水和减水门、整治河道等,实施改河、筑堤、疏浚等工程。东汉初年,黄河水灾愈演愈烈,"兖、豫百姓怨叹",同时,东汉初建都洛阳,迫切需要修治黄河与汴渠,以沟通与东方各郡的漕运。于是王景被派对黄河和汴渠进行了一次大规模的治理,修筑了"自荥阳东至千乘海口千余里"的黄河大堤,以及裁弯、疏浚等其他工程,同时兴建汴渠水门,疏浚汴渠以通漕运,从此,河、汴分流,黄河出现了一个相对的安流时期。这条新的黄河大堤,是黄河下游距离大海最近的路线,也是一条理想的行洪泄沙路线。同时,王景还在黄河上每隔十里立一水门,起到了分淤减洪的重要作用。

王景治理黄河确实是治黄史上一次重要的实践,并取得了良好的效果。后人对王景治理黄河给予了极高的评价。历史上称为"王景治河"。《后汉书》中评价说"底绩远途,复禹弘业",将王景和远古治水的大禹相比。清代魏源在其《古微堂集·筹河篇》中说,"王景治河,千年无患",指出了王景治理黄河给百姓带来的幸福和安宁。可以说,从东汉到魏晋南北朝,再到隋唐五代,王景治河所带来的好处,都一直泽被后代,对将近千年的中国历史发挥着重要的影响。王景是当之无愧的治水专家,是对齐鲁历史乃至整个中国历史产生重大影响的历史人物,其治河思想和经验也为历代治河者所推崇和效法。

三、白英及其治水思想

白英(1363—1419),明初迁于汶上,居城东北彩山后的白家店村,以耕稼为业,自幼聪明好学,博古通今,精通地理水势,史书上称他"博学有守,不求闻达"。

当时大运河淤塞后,每逢汛期,运河两岸一片汪洋,洪水退后,断壁残垣,田野荒芜,秋风凄凉,哀鸿遍野,民众苦不堪言。白英每念及此,常嗟叹不已,立志要为解决水患而贡献力量。宋礼私访时,白英见其态度虔诚,便根据自己十多年时间观察的汶上、东平、宁阳、兖州、泰安等20多个县州的地形水势,提出:在汶河戴村附近,拦河筑坝抬高丈二尺;再挖输水渠一条将水引到南旺入京杭运河,南旺地形较高成为水脊,可南北分流,形成"七分朝天子、三分下江南"之势,大运河可通矣。宋礼欣然采纳,并邀请白英共建这一工程。当时白英已年逾半百,但精力充沛。他废寝忘食,不辞劳苦,亲自规划指挥工程施工。

南旺枢纽工程形成一个完整体系,使河湖相连,泉渠交织,对我国南北物质文化交流,沿河两岸农业发展,起到了巨大作用。为纪念"引汶济运"的功臣,明正德年间奏请建宋公祠、白公祠、分水龙王庙于南旺汶运交汇处的运河右岸。清代皇帝曾六次南巡,都在南旺分水口留下了诗篇,对宋礼、白英治水功绩备加赞赏。

山东治水活动，自有历史记载的春秋时起，迄今已有 2 000 多年的历史。在长期的治水活动中，并在诸子百家哲学思想的影响下，逐步形成了富有民族特色的系统观念以及天人合一的和谐思想，治水思想逐渐系统化并且更具有科学性，在治水技术日臻成熟的同时，治水思想更加完善，对后世具有重要的借鉴和指导意义。

第三节　齐鲁古代水利工程

为了适应社会文明的发展，几千年来，勤劳、勇敢、智慧的齐鲁人民同江河湖海进行了艰苦卓绝的斗争，在科学的治水思想指导下，修建了无数大大小小的水利工程，有力地促进了农业甚至整个社会的进步，水文知识也得到了相应的发展。纵观历代水利发展，从大禹开始，水利的要事有三件：一是灌溉，二是航运，三是防洪。

一、农业灌溉

灌溉是发展农业的基础，山东发展农田灌溉具有悠久的历史。人们在发展农业生产的过程中，不断与水旱灾害作斗争，兴修水利，修渠、打井，发展灌溉，有力地促进了社会生产力的发展。

战国时期在济水与淄水之间开挖了济淄运河，不仅"皆可行船"，而且"有余则用灌浸，百姓飨其利"。西汉时期，山东兴建了大型的引水灌溉工程，"东海引巨淀，泰山下引汶水，皆穿渠为灌田，各万余顷"，泰山下引汶水灌溉和古济水下游引巨淀湖（在今寿光市、广饶县一带，为古济水与淄水的滞洪湖泊）灌溉，灌溉面积均达万余顷，在当时应是大型引河灌溉工程。唐贞观年间（公元 627～643 年），在丞县（今峄城东北）"筑十三陂（蓄水库塘），蓄丞、泇二水灌田"，丞水灌田千顷；"沂州东南芙蓉山下（今苍山县境），有芙蓉湖灌田数千顷，香粳亩钟，古称琅琊之稻"，建成山东最早的大型水库灌区和最早的大型水稻灌区。金代伪齐王刘豫为解决当时大清河与泰沂山麓以北地区的洪涝灾害和海盐运输问题，开挖了小清河，至今除入海一段南移外，基本保持了原来的河线，历来是山东省的一条排洪、除涝、灌溉、航运等多目标利用的河道。

(一) 引河灌溉

引河灌溉中,著名的水利工程就是戴村坝及堽城坝。京杭大运河途经山东省汶上县南旺镇。大运河南旺段因地势高而被称为"运河之脊"。古代运河是国家南北交通的大动脉,但南旺段地高水浅,船只难以通行,枯水季节,南旺段无水,运河因此而断航。汶上县的北端有大汶河自东向西而过。大汶河发源于泰莱山区,水量丰沛。汶上的地势又是北高南低,于是古人就从大汶河筑坝,向南开挖河道,从大汶河往南旺运河补水,再在运河南旺段造节制船闸,使漕运得以贯通。该坝建在汶上、东平交界处,东平的南戴村并非是距该坝最近的村庄,传说南戴村人民对该坝的建设做出了特殊的贡献,因而朝廷命名该坝为戴村坝(见图1-1)。

图1-1　戴村坝壮观景象

戴村坝的伟大之处在于它是我国北方重要的水利工程。它引大汶河之水,经人工开凿的小汶河蜿蜒南下,使汶上西部的土地得以灌溉,最后从南旺注入大运河。为此古人在南旺建分水工程,可以随意地将大汶河水分济于大运河的南方和北方,故有"三分朝天子,七分下江南"之美誉。因而建庙、立祠、筑店,使当时的南旺成为千里运河上的重要商阜繁华之地。戴村坝及其分水工程因此有了中国的北方"都江堰"之称。

堽城坝位于大汶河南岸,堽城里村西,此坝为古代著名水利工程。1257年(元宪宗七年),始筑遏汶水南流,由洸河注入济宁,以利漕运。因坝为土筑,汛期常被冲毁,且泥沙淤积,河底升高,洸河塞流,元至元四年(1267年),都水少监马之贞建石砌大闸,石料用铁砂磨合,使之坚固。明代建都南京后,漕运停止,河道逐渐淤塞,堰坝毁坏。成祖初年迁都北京,恢复漕运,但土筑堰坝随修随坏,运输困难。明成化十年(1474年),都水分司员外郎张盛到宁阳,在今伏山镇堽城坝村北建石砌溢流坝,用碎石、高粱粥和石灰灌注,次年竣工。古堽城坝因年久失修,渐被冲毁。1958年,在明代坝址基础上重建一座水泥浆砌石溢流坝,坝拦汶水南流,灌溉宁阳西部农田,亦称"宁阳县西引汶灌溉工程"。

(二)井灌

井灌是利用地下水的一种灌溉工程型式。水井的发明和使用,是生产力发展的一种标志,有了水井大大方便了人们的生产和生活,减少了对江河湖泊的依赖,人们可以离开河旁、湖畔,到广阔的平原上去定居,从事农业生产,在肥沃的冲积平原、山间盆地开发土地,灌溉农田。

中国井灌的起源很早,前秦时期劳动人民已开始开发地下水作为灌溉水源。利用地下水灌溉,首先要会凿井。《管子·乘马》就载有依据农田地势高低、地下水埋藏深度以及相应的抗旱能力,把农田分为几类,并据以征收相应的赋税情况。可以推论,井灌在北方平原缺乏地表水源的地区,当时已经比较广泛地应用了。

山东地区早在6 000多年以前的北辛文化时期,已经发明了水井。到了大汶口文化时期,水井的使用已经比较广泛,特别是山东龙山文化时期,水井的使用已经非常普遍。战国以来,北方井灌相当流行,历代政府也提倡凿井。据史料记载,明清,特别是清代,井灌有了显著发展,在黄河流域五省,井灌已趋于普及,其中山东济南、临清、兖州等府州,井灌都较为发达,既灌溉大田作物,也浇润菜畦园圃。道光十七年,山东道监察御史胡长庚曾上书说山东地土宜井,请敕下巡抚及州县地方官劝谕农民"多穿土井",俟浇灌获益,"积有余资"后,再砌砖井。咸丰年间,德州农民多于运河堤畔掘井,引运河之水浇地。以上记载,直接或间接地反映了山东井灌较多的情形。

(三)洞井

自古以来,直接利用地表水和地下水进行灌溉是很常见的灌溉模式,但是智慧的齐鲁人民根据自然条件却将地表水和地下水有机联系起来进行农业灌溉,创造了"洞子井"(即洞井)这项伟大的水利工程,它和新疆的坎儿井有异曲同工之妙,区别在于前者将地表水快速转化成地下水,后者将地下水转化成地表水。

桓台县地处泰沂山北麓淄博向斜盆地北缘的山前倾斜平原,乌河是流经当地的主要河流。乌河伏流地下,不易引水灌溉,但是,桓台人有着征服自然的无穷智慧和战天斗地的无畏精神,清朝年间当地群众根据本县所处地理位置及其自然条件的特点,本着充分利用天然河道和已有沟渠的原则,于乌河两岸开挖"洞子井"引河水灌溉农田。所谓"洞子井",就是在地面下 7~9 m 深的黏土层底部开挖底宽 0.8 m、高 1.0 m 的矩形洞,引乌河水入洞,并沿引水洞每隔 50 m 打一眼竖井与洞相通,从竖井中提水灌溉(见图1-2)。简单地说,就是通过在地下挖洞,让乌河水同田里的水井相通,以充沛的地表水作为井水之源进行农田灌溉。

洞井的效益是惊人的。一方面,在乌河两岸挖掘隧洞引水入井,各井连贯相通,河水源源不绝,有效提高了地下水位,从而保证了农田灌溉用水量,大大增加了粮食产量。另一方面,利用洞井将雨洪季节的地表径流、渠道弃水等多水源进行回灌补源,因其回灌占地少,回灌效益大,因此是回灌地下水行之有效的方法。

齐鲁古代水利灌溉事业有着光辉的历史,取得了巨大的成就。灌溉工程建设之早、规模之大、收益之宏,可谓大观,对山东农业经济发展、社会进步起到了很大的促进作用。

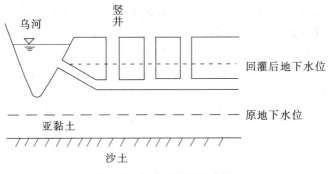

图1-2　桓台县洞井示意图

二、航运

古代的航运与现在的铁路相当,运量大、成本低,是当时社会条件下运输方式的最佳选择。航运不仅可以运粮食、布匹、盐等生活物资,还可运兵打仗,具有重要的军事战略价值。因此,历代统治者不仅重视农田水利,也重视水路建设。

三国两晋南北朝时期,为运军粮,开挖白沟,经鲁西北地区,直达天津。这条运河即漳卫南运河的前身。东晋时,开挖了南起鱼台、北至东平,长达150 km的桓公沟,以通淮河、泗水与黄河的水运交通。隋代开永济渠,在泗水筑金口坝,开丰兖渠引泗水与桓公沟相连,把分段的运河连为一体,成为我国历史上最伟大的航道工程。唐代在鲁北平原,利用黄河故道及其他河道,疏浚开通了马颊河,开发沂沭泗河下游航运。宋代开挖广济河通豫鲁水运,开通小清河。元、明、清三代皆视漕运为国本,并开凿胶莱运河。

(一)京杭大运河山东段

京杭大运河是我国与万里长城迄今并存,驰名中外的古代两大工程之一,是劳动人民征服自然、改造自然、利用自然的杰出成就。京杭大运河开始于春秋时期,东晋废帝太和四年(公元369年)江左权豪桓温从任城(济宁)西边的巨野湖到方舆(鱼台北)开挖了一条河,名曰"桓公沟",为后来的山东南运河提供了先导。隋大业四年(公元608

年)隋炀帝开挖了一条引沁水南通黄河北达涿郡(今北京地区)的运河,名为永济渠,其下游从临清到天津就是现在的南运河北段。到了元代,公元1283年,元世祖忽必烈建都燕京,为了南粮北运,派出水利名家郭守敬,自任城(济宁)向北至须城(东平)安民山(安山)开挖了一条长达75 km的运河——济州河,把泗水与济水沟沟通起来。公元1289年,为解决南粮北运中东阿至临清的一段陆运困难,又开挖了东平到临清的一条长达125 km的会通河,至此山东的南北运河正式形成。明代永乐九年(1411年)重开(见图1-3)。

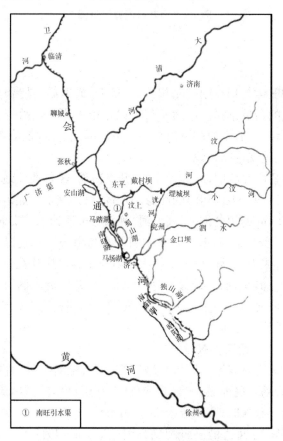

图1-3　明代京杭大运河(山东段)示意图

会通河以汶、泗两河为源，但枯水季节水量不足，要依靠汇集沿途泉水济运，明代统计的泉源有三四百处。汶水的水量最多，先由堽城坝分引经洸河至济宁，后主要由戴村坝引水至南旺向运河两个方向分水。另在兖州城东筑金口坝，壅泗水西合洸水至济宁入运河。为调节各季节水量的不平衡，利用运河沿岸的湖泊洼地调蓄，称为水柜，其中主要有：安山湖、蜀山湖、马踏湖、南旺湖、马场湖、独山湖、昭阳湖、南阳湖和微山湖等。为节制用水和保持航行水深，河上建通航闸，元代有30余座，明清有40余座，所以会通河又有"闸漕"之名。闸旁一般修有月河，河上根据需要还建有拦河坝、滚水坝。运河旁还有引水闸、泄水闸多处，措施连环，科学地解决了引水济运的问题，使引、蓄、分、排、保有机地结合起来。南北大运河全线畅通，遂废除海运。河运成为明清两代主要的漕粮航道。

安山湖、马踏湖、南旺湖、蜀山湖和马场湖，以济宁为中心，相对于南四湖而得名为"北五湖"。北五湖源于战国时期巨野泽，"南北三百里，东西百余里"，补给水源主要是黄河、汶河。此后，由于黄河多次从滑州一带溃决入曹、濮、郓州等地区，巨野泽的西南部因受黄河泥沙的淤垫，湖区遂向北部低洼之处摆动。至宋神宗熙宁十年（1077年），河决澶州，梁山原在巨野泽北岸，因湖面北侵，合汶水，环梁山而成大湖，并与古巨野泽连成一片，形成了一望无际的大水泊，号称"八百里梁山泊"，即《水浒传》中所描绘的"港汊纵横数千条、四方周围八百里"的梁山泊。当年梁山好汉正是凭水泊天险"啸聚山林、筑营扎寨、抗暴安良、杀富济贫、替天行道"，演出了一幕幕惊天动地的侠义故事，一部《水浒传》名扬天下，水浒英雄举世闻名。明洪武二十四年（1391年），河决原武、曹州，淤塞会通河。此时的梁山泊很快便被分割成若干小湖，逐渐演变为"北五湖"。

最北的安山湖，系元末梁山泊湖水下移至安山以东洼地而形成的湖沼。南旺湖是明永乐九年（1411年）重修会通河时，听从了汶上老人白英的建议，引汶水注入南旺高地，围地束水成湖。南旺地势高亢，汶水在此分流南北济运。因运河中贯，将湖分成东西两部分，西湖称南旺湖或南旺西湖，东湖又为汶水划分为南北二部，北部称马踏湖，南部称蜀山湖。最南的马场湖是元初开济州河引汶泗水至济州(今山东济宁市)城东汇合环城西南流至城西分水而成,作为济州河的水柜,形成于分水处的西侧。晚清时代,由于黄河北移,北五湖逐渐消失,仅剩安山湖,时受洪泛,在汶河下游淤塞而成积水湖,因在东平县内,咸丰年间定名为"东平湖"。在梁山泊东北部大清河、大运河等汇流处一带洼地造成新的积水区,形成了现在的东平湖。

明代在治理和疏挖济州、会通两河过程中,汶上白英老人所提出的引汶至南旺分水济运的规划具有高度的科学性和技术性,既节约劳动力又切合实际,博得历代水利专家赞赏。当时开挖、治理两河的整个工程以及相应的各类蓄泄控制措施,考虑了地形、地势,考虑了水量丰枯变化,考虑了船闸的进水与出水以及渠道与航船的适应性等,是齐鲁古代劳动人民治水过程中巨大的智慧成果,不但受到当代朝野的赞仰,而且为后世治水工程创造了有利条件。同时,运河流域的农业生产也得到了灌溉之利。就山东而言,与大运河属于同一水系的沂、沭、泗、汶河和南四湖流域,包括现在的菏泽、济宁、临沂三地市,枣庄市全部及泰安市一部分,均受到不同程度的余惠。更为重要的是,南北运河通航后给沿岸城市带来了很快的发展,特别是济宁、临清两市更为突出。如《山东通志》称"济(宁)当要害之冲,江淮百货走集,贾贩多民,竞刀锥,趋末(商)者众,然率奔走衣食于市者也"。

(二)胶莱运河

除京杭运河这条大动脉外,中国古代还有一条特色鲜明的海洋运河却鲜为人知,这就是元明时期开凿的胶莱运河。

胶莱河自古被列为中国名川,《史记·晋世家》、东汉桑钦的《水经》和北魏郦道元的《水经注》都曾对这条河有所记述。它源自于胶南铁橛山,位于泰沂山脉和昆仑山脉之间的胶潍河谷,南北贯穿山东半岛,沟通黄、渤海两海,而且西有潍水以纳西南方沂山、箕屋山及日照境内各山岭东流之水,东有大沽河以汇掖县、招远境内各山南注之流,中有胶河北注百脉湖,湖自五龙江口由北而东南,周围六十余里。胶莱河自平度县姚家村之分水岭南北分流,南流入胶州湾,为南胶莱河;北流入莱州湾,为北胶莱河。胶莱河本为胶潍谷地最低洼的地带,未开运河时,已有几条天然河道分别流入胶、莱两海湾,开凿时将分水岭挖通,连接两个方向的河流成为一条河道。平时,原天然河道水量较丰,但中间的分水岭河段缺水,以工程措施借引天然河道上游流量和百脉湖积水,并在沿途建闸节制,保证通航。洪水季节,成为一条向两个海湾排水的排涝河。航运终止后,仍是地区的排涝骨干工程。

为了减轻京杭大运河的漕运压力,将京杭大运河与海运连接起来,形成一个"海运与河运"的"畅通水系",使其成为"海陆相通"的水上高速公路,并且山东半岛的成山头之险是历史上有名的"放洋之险",多少年来,一直影响着从渤海湾至黄海的海上航运。综合以上原因,元至元年间,莱人姚演提议开凿胶莱运河连接胶州湾和莱州湾以通海运,这个建议当时立即得到了元世祖忽必烈的首肯。"凿池(开凿运河)三百余里,西起胶西县(今胶州)陈村河口,西北达胶河,出海沧口,谓之胶莱新河"(见图1-4)。来自江南的运粮船队,不必再绕胶东半岛,只需进入胶州湾,随海潮驶入胶莱运河,再经莱州湾北上,即可直达塘沽(今天津),进而将黄海与渤海以最近的捷径连接起来。胶莱运河开通后,既可以缩短七八百里海程,又可以避免远涉重洋的险阻,复不必修建会通河和扬州运河那样大的工程。其漕运非常繁忙,船队蔚为壮观,史称其时"岁运粮米达60万石",占到江南海运漕米总数的百分之六十,胶莱海运一度非常兴盛。

明嘉靖十九年(1540年),王献重开胶莱河。为避免船入胶州湾口的礁石险阻,在胶莱河南口胶州湾西侧马家濠(今黄岛,开凿于春秋时期,是胶莱运河重要的组成部分)的岩石上开渠十四里,宽六丈余,深三丈。竣工后,船不入胶州湾口,运河通畅。王献又继续疏浚全河河道,完善引水工程,建闸,使胶莱河的航运再度兴旺。马家濠的开通,胶莱河干道的疏浚,不仅使胶莱海道粮运得以复兴,而且促进了胶莱一带民间贸易。史载:"自兹南北商贾,舳舻络绎,往来不绝,百货骈集,贸迁有无,远迩获利"(《胶州志》)。可见胶莱运河对促进当地贸易繁荣有着巨大的作用。

元明时期开凿的胶莱运河(海洋运河)相比于内陆运河,在中国乃至世界古代史上都比较罕见,因而别具一番风韵,是一项对当地生产生

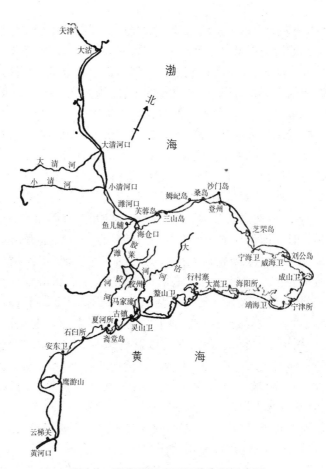

天津
大沽
渤
海
北
大清河口
大 清 河
小 清 河
小清河口
潍河口
姆屺岛 桑岛 沙门岛
芙蓉岛
鱼儿铺 三山岛 登州
海仓口 芝罘岛
胶莱 大
潍 宁海卫 刘公岛
河 胶 沽 威海卫
河 胶州 河 行村寨 成山卫
河 马家濠 鳌山卫 大嵩卫 海阳所
夏河所 古镇 灵山卫 靖海卫 宁津所
石臼所 斋堂岛
安东卫 黄 海
鹰游山
云梯关
黄河口

图1-4　明代潍河口至天津海程示意图

活产生重大影响的工程。然而可惜的是,作为中国唯一的海洋运河,胶莱运河早已湮没无闻了。在今天山东省的地图上,胶州湾与莱州湾之间,有一条细细的蓝线,这就是胶莱运河留给我们的遗产——长仅130km的胶莱河。河的东侧是蓬勃发展的胶东半岛,西侧是古老的山东腹地。从地理上看,它是半岛文化与齐鲁文化的分界。近年来,一批水利学家、地理学家、海洋学家对胶莱运河的重建魂牵梦萦,因为它的建成将会影响到一个内海、两个海湾、多座城市乃至半个中国的发展。

三、城市供排水防洪安全工程

"圣人之处国者,必于不倾之地,而择地形之肥饶者,乡(向)山,左右经水若泽,内为落渠之写(泻),因大川而注焉。乃以其天材,地之所生,利养其人,以育六畜"(《管子·度地》),先人选择建设京都之处,必定是地势平缓、水地肥沃、物产富饶的地方,且左右有大的江河或湖泽,城内筑城沟渠网络来排泄污水,并导入大的江河而排泄出去。良好的水利环境对城市建设必不可少。也就是说,古代城市在选址时已充分考虑了城市供水、灌溉、排水、防洪、防御、航运等各方面需求。中国古代县级以上的城市有数千座,它们是不同范围的行政中心、经济中心、文化中心或防卫重镇,所以必须有充足的水源,以供应人们生活、发展交通运输和满足各项生产事业的需要。多数必须靠近江河湖泉和处于低平肥沃的土地上。但是,这些水源的年内年际来水都十分不均匀,一旦积雨成涝或江河泛滥,城市就会成为受灾的重点,必然会遭受严重损失。古人很早就知道排水对居住地环境卫生、日常生活及人们生命安全的重要性,城市历来是排水防洪的重点。排水主要是利用自然冲沟、人工沟渠,人类进入文明之后,排水也由自然冲沟发展到排水管道。

(一)临淄齐国故城排水系统

西周至春秋战国,是城市大发展的时期。这一时期的城市排水系统已逐步完善,下水管道得到普遍应用,与城内沟渠和城壕构成完整的城市排水系统,将城内污水、雨水及时排到城外的河、湖。临淄齐国故城以及曲阜鲁国故城排水系统基本代表了西周至春秋战国时期城市排水防洪建设的最高水平。

以齐国故城为例,由于齐国对水利的重视,其水利工程及技术领先于当时,城市排水系统具有较高水平。

临淄齐国故城位于今淄博市临淄区辛店北 8 km 的齐都镇,东临淄河,西依系水(泥河),南有牛、稷二山,北为广阔原野,该城正当淄河冲积扇前缘,地形向北微斜,有利排泄,城西地势低洼,潜水溢出地面,形成泉群,取水方便,且土地肥沃,物产丰富,这是当时建设城市的重要物质条件。临淄城作为齐国都城始于公元前 9 世纪 50 年代,至公元前

221 年齐灭,历时长达 630 余年,是当时最大的商业中心城市。城分大城和小城两部分,大城为郭,小城为宫,两城周长计21 433 m,面积达15 km²。东西城墙紧邻河岸,淄河、系水作为天然护城河,与大城南、北墙外,小城东、北墙及西墙南段挖筑的全长11 920 m的护城壕沟相沟通,四面环绕城墙,构成完整的排水网。据勘探,城内设有三大排水系统,标为Ⅰ、Ⅱ、Ⅲ号,并探明四个排水道口,标为1、2、3、4号(见图1-5)。

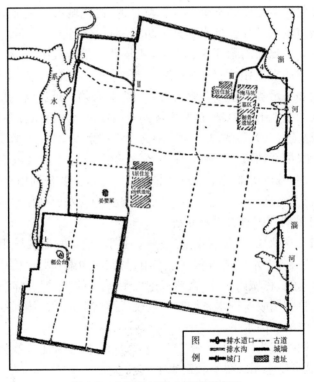

图1-5　齐国故城排水系统示意图

Ⅰ号排水系统位于小城西北部宫殿区。南起桓公台的东南方,通过桓公台的东部和北部,向西穿过西墙下的 1 号排水道口注入系水。全长约700 m,宽20 m,深3 m左右。该系统主要负责排除宫殿区的废水和积水。Ⅱ号排水系统位于大城西北部,由一条南北向排水沟和一条东西向排水沟组成。南北向排水沟南起小城东北角,与小城东、北墙外的护城壕沟相接,向北直通大城北墙西部的 2 号排水道口注入护城壕沟,全长 2 800 m,宽 20 m,深 3 m 左右。东西向排水沟是它的支流,向西通过大城西墙北部的 3 号排水道口注入系水,长约 1 000 m,宽 20 m 左右。大城的西北部是全城最低洼处,这一排水系统负担了大城内绝大部分废水和积水的排放,因此设置了两个排水道口,以便能顺利排除雨季洪流。Ⅲ号排水系统位于大城东北部,长约 800 m。原起点不详,止于大城东墙北段的 4 号排水道口,东流入淄河。

　　小城内宫殿内的排水设施也比较完备,每个建筑周围都有用河卵石铺成的斜坡式散水,地下排水管道由断面呈三角形或圆形的陶质水管组成,可使宫廷院落内的积水,通过管道或流入渗水坑,或流出院外,汇入城市排水系统。

　　最精妙壮观的排水设施,是建于大城西墙北部城墙下的石砌涵洞(见图1-6)。涵洞东西长 43 m,南北宽 7～10.5 m,深 3 m 左右,用天然巨型青石砌垒而成。分为进水道、过水道和出水道三部分。位于西墙

图1-6　齐国故城排水道口

内外侧的进、出水道呈外窄内宽的喇叭口形,上面分三层砌筑15个方形水孔。中间的过水道穿过城墙,与进、出水道口相接。过水道和出水道内部石块交错排列,每个小孔不直通,水可通过石隙流过,人却不能通过,因而具有排水御敌的双重功效,这种既能排水,又能御敌的科学建筑,是世界同时代古城排水工程建筑史上所仅见的。

这些复杂的排水系统,将临淄都城内外河流和城壕紧密联系起来,构成了一个完整的排水网,使得庭院之水有处流,城内之水有处泄,又有两条自然河流做调剂,内外互通,既保持了护城壕内经常有充足的水量,旱时不致干涸,又可使雨季城市免受水灾之害,确保城市安然无恙。

(二)济南古代城市供排水防洪系统

济南自古就有"泉城"美誉,以"七十二泉"名扬天下。古人很早就知道城址选择注意地形高低得宜,既不能太高,也不能太低,否则,不是引水不便,就是受到洪水威胁。地形高低得宜,既可省去修筑沟防,又能引水方便,解决城市供水问题。济南古城的选址则巧居广川之上,大山之下,两利兼得。千佛山在市区南部,黄河、小清河横卧市区北部,四大泉群、大明湖巧妙地穿插在城市中央,形成了"四面荷花三面柳,一城山色半城湖"的城市风貌。

济南泉水得天独厚,历史时期即以泉水为水源,建立起完善的城市地表供水系统。北魏时期济南城供水系统充分利用泺水和历水等天然河道修建引水沟渠入城,并在城西北方利用低洼地势建有一座蓄水池——历水陂。唐、宋时期城市规模扩大,人口增加,并形成别具一格的城内之湖——大明湖。城市经济和文化的繁荣促使城市供水和环境美化结合起来,形成一批综合性水利工程。每值雨季,北郊水势猛涨,常常倒灌入城,污染城市引用水源,因此曾巩等人对北水门加以改造,设置闸门,以调节城内水位,旱则闭闸蓄水,涝则启闸宣泄,既可以消除水旱灾害,又可以防止污水倒灌,保护城内水源清洁,北水门到今天依然有一定作用。明清时期,济南成为省会,依然采用以泉水为水源的地表供水方式,供水系统由点状水源(井、泉)、面状水源(湖泊、池沼)和线状水源(河、渠)三大部分组成。城市供水系统进一步完善,泉眼散布于整个市区,并且依泉形成街巷庭院,居民就近汲水。而泉水"交灌于城中,浚之而为井,潴之而为池,引之而为沟渠,汇之而为沼沚"(朱熹《观趵突泉记》)。城内湖泊有大明湖、濯缨湖等,人工沟渠如玉带河,既是供水动脉,又是城市园林的有机组成部分。刘鹗在《老残游记》中以"家家泉水"来表达济南风情,也正是对古代济南城市供水的生动描述。

可以看出,济南城市供水的显著特点是以市区泉水为水源,供水系统与园林美化、排洪、防御等有机结合并组成统一整体。纵观历史,济南泉水在古城规模和人口数量都有限的情况下,满足需要绰绰有余,而如何解决多余泉水的排泄是困扰济南历代统治者的问题,因此也就促使济南的供排水系统别具一格。

济南古城基础形成于元代,即今环城公园(老护城河)所扩范围,面积约 3 km²,为一典型方块形古城。至明清时又扩圩子城,整条圩子城环绕济南老城,全长 20 多 km,起防御和泄洪作用。仅筑东、南、西三面,因为北面是大明湖,算是一道天然屏障。其实,圩子壕只有一条,但人们习惯性地按所处方位,将这条圩子壕分为南圩子壕、西圩子壕和东圩子壕。南圩子壕在文化西路一带,早年被棚盖了,现已部分恢复,东圩子壕在解放桥附近,现在改成了暗河;西圩子壕从杆石桥一直延续到大明湖西北角,汛期时,山水沟下来的洪水通过西圩子壕排进小清河。

古人建城巧妙地运用了特有的泉水,以珍珠泉为中心,黑虎泉与趵突泉分列于城外东南、西南两侧角楼之下,以护城河相连。古城内诸泉之水汇入大明湖,穿过湖区出汇波门向北流入小清河。城外八里洼、羊头峪等处的几条冲沟入东、西护城河,洪水不从城中通过。另外,由于排水距离短,积水面积小,地表降水能及时排除,城市抗御暴雨能力较强,历史上济南虽屡遭洪水,但城区淹水的次数并不多。扩圩子城后,城区所占山洪沟长度增加,广场东沟穿过城区入护城河,其他冲沟多循圩子壕绕城排泄。古代排水系统兼有排水与滞洪两方面的作用。

总体上来看,济南城区排水主要通过护城河系统、东西泺河、圩子壕系统等。其中,西泺河河源为趵突泉诸泉水,南起苇闸桥,向北流经边庄,在五柳闸入小清河;东泺河河源为黑虎泉诸泉水,南起坦桥,向北经何家庄,至黄台板桥庄西侧入小清河。由于济南城区坐落于泰沂山区北麓、黄河南岸,地处盆地,黄河及其支流玉符河地势较高,小清河干流是担负将洪水排出市区的唯一排洪河道,对城市防洪具有举足轻重的作用。

小清河是一条源于济南城市中心泉群,并独流入海的河道,具有排洪、灌溉、供水、航运、水产养殖等多种功能,历来是山东省唯一的一条水陆联运、海河联道的河流。小清河的起源应追溯到古代的济水和唐宋时的清河。"江、淮、河、济,古称四渎",即指长江、淮河、黄河、济水而言。汉、唐史书记载,鲁北的主要河流有三:济水在南,源水居中,黄河最北,济南即因为地处济水以南得名。济水源于河南济源县,称允水,东流称济水。东汉以后,黄河改道,在武陟、修武间,济水注入,经河北、山东两省入海,河南境内已无济水,而山东境内的菏水、汶水等仍沿济水故道汇流入海。至唐代,由于黄河浸淤,东平以西的济水湮没,东平以下的济水改称清河,后又称大清河或北清河,以别于古之济水,据说因水色清澈而得名。从此,山东境内只知有清河,而不知有济水。

宋熙宁十年(1077年),黄河在澶州决口,改道从南,于梁山泊分为南北二支,一支合南清河(即古泗水)入淮,一支合北清河入海。黄河挟北清河自东阿至历城一段仍为济水故道,自历城决口脱离故道,折向东北流入济阳,至利津入海。由于地势南高北低,《禹贡锥指》一书说:"济阳入流(大清河新道)日盛,章丘之流(济水故道)日微,故金代刘豫堰泺水使东以益之"。泺水源于济南趵突诸泉,北流经泺口入大清河,刘豫在统治山东时期,乃筑堰于泺水旧入济处,名下泺堰,使泺水分流,堰南称小清河,北清河改称大清河了。至于刘豫出于何种动机暂且不论,但客观上一是大清河北移以后,广饶至济南之间,盐运不便;二是济水故道年久失修,济南南部,山洪和泉水排泄不畅,必然出现严重的洪涝局面。所以,刘豫开小清河百余里以取代大清河,以下仍沿济水故道,其入海之处,据元人于钦所著《齐乘》一书中,"蜿蜒东流约五百里,至马车渎入海"。明清时期曾多次疏浚治理。至光绪三十年(1904年),为补充水源以利通航,在历城西北的玉符河东堤建睦里闸,引玉符河水东流入小清河,使小清河西延至睦里闸,形成现状。

小清河的形成使得济南缘运而聚商,依商而成市,随市而显貌,并成了重镇。可以说,小清河承载着济南的历史,见证着济南的发展成长。不仅为济南这个城市提供了丰富的水源,更对城市安全起着决定性作用。

第四节　小　结

中华民族是一个具有悠久历史和优秀历史文化遗产的民族,齐鲁大地是一个充满浓郁水文化特色的地方,水文化渗透到历史文化的各个领域和各个方面,占据极为重要的地位。先人们关于水的哲学、文学、军事等理论是诸子百家思想的重要组成部分,构成了影响整个中国甚至世界的文学思想;与水相关的神话传说、诗词歌赋等赋予齐鲁水文化神秘的色彩;历史遗迹、文化风俗展现了齐鲁人民的风土人情。所有这些不仅为齐鲁水文化增添了生动的内容,而且也是留给后人的一笔巨大的精神财富,值得我们去传承。

齐鲁古代水利对现代水问题具有现实的借鉴意义。齐鲁水利历史悠久,2 000多年的发展历程,积累、形成了许多有益的经验和方法:利用地下水位即根据旱涝程度来确定减税幅度;地表水和地下水联合运用,并充分利用雨洪水进行回灌补源;古城在选址时充分考虑了城市供水、灌溉、排水、防洪、防御、航运等各方面需求,并且城市供排水系统与水景观及园林美化有机结合并组成统一整体;在当时技术很落后的情况下能够完成宏伟的运河等水利工程并使其长时间发挥功能,除先人们令人折服的毅力和勇气外,更重要的是已经形成了比较科学的治水思想,掌握了系统的管理措施。这些防洪重疏导、水害重转化、工程重和谐、利用重综合等科学的治水思想以及对工程系统的管理措施对于当今的水利工作仍有着重要的参考价值。

齐鲁古代水利给我们留下了深刻的启示。纵观齐鲁历史,可以看出,公共水利工程建设,不仅直接关系到农业生产的发展,而且可以扩大运输,加快物资流转,发展商业,推动整个社会经济繁荣,如京杭大运河就促进沿线城市特别是济宁、临清等地经济繁荣,使其一度成为当时的商业重镇,促进了社会的进步。如对水利建设不重视,会消弱经济社会发展的基础,导致发展的停滞甚至倒退。治水观念与方法偏离自然规律,则必然受到自然的惩罚,酿成社会灾难。

历史悠久的齐鲁水利,留给后人丰富的水利遗产,无论是建筑风格迥异的水利工程建筑型式,还是具有生态价值的工程结构和水工构件,或是内容丰富的水文化,或是珍贵的治水文献和档案,都是世界上任何国家不可比拟的。这不仅反映了齐鲁劳动人民的治水业绩,也是齐鲁人民把哲学、人文科学、自然科学相互融通所产生的大智慧。当前我们后人面对的一个重要问题就是水利遗产保护问题,不管是成功的经验还是失败的教训,我们都应尽全力去保护和传承先人的智慧与业绩。

齐鲁古代水利理念与技术所蕴含的科学内涵必然是未来水利创新的智慧源泉。现代水利建设者要更加努力地发掘和应用古代水利工程建设中人与自然和谐相处的治水理念,利用自然造福人类,重视对古代水利科学与传统治水技术的研究并推陈出新。

第二章　水与齐鲁现代农业文明

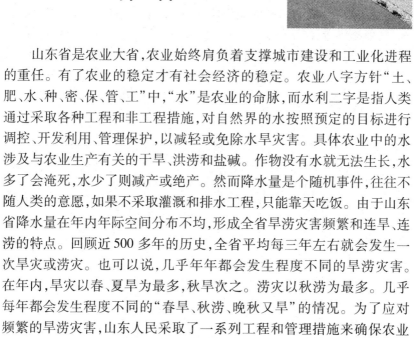

引　言

　　山东省是农业大省,农业始终肩负着支撑城市建设和工业化进程的重任。有了农业的稳定才有社会经济的稳定。农业八字方针"土、肥、水、种、密、保、管、工"中,"水"是农业的命脉,而水利二字是指人类通过采取各种工程和非工程措施,对自然界的水按照预定的目标进行调控、开发利用、管理保护,以减轻或免除水旱灾害。具体农业中的水涉及与农业生产有关的干旱、洪涝和盐碱。作物没有水就无法生长,水多了会淹死,水少了则减产或绝产。然而降水量是个随机事件,往往不随人类的意愿,如果不采取灌溉和排水工程,只能靠天吃饭。由于山东省降水量在年内年际空间分布不均,形成全省旱涝灾害频繁和连旱、连涝的特点。回顾近500多年的历史,全省平均每三年左右就会发生一次旱灾或涝灾。也可以说,几乎年年都会发生程度不同的旱涝灾害。在年内,旱灾以春、夏旱为最多,秋旱次之。涝灾以秋涝为最多。几乎每年都会发生程度不同的"春旱、秋涝、晚秋又旱"的情况。为了应对频繁的旱涝灾害,山东人民采取了一系列工程和管理措施来确保农业稳定发展。因此,山东省农业的发展可以说就是适应水和治理水的历史。

第一节　齐鲁近现代水与农业概述

一、齐鲁近现代农业发展

1840年鸦片战争以后,外国列强凭借许多不平等条约的特权,大量掠夺山东的棉花、烟草、蚕丝、花生等原料,并大量倾销商品,操纵进出口贸易,使山东农村成为帝国主义的商品市场和原料供应地。同时还大量输入鸦片,毒害人民。山东农业形成畸形发展的局面,粮食减产失收。中华民国建立后,山东在劝业道的基础上,先后设立了实业司、实业厅、农矿厅、建设厅等行政机构,加强农业生产的领导和管理。同时先后增设农事试验场、棉业试验场、区农场、蚕业试验场、烟草改良场、气象测候所、淤荒垦丈局、棉业研究改良委员会、省立植棉指导所、农业推广委员会、合作事业指导委员会等,培养人才、推广农业技术,鼓励种植,使农业有了较快发展。抗日战争期间,中国共产党领导山东人民在困苦艰难的环境条件下,创建了敌后抗日根据地,一面抗日,一面恢复发展生产。抗日战争胜利后,中国共产党在解放区领导农民开展减租减息和军民大生产运动,促进生产的恢复与发展。为适应大生产运动的需要,除兴办农业干部训练班,推广先进生产经验,奖励劳动模范,兴办农业试验场、示范农场外,省设农业指导所和农业实验所,以莒南县大店区为改进农业、增加生产的实验区,开展选育良种、改进栽培技术、防治病虫害等科学研究,推广农业技术,使解放区的农业生产有了较快的恢复和发展。新中国成立后,党和政府十分重视农业生产和农村工作。中共山东省委、省政府认真贯彻党中央制定的发展农业生产和农村工作的一系列方针、政策,积极领导全省农民进行了土地改革、农业社会主义改造和农村经济体制改革,解放了农业生产力,加快了农业生产的发展。党的十一届三中全会实行改革开放以来,是山东农业生产力发展最快、农产品增长最多的时期,主要农产品产量创历史最高水平。农村经济日益繁荣,农村面貌和农民生活发生了根本改变,全省经济建设全面振兴,农业生产提高到新水平,农村商品经济进一步发展,农业在国民经济中的基础地位不断加强,在人多地少的情况下,在解决人民温饱,提高生活水平,支援工业建设,扩大出口创汇,促进国民经济发展等方面,发挥了重要作用,作出了重大贡献。如今全省农业生产和农村经济发生了历史性的变化,从根本上改变了旧中国遗留下来的农业落后面貌。

二、山东省水与农业发展

总体来说,新中国成立后山东省农业发展可大致分为四个阶段:第一个阶段为1949～1978年(粮食生产出现徘徊阶段),第二个阶段为1978～1993年(粮食产量增加阶段),第三个阶段为1993～2003年(粮食生产徘徊但多种经营全面发展阶段),第四个阶段为2003～2012年(粮食连续十年增产)。

第一个阶段是水利大发展的时期,20世纪50年代初,为迅速改变农业生产条件,以防洪除涝为重点,对主要河道进行了开挖和疏浚治理,在灌溉方面,主要是增打浅井,改进提水工具和兴建一些规模较小的引河、引泉和水土保持工程。1958～1960年,同全国一样,在古老的齐鲁大地上兴起了空前绝后的群众性大搞水利热潮,在短短两年多的时间里,奇迹般地建成了100座大中型水库,小型水库、塘坝更是星罗棋布。尽管这些工程后来又经过多次除险加固和改造,但是正是这个非常时期,奠定了山东省水利事业的坚实基础。可以说,改革开放以来,支持山东省城市和工业发展的供水工程,都是这时期兴建的大中型水库。山丘区的农民为了今天的工业化和城市化,不仅牺牲了自己的耕地、房屋财产,并出资投劳建设这些水利工程,作出了巨大的贡献。1961年后,在认真总结经验教训的基础上,继续兴建各类蓄水工程并注意排蓄结合。先后对鲁西北平原的骨干河道进行了大规模的水系调整和扩大治理;初步治理了南四湖,实施了沂沭泗洪水东调南下部分工程,开展了大规模的机井建设。改革开放前,农业产量一直增长不上去,但是水利基础设施得到了大幅度的改善。这一时期,农业一直贯彻执行的是以粮为纲的政策,生产体制是以人民公社为主的集体所有制,具有低成本地使用农民兴建防洪、灌溉、除涝工程的优势特点。20世纪 70 年代初,山东省农田水利建设虽然有了较好的基础,但是工程不配套,已有工程不能完全发挥效益,农业生产水平仍然较低,一方面是体制约束了劳动效率,另一方面水利工程的配套工程不完善,同时光有水没有肥也不行,这一时期主要施用农家肥。山区丘陵区尽管修建了大量的蓄水工程,但多分布在谷地,由于山多地少,山地用水困难。水利工程对防洪起到了巨大的作用,但是增加粮食作用有限,这也是当时建了如此多的蓄水工程,粮食却没有增产的原因。蓄水工程为 1980 年后的城市化和工业化快速发展提供了水源保证,然而也带来了山前平原区非汛期河道基流的枯竭,以及山丘区对平原区通过山前侧渗和河道渗漏对地下水补给量的减少。这时候下游地区社会经济用水量较少,供需矛盾还没有显现出来。根据统计,建设这些蓄水工程,国家、集体和农民投工折资占到相当大的比重。

第二阶段,改革开放后,农业生产体制由人民公社转向家庭联产承包制度,农民劳动的积极性得到重新的解放,同时也由以粮为纲转向多种经营发展,粮食产量开始增加很快然后徘徊,蔬菜和养殖业发展很快,并且正向出口高附加值和绿色、无公害、有机农业发展。带来的问题是水利设施损毁严重,支撑蔬菜和养殖业快速发展的是地下水灌溉,集中在山东省的山前河谷平原区,该区域由于前期上游水资源开发较大,水资源已经减少。因此,为实现粮食产量的增加和蔬菜的发展,水环境也付出了代价,包括大面积地下水漏斗、海咸水入侵、河流干枯,有水也是污水。后期,国家增加了对"三农"的投入,例如开展了大规模的灌区续建配套工程、节水灌溉工程,有计划地分期、分批对病险水库进行保安全加固处理,解决农村饮水问题,建设"村村通"工程,初步建成了能抵御一定标准旱涝灾害的防洪、治涝、灌溉综合水利工程体系。这个时期,农民的利益大范围转向城市和工业。1980 年后,过去主要为农业灌溉服务的大中型水库大部分开始为城市和工业供水,城市和工业发展对水的要求高且需连续供水,因此大量农业用水向城市和工业转移,对农业灌溉产生了负面影响,尤其是遇到枯水年、特枯年或连枯年,影响更大。

第三阶段是农业多种经营、全面发展与城市化和工业化快速发展用水竞争的阶段。进入到 21 世纪,农业发展不仅仅局限在粮食生产方面,随着人民生活水平的提高,蔬菜等经济作物以及林果、畜牧、水产等需求量和产量不断增加,灌溉用水量也相应增大,同时对灌溉保证率也要求更高。再加上城市化和工业化的快速发展,城市和工业需水剧增,大量占用农业灌溉用水,农业用水面临的问题很多,迫使农业发展节水灌溉,提高灌溉用水效率,增加农产品产量,改善农产品质量。这期间,先后对多座大中型水库实施了除险加固;治理了骨干河道,新建拦河闸,修建平原水库。农业节水登上新台阶,发展了高标准、高档次的喷、滴、微灌等灌溉模式。水土保持进入新阶段,以小流域为单元进行综合治理,经济效益、生态效益和社会效益显著。

第四个阶段,尽管山东省农业灌溉工程有了长足的发展,但是农业灌溉保证率本身仅有 50%,即两年就有一年灌溉用水受到破坏,一定程度上仍然是靠天吃饭,特别是以地表水为灌溉水源的地区。近十年粮食的稳产某种程度上与风调雨顺也有关系。井灌区地下水有多年调节的作用,农业灌溉的保证率相对地表水较高,对维持粮食稳产高产贡献较大。然而枯水年农业超采地下水,易引起大面积地下水降落漏斗,导致地质灾害,如滨海地区引起海水入侵等。引黄灌区在山东省粮食生产中占据了重要的地位,黄河客水在山东省农业发展中起到了举足轻重的作用。

第二节　齐鲁农业灌溉用水格局

山东省灌溉事业的发展,可追溯到秦汉时期,"东海引巨淀,泰山下引汶水,皆穿渠为灌田,各万余顷"。至唐代贞观盛世时,"承县(今枣庄市峄城西北)筑十三陂,蓄承泇二水灌田",是山东省山丘地区水库蓄水灌溉的萌芽。同时在苍山、兰陵一带开辟了大型水稻灌区,古称"琅琊之稻"。农田灌溉工程的建设、灌溉面积的扩大、灌水保证程度和灌水技术的提高,改善了作物的种植与生长条件,提高了其抗旱能力,促进了种植业的发展,农作物复种指数逐渐提高,粮、棉、油产量不断增加。

一、山东省降水量及时空分布

(一)年平均降水量的分布

省内各地年平均降水量多介于 550~920 mm,全省年平均约 710 mm,与同纬度内陆省份相比为降水较丰富的省份。其总的趋势是山脉南麓大于北麓,山丘区大于平原区,从东南沿海向鲁西北内陆递减,从胶东半岛东南部向半岛西北部递减。鲁中山地的东南部、鲁南平原至东南沿海和半岛的东南部年降水量在 800 mm 以上,其中临沂、枣庄及日照一带在 900 mm 以上,鲁西北平原西部、鲁北平原北部在 600 mm 以下,其余地区介于 600~900 mm。全省年降水量分布的区域差异明显,大致可分为三个不同的地区:一是胶莱河以东的半岛丘陵地区。雨量较丰富,各地降水量大都在 650~800 mm,半岛东南沿海地区超过 800 mm,由东南向西北逐渐减少。该区平均年降水量约 765 mm,高出全省平均值约 55 mm。二是黄河、小清河以北地区。年平均降水量在 650 mm 以下,低于全省平均值,是全省最低降水量区。三是鲁中山地和沭东丘陵区。年降水量丰富,但地区差异明显,从东南向西北由 900 mm 以上降为 700 mm 左右。

(二)降水量年内年际变化

山东省降水量的年内分配具有明显的季节性,全年降水量约有3/4集中在汛期 6~9 月,有一半左右集中在 7~8 月,最大月降水量多发生在 7 月。山东各地年降水量的多年变化过程也存在着明显的丰、枯水年交替出现的现象,连续丰水年和连续枯水年的出现也十分明显。

二、农业灌溉区划

山东省地域辽阔,自然地理条件各异,水资源状况不尽相同,农业生产结构、社会经济状况、灌溉发展现状及宜灌耕地情况、群众的受教育程度等千差万别,为因地制宜地确定各地区农业灌溉发展方向,提高其针对性,增加其指导意义,将全省依据不同标准进行灌溉区划。

依据灌溉水源的不同将全省分为引黄灌区、水库塘坝灌区、机电井灌区、引河引湖灌区以及井渠结合灌区。井灌区以提取地下水为主,井渠结合灌区则是地表水、地下水联合运用,引黄灌区、水库塘坝灌区以及引河引湖灌区取用地表水。按取水方式分,全省80%以上为提水灌溉,20%为自流灌溉。

根据区域内农业种植结构的不同和自然地理条件的差异,又分为大田粮食作物灌溉、经济作物灌溉、大棚蔬菜灌溉、牧草灌溉和果树灌溉等;按经济发展水平和地理位置的不同,又分为胶东优质高效农业经济带、城市周边休闲观光农业区、黄河三角洲土地改良示范区等。

从有效灌溉面积的地区间分配来看,各市耕地的灌溉发展现状具有不平衡性,总的来说,鲁西南和鲁北沿黄平原地区(包括济宁、菏泽、聊城、德州、滨州、东营)整体灌溉水平较高,鲁中地区(包括济南、淄博、泰安、莱芜、潍坊、枣庄)耕地灌溉发展居中,胶东地区(包括青岛、烟台、威海、日照、临沂)耕地灌溉水平较低。这种地区间的差异,与不同地区间的地形条件的差异基本一致,鲁西南和鲁北沿黄地区基本都是平原,又临近黄河,具有发展灌溉的地形和水资源条件;胶东地区山丘区较多,地块面积较小、分布零散,水资源相对较为紧张,水源多为小水库、大口井,发展灌溉受到较多限制。

三、分区农业主要作物灌溉制度

(一)冬小麦

小麦是山东省第一大粮食作物,小麦生产在山东省农业生产中有举足轻重的地位。山东省的气温、光照均适于冬小麦生长;年降水量也比较适中,但时间分布很不均匀,多集中于夏季。小麦整个生育期处于干旱少雨季节,大部地区的降水量仅能满足小麦需水量的30%～50%,特别在拔节至抽穗关键时期,常受干旱威胁,小麦灌浆至蜡熟期,多数地方有程度不同的干热风,但夏秋降水一般可满足底墒的需要。蓄水保墒、适时灌溉是小麦增产的关键。

山东省8、9月雨量较充沛,土壤中一般能积蓄大量雨水,基本可满足播种要求,多数年份播前无需灌水。但在干旱年份土壤水分较低,播前适量灌水可保证苗全苗壮,有利于冬前分蘖。出苗至越冬前,麦苗矮小、气温较低,蒸发蒸腾量小,一般不需灌水。在将要进入越冬期时,灌水能使小麦根系储存充足的水分,平抑地温,减轻冻害,利于麦苗安全越冬,并满足翌年返青需水的要求。在未进行冬灌、返青期土壤水分较低的情况下,灌水有利于巩固冬前分蘖。但返青期灌水会使地温的回升速度减慢,灌水效果一般不显著,以推迟到拔节前后灌水为宜。拔节期灌水对促进个体发育和改善群体结构有重要作用。孕穗期灌水可提高成穗率和改善产量结构。抽穗期需水进入高峰,而又恰逢干旱少雨期,此期灌水效果最为显著。灌浆期灌水能促进籽粒饱满,提高粒重,但应在灌浆初期灌水,后期灌水效果不显著。

(二)夏玉米

山东省玉米播种面积和总产量均居全国前列。玉米是山东省的主要饲料、工业原料和粮食作物。山东省玉米分布很广,在内陆、沿海和山丘区均有种植,并与小麦轮作,形成一年两熟制。

山东省夏玉米于6月上、中旬播种。由于5、6月干旱少雨,灌好播前水是保证及时出苗和幼苗生长健壮的关键。幼苗期为促进根系下扎,进行抗旱锻炼,可不予灌水。在底墒不足、旱情较重的情况下,适量灌水亦可起到增产效果。拔节期植株生长迅速,结合追肥适时灌水效果显著。抽雄期充分及时供水是促进穗大粒多、获得高产的关键,灌水效果尤为显著。灌浆期土壤水分不足时,灌水可使籽粒饱满,提高粒重,对增产有一定作用。由于夏玉米生长期处在多雨季节,一般年份除播种期需灌水外,生长期内可不灌水。但是由于山东省雨量分布不均,雨季亦有可能发生短期干旱,因此需进行补充性灌水。

(三)棉花

棉花是山东省的主要经济作物,提高了农民的收入,促进了纺织工业的发展。

山东省棉花一般在4月下旬播种。由于冬春少雨雪,播前灌水可使苗全苗壮,为后期生长奠定基础。播前灌水的时间以冬灌蓄水为宜,其次为早春灌(3月中、下旬),临近播种不宜进行地面灌水(可进行穴灌或小水沟灌)。幼苗期植株矮小,耗水以棵间蒸发为主,为促使根系向纵深发展,扩大水肥吸收范围,一般不宜灌水。现蕾期为加快植株生长,增加现蕾数,应及时灌水,以补充土壤水分的不足。花铃期是棉花生长发育的鼎盛时期,腾发量达到高峰,如遇干旱,土壤水下降很快,及时灌水增产效果显著。吐絮初期为维持其营养物质的输送转化,供上部棉铃生长吐絮,如遇干旱可适量灌水,对提高棉花产量和质量有一定作用。吐絮后期随气温的降低,耗水强度变小,为避免贪青晚熟,使霜前花率降低,一般不宜灌水。

(四)蔬菜

山东省蔬菜生产历史悠久。山东省具有优越的自然条件和丰富的农业资源,孕育发展了闻名于世的山东蔬菜,20世纪80年代以来实施"菜篮子"工程和"二高一优"农业战略,调整种植业内部结构,强化蔬菜生产,使蔬菜产业蓬勃发展。鲁北菜园,以寿光为龙头,外加周围的临淄、青州、安丘、昌乐、广饶等县市,形成了以冬春保护地栽培和春季早熟栽培为主体的蔬菜产区,产品销向我国北方市场。蔬菜的生产以城郊、工矿区生产基地向农区基地发展,相继建成了寿光、苍山、临淄、滕州、莱芜、金乡、章丘、诸城、莱阳、海阳等10个农区专业化蔬菜生产基地,并形成专业化商品基地。

山东蔬菜的种植面积、总量、商品量,尤其是保护地蔬菜的种植面积、产量和速冻蔬菜出口量均居全国第一位,约有50%以上的瓜菜销往兄弟省市,参与全国蔬菜流通。蔬菜生产产量高,根系浅,耗水量大,保证率高,需要频繁的灌溉,以地下水为主要水源。考虑到山东省气候条件的差异、蔬菜结构、复种指数及降雨量条件,一般灌溉总额1.05万~1.20万 m^3/hm^2。尽管保护地蔬菜比露地蔬菜灌溉定额低,但仍然高于粮食生产的灌溉定额,而且保护地蔬菜灌溉主要以开采地下水灌溉为主。

山东省分区主要作物净灌溉定额见表2-1。

四、农业灌溉中水的和谐利用

山东省农业灌溉用水主要有引黄水、水库水、引河湖水、地下水及小水源利用五种模式。

表 2-1　山东省分区主要作物净灌溉定额　（单位：m³/亩）

作物名称	保证率（%）	栽培方式	灌溉方式	分区				
				鲁西南	鲁北	鲁中	鲁南	胶东
冬小麦	50	露地	畦灌	125	180	170	140	122
夏玉米	50	露地	沟灌	33	70	60	30	30
棉花	50	露地	地面灌	115	120	95	90	90
露地蔬菜	50	露地	地面灌	300	310	290	280	300
大棚蔬菜		保护地	地面灌	220	220	210	190	210

注：表中数据引自山东省地方标准 DB37/T 1640—2010。

（一）引黄水利用模式

引黄灌区分布在鲁西北、鲁西南平原区沿黄地带，主要在东营、滨州、聊城、德州、菏泽市以及济南市、济宁市、淄博市部分县区，大部分位于黄泛平原区，地势平坦，土层深厚，地下水储量及埋深以黄河为中轴向两侧呈山脊形分布，是山东省主要的粮油和蔬菜生产基地。引黄灌区以蓄引提灌为主，自流灌溉面积较少。由于引黄灌区灌溉水源为黄河客水，受上游控制，春季断流时有发生，下游引黄灌区受到影响。

1. 引黄灌溉效益

引黄灌溉促进粮棉增收，效益显著。目前经过农业结构调整，畜牧、水产、林果、蔬菜等面积和产量都显著增长，尽管如此，粮食总产量仍增加。引黄灌溉的发展使鲁西南、鲁西北的洼碱地开始得到改造，种稻洗碱及放淤改土面积不断增加。通过灌溉、排水、放淤改土及农业技术等综合措施，全省沿黄地区盐碱地面积大幅度下降。引黄灌溉还促进了灌区绿化，引黄渠道绿化长度逐年递增，林木覆盖面积扩大，对防风固沙和改善区域气候起到了重要作用。引黄还补充了内河、库、塘水源，扩大了水体，沿黄地区形成了诸多大型水域面积，发展了水产养殖。

2. 引黄灌溉发展方向

根据引黄灌区的发展现状及存在的问题，今后山东省引黄灌区的主要发展方向为：①以巩固现有引黄灌区规模、扩大有效灌溉面积、提高灌水保证程度为主。根据山东省分配的黄河水量、未来黄河来水变化趋势、引水控制措施,结合山东省水资源形势和沿黄地区工农业用水现状、引黄灌区规模等分析,引黄灌区不宜继续扩大规模,今后应重点配套完善现有灌区的渠系及工程设施、供水计量系统,扩大、改善有效灌溉面积与实灌面积,提高灌水保证率。②坚持走以井保丰、井渠结合的路子。近年来,受降水减少和用水增加的双重影响,黄河断流河段和断流时间不断延长,小浪底水库建成运用后,黄河水的调控力度进一步加大,下游地区引水受到较多限制,引黄灌区完全依赖黄河水灌溉将成为历史。引黄灌区应根据区域水资源状况,按照宜渠则渠、宜井则井的原则,科学合理地确定区域水资源开发利用计划,强化灌区内水资源优化配置,坚持走以井保丰、井渠结合的路子。③因地制宜发展节水灌溉,努力提高灌溉水利用率和水分生产率。在临黄地区,地下水补给条件好、地下水资源丰富,以井灌为主,严格控制引黄水灌溉,工程上实行上渠下管或渠管相邻双线布置,管灌为主、渠灌备用的模式。在灌区中游地区,一般地下水条件较好,应井渠并重、互为补充、科学灌溉。在输配水工程模式上,采用渠道输水灌溉,并根据地下水质状况,确定渠道衬砌与否。在灌区下游,一般地下水补给条件较差,埋深较大,应以引黄水灌溉为主、井灌为辅,同时根据下游引黄水含沙量较低、一般提水灌溉的特点,大力发展管道灌溉。

(二)水库水利用模式

水库塘坝灌区主要分布在鲁中南低山丘陵区和胶东半岛低山丘陵区,以临沂、泰安、日照、烟台、青岛、威海六市为主。灌溉方式以自流灌溉为主。水库灌区水源以拦蓄地表径流为主,受降水影响,蓄水年际变化大。各灌区根据地形条件,除灌溉一部分地势开阔的山谷平原外,还灌溉山丘区土地。多年来,这些水库灌区为解决山丘地区的干旱,保障农业的持续增产作出了重要贡献。近年来,由于城市工业发展迅速,用水量增加,部分水库转向城市供水,农业用水受到影响。

1. 水库灌溉效益

山东大中型水库灌区是山丘区发展灌溉的主要骨干。水库灌区位于全省最缺水的山丘区,不仅历史上经常遭受严重干旱,在很多地方,群众连吃水都极为困难。水库及其灌区的建设,把暴涨暴落的山区洪水调节为可以利用的水资源,使大面积贫瘠的土地改造为高产农田。大中型水库灌区,由于水库来水量较多,灌溉面积较大,供水的保证程度也比小型水库、塘坝高,因此对灌区内各类小型蓄水工程和分散的井灌区,起到一定的补源作用,同时在与这些小型工程的联合运行中,可提高灌区供水的保证程度,发挥更大的灌溉功能。

水库灌区的建成与运用,对减轻山东省水旱灾害、改善灌区农业生产条件、保证作物生长用水需求、保障农业高产稳产等发挥了重要作用,使灌区粮食产量比开灌前显著增长,为灌区经济发展作出了很大贡献。当前在城市用水大量挤占水库灌溉用水的严峻形势下,如何保证和维持水库灌区的灌溉用水是面临的挑战。

2. 水库灌溉发展方向

由于历史的原因,水库灌溉也存在着很多问题,今后其发展方向应以现有灌区的配套改造和加强水资源的联合调度为主。①以渠系及建筑物配套与改造为重点,提高灌溉发展内涵,确保灌区面积不减少。针对灌区存在的工程老化、配套不完善等问题,抓紧做好灌区渠系及建筑物的配套,设置测水量水设施,实施渠系衬砌,科学灌溉,减少灌区水资源渗漏损失,杜绝水量浪费,由过去单纯追求灌区规模、粗放式发展,逐渐转变到追求灌区经济高产、精细灌溉、内涵发展上来。对兼有向城市供水任务的水库,要在保证农作物不减产、保持灌区社会稳定的前提下,合理确定城市供水比例。②井库结合,实现库水与地下水的联合调度。山东省山丘区水库灌区的地下水分布状况随灌区的地貌特征及水文地质条件不同而各异,一般在水库下游主河道两侧为第四系松散沉积物,地下水以砂层中的浅层孔隙水为主,单井涌水量大,一般应建立井渠双灌模式。在丰水年份,以库水渠灌为主,并进行回灌补源;在枯水年份,特别是连续干旱年份,则以提用地下水灌溉为主,以达到腾空地下水库容、减轻洪涝灾害、防止土壤次生盐渍化发生和发展的目的。在靠近水库下游的山谷平原,一般分布变质岩裂隙水,含水层富水性差,埋深较大,开采困难,应主要依靠引用库水灌溉。③实施渠道衬砌工程,发展自压管道灌溉和喷、微灌工程。水库灌区一般位于水库下游的山丘地区,地形复杂,沟壑纵横,地质条件多变,渠道沿线岩石一般比较破碎,漏水量大,易坍塌,渠系交叉建筑物多,应加大山丘区水库灌区渠系的衬砌和交叉建筑物的投资力度,同时根据水库与灌区耕地的地形条件,充分利用库水位与耕地的高程差,结合灌区内农作物种植结构调整,因地制宜地发展自压式管道灌溉和喷、微灌工程。④实行水库联合调度,强化中小型水库、塘坝的联合供水,提高供水保证率。大中型水库库容大、调节能力强,对拦蓄洪水、调节径流、发展山丘区农业生产发挥了重要作用,是山丘区农业灌溉的骨干工程。中小型水库、塘坝对稳定和发展山丘区农业生产、保持社会稳定、促进全面建设小康社会具有重要作用,但由于其库容小、控制流域面积有限,灌溉保证率低,特别是枯水年份供水保证程度更低,对农业生产的稳定发展与提高有一定的不利影响。将同一行政区域内通过一定的工程措施可以联系起来的中小型水库、塘坝联合起来,统一调度,实现水源互济,不仅可以提高灌区供水的保证程度,发挥更大的灌溉效能,而且对于拦蓄洪水、提高区域综合防洪能力能够发挥积极作用。

(三)引河湖水利用模式

引河引湖灌区主要分布在鲁东南沂、沭河流域,鲁中的大汶河流域,鲁西北海河流域及滨湖地区,除鲁东南沂、沭河流域及滨湖地区外,其余主要是引黄灌溉。河湖拦蓄地表径流受降雨年际、年内变化影响大,灌区水源保证率较低。

1. 引河湖灌溉效益

引河引湖灌区的开发,为农业灌溉创造了条件,促进了耕作制度的改革和种植结构的调整,提高了复种指数,改善了粮食品种,保证了农业持续稳定增产,带来了巨大的经济效益。并且,随着灌溉渠系配套和田间土地平整,各级排水渠系也同时建立起来,使原来排水不畅的平原涝洼地,一般不再产生渍涝现象,改善了土壤结构,有利于作物生长,原有的少量盐碱地也得到了治理。在灌排渠系建立的同时,对土地、道路等进行了重新规划布局,环境绿化也有了较快的发展。

2. 引河湖灌溉发展方向

针对引河引湖灌区发展现状及问题,其发展方向应以工程配套、节水改造为重点,实现多水源的联合调度。①抓紧对现有拦河闸、坝、提水泵站及渠系建筑物的改建、更新。②建立引河为主、库水补缺、渠井结合的灌溉水源模式,实现多水源联合调度。对山丘区引河灌区来说,一般上有水库、内有机井,库水、河水、地下水三种水源并存;对平原区引河灌区来说,一般有河水和地下水两种水源。由于河水受降雨影响较大,汛期径流一般占河道年径流量的70%以上,不能形成有效的灌溉用水,非汛期径流又不能完全保证灌溉用水需求,因此农田灌溉必须依靠其他水源作为补充。对于山丘区,可以依靠库水下泄和抽取地下水补充灌溉用水,建立以引用河水灌溉为主、库水调剂补缺、地下水备用、井渠结合、多水源联合调度的水资源开发利用模式,对于保证灌溉用水,保证农作物高产、稳产,增加农民收入,稳定农村社会经济秩序,促进农村经济发展具有重要意义。③引湖灌区今后的发展应在统一规划的基础上,合理划分各站的灌区范围。滨湖灌区要结合沿湖地方建设和湖区治理规划,在坚持"洪涝水分开"、"内外水分开"、"高低水分排"和"最大限度降低湖内洪水位"以及灌排兼顾的原则下,在调查现有灌排泵站装机、提水能力和工程状况的基础上,统一规划,合理划分各站的控制范围,重新复核各站控制范围内的灌排水流量和扬程,核定装机规模,避免"大马拉小车"或"小马拉大车"或"高射炮"现象的发生。④抓好机电设备更新改造。⑤根据水资源变化趋势,重新调整种植结构,并积极推广水稻湿润灌溉技术。⑥合理开采地下水资源。滨湖地区一般地势低洼,受湖水位顶托和侧渗的影响,地下水位埋深相对较浅,地下水资源量较为丰富,且水质较好。在社会各业需水量不断增大、供需水形势越来越紧张的今天,科学、合理、充分利用地下水资源,不仅可以有效缓解供需水矛盾,而且可以在汛前腾空地下水库库容、蓄水保墒,最大限度地减轻湖区洪涝灾害,同时对于保护湖区自然和生态环境,发展湖区农业、水产和航运经济都具有重要意义。

(四)地下水利用模式

山东省地处黄淮海平原,土地宽广,地下水资源整体条件较好,凿井汲水灌溉历史悠久,井灌面积分布广,主要分布在环泰沂山周围的山前冲积平原、鲁西北部分黄泛平原、胶莱平原以及山间平原。目前,除东营、滨州两市的个别区域由于地下水含盐量较高、缺少井灌外,全省其他地区均有分布,且已逐步形成了地下水与地表水联合调度、井渠结合的灌溉模式。

1. 井灌模式效益

井灌具有投资少、见效快、增产显著、易配套、易管理、能自办、水源比较可靠等优点,是深受群众欢迎的小型农田水利工程,是建设高产稳产田、发展农业生产的重要水利措施。且在涝碱地区的宜井区内发展井灌,对治涝改碱有很好的作用。由于井灌需机械提水,浇水费用相对较高,但增产效益也高,可以补其不足。发展井灌要贯彻地下水资源采补平衡原则,否则极易超采,造成地下水位持续下降。随着地表水资源的日益紧张,地下水的开发利用程度将越来越高,机井数量和控制灌溉面积将越来越大。

2. 地下水灌溉发展方向

井灌区今后的发展将以灌区节水为重点,采取积极措施,限制地下水开采量,特别是深层地下水的开采,抓好地下水回灌补源工程建设。①抓好地下水回灌补源工程建设。在鲁中南山区及其周围水源条件较好的地区、胶东山前平原区,地质条件以粗砂、砾石为主,基岩裂隙较为发育,兴建地下水库、拦河闸坝、渗水沟渠、渗水井等,将多余地表径流回灌补给地下水。特别是利用雨洪资源搞好地下水回灌,是一个既利于防洪,又利于洪水资源化的双赢举措,凡有条件的地方都应注意采取此措施,但要防止污水回灌地下水。②积极发展管道灌溉、喷灌、微灌等节水灌溉技术。充分利用地下水水质较好的优点,按照"全面规划、统筹兼顾、标本兼治"的原则,积极引进推广先进的节水灌溉技术,大力兴建节水灌溉工程,采取有效措施控制地下水位的下降。对大田作物,以发展管道灌溉为主,同时以发展的眼光、超前的观念,将地下管道布置争取一次到位,为今后发展喷灌打下工程基础;对适于采用地膜覆盖栽培技术的作物,如棉花、小麦、花生等农作物,可适当推广膜上灌、膜下灌、间歇灌等灌水技术;对果树、蔬菜、花卉、苗木等高效经济作物,大力推广微灌、喷灌、滴灌、渗灌等先进高效的节水灌溉技术。③采取有效措施,限制超采区地下水的开采,实现地下水采补平衡。

（五）小水源利用模式

山东省地表水源工程建设潜力已经不大,特别是适于规模较大的水源工程建设的地理条件越来越少。因此,以雨洪资源利用为重点的小水源工程体系,为山丘区、缺水区农民的经济发展提供了一条新的途径。新中国成立以来,山东省各地兴建了一大批以集蓄雨水、可用弃水为主的水池、水窖、小塘坝,为小水源开发利用及工程建设积累了丰富的经验。

雨水集蓄工程是指采取工程措施对雨水进行收集、蓄存和调节利用的微型水利工程,适用于无条件兴建大中型水利工程且地下淡水又较为贫乏的地区,是山丘区、海岛地区、沿海海水入侵区、苦咸水地区发展旱地农业,解决人畜饮水和村镇工业供水的重要手段。雨水集蓄工程一般由集流工程、蓄水工程、供水设施等部分组成,山东省长岛县在雨水集蓄利用方面积累了不少成功经验,在全省的缺水区有一定的推广应用价值,其主要利用形式为屋檐接水和路面集水,将雨水拦蓄在蓄水池、水窖、塘坝等蓄水工程中,供绿化和部分农田灌溉。

山东省小水源建设灵活多样,除采取有效措施开发利用雨水外,还积极利用一切可用水源及适宜地形地质条件开发小水源。开发的主要形式有工矿弃水利用、洼地利用、污水处理回用、海水淡化等。莱芜市鄂庄煤矿原来每天有上万吨矿坑水未加利用,白白排向牟汶河,后来附近村民联合起来搞废水利用工程,在出水口建了集水池,安装了闸门,修建了防渗渠,田间埋设了管道,使周围土地得以灌溉。废弃矿坑、窑坑和高速公路两侧的沟壕等洼地是非常好的蓄水场地,长期闲置是一种极大的浪费。充分利用闲置洼地蓄水,不仅积蓄了大量的抗旱水源,而且可以发展养殖和旅游。如临淄区金岭回族镇艾庄人建设了蓄水池,大力拦蓄适合农田灌溉和水产养殖标准的工矿弃水及地面径流,并与已经建成的大田喷灌工程和其他配套灌溉工程联网,在搞好现有水源排与灌综合利用的基础上,扩大有效灌溉面积。在旱季及农田灌溉季节,利用蓄水池中的水,方便了群众,缓解了旱情,使有限的水资源发挥了最大的作用,同时实行低价收费,深受当地农民的好评,个人也增加了收入。

1. 小水源利用模式效益

小水源的开发利用,对改善区域生态环境和农业生产条件,提高水资源保证程度,提高区域防洪抗灾能力,解决部分人畜饮水困难,提高农作物产量,尤其对促进农村产业结构调整,增加农民收入发挥了重要作用,取得了巨大的经济效益、社会效益和生态环境效益,有力地促进了农业结构调整和农村经济的发展,真正发挥了"小水源、大水利"的作用。

2. 小水源开发利用发展方向

水资源紧缺是山东省的基本省情,已严重制约着全省国民经济的快速发展,充分挖掘当地水资源开发利用潜力,增加可供水量,成为山东省水源工程建设的当务之急。根据山东省自然地理条件和水资源特点,将全省划分为沿黄地区、沿湖地区、山前冲积平原区、鲁中南山丘区和鲁东山丘区五种类型,分别研究其小水源开发利用的发展方向。

(1)沿黄地区是山东省水资源条件较优越的区域,除滨海区外,地表水、地下水资源较丰富,通过小水源的科学规划和水资源的合理调控,完全可以实现水资源的优化配置,保持河道常年清水长流,地下水位常年保持在适宜农作物生长的最佳位置,使沿黄地区成为旱能浇、涝能排、生态环境优美的粮棉油基地。

(2)沿湖地区主要是指南四湖周边地区,包括济宁市的市中区、任城区、鱼台县、微山县、邹城市西部和枣庄市的滕州市、薛城区的西部平原区。湖西地区水资源比较丰沛,小水源建设的重点是机井建设和平原坑塘的综合开发利用。湖东地区煤炭企业较多,局部地下水疏干,已出现塌陷等地质灾害,进一步开采地下水受到一定限制,小水源工程建设主要在上游利用有利地形修建小水库、塘坝等蓄水工程,在下游修建拦河闸坝,充分拦蓄地表径流,增加可供水量,另外,充分搞好矿坑排水的回收利用。

(3)山前冲积平原区小水源建设的重点是地表水拦蓄和工矿弃水回收利用,通过引蓄黄河水和跨流域调水,增加区内水资源总量。沂沭河流域每年汛期有大量弃水,可通过青峰岭水库、跋山水库调水到峡山水库,回灌淄博—潍坊地下水漏斗,并充分搞好矿坑排水和工矿弃水的回收利用。

(4)鲁中南山丘区内沟壑纵横,山高坡陡,水资源利用率相对较低,应通过层层拦蓄增加水资源利用量。工程布局上按照分级拦截、高水高蓄、低水低存、深水深挖、水尽其用的原则,进行多种形式的小水源工程建设。小流域上游区以修建小水库、塘坝、谷坊、水窖为主,既保证农业生产及生态环境用水,又减小下游防洪压力;中游以修建拦河闸坝、蓄水水池、引泉池等小水源工程为主,沟谷底部或山间平原以挖大口井、打机井开采地下水为主,以满足生活及农业生产、生态环境需水要求;局部既无拦蓄地表水条件又无地下水可供利用的区域,通过修建水池、水窖等小型蓄水工程,存蓄雨季溪水或季节性泉水,解决农村人畜饮水和点播抗旱用水。

(5)鲁东山丘区小水源工程建设布局应是地表地下同时拦蓄,流域的中上游应以小水库、小塘坝、水池、水窖等拦蓄工程为主,在大理岩分布区和构造适宜地段可打部分机井开采地下水;流域下游应以挖大口井、打机井、建拦河坝为主,在河谷宽阔处可建集水廊道、辐射井、母子井。海岛区应采取屋檐集水、马路集水等形式集蓄雨水和地表径流。

农业灌溉工程的迅速发展,加快了农业基础设施建设,改善了农业生产条件,提高了农业抵御旱涝碱等自然灾害能力,对农业种植结构调整、良种培育、新技术推广及畜牧养殖业等都起到了积极的促进作用。另外,跨区域大型引水灌区的建设,对调节水资源的自然分配,缓解区域性水资源紧张,减轻过度开采利用当地水资源带来的负效应,改善缺水区区域性水环境和生态环境,促进调入区的经济发展和繁荣等都发挥了重要作用。同时,农田灌溉工程的建设和应用,对一些沙荒、涝洼、盐碱地还起到了改良作用,使其由不毛之地变成了良田,而且对农业和农村经济的发展起到了推动和基础保证作用,进一步巩固了农业在国民经济中的基础地位,为山东省乃至全国的粮食供应作出了重要贡献,为保证山东省和我国的粮食安全发挥了重要作用。

第三节　齐鲁现代农业文明的水问题

一、山东省农业生产及相应水资源开发利用中的主要问题

(一)城市及工业与农业争水矛盾加剧

随着社会经济持续稳定的发展和人们生活水平的提高,城市化进程的不断加快,工业用水和生活用水的需求量将会出现急剧上升趋势,而供水保证率要求高,工业和生活新增水量大量挤占农业用水。过去许多以农业灌溉为主的大中型水库,部分甚至全部转向城市生活或工业供水。过去引黄主要用于灌溉,由于山东省城市缺水严重,先后建成了引黄济青、引黄济淄、济南引黄供水保泉、东营胜利油田引黄等多项引黄工程,部分引黄水量也由农业转向城市和工业。

在可用水总量有限的条件下,农业用水势必减少。从这个意义上说,农业水资源将出现零增长,甚至是负增长。农业水资源的短缺将是农业生产所面临的重大挑战。由于工业和生活用水竞争力越来越强,发达国家已进入后工业化阶段,农业用水量一般只占总可供水量的50%~60%。随着山东省社会的发展,工业需水量将增加,而生活用水也将相应增长,因而农业增加供水的数量将极其有限。即使山东省实现"南水北调东线工程",也只能调入 37 亿 m^3,仍不能满足需求。况且根据引黄济青等工程的成本分析,农业特别是种植业绝对承受不了 $2\sim4$ 元/ m^3 的水价。

(二)农业灌溉基础设施损坏严重

山东省的农田灌溉工程,不少是在 20 世纪 50 年代末、60 年代初期修建的,而水井、机电排灌设备的有效使用年限一般只有 20 年或 30 年,有的只有 10 年,这个时期修建的设施,目前有的已经达到或超过了有效使用年限,需要进行更新。随着国家对农业水利投入的加大,许多灌区进行了节水工程改造,农业灌溉基础设施有很大改善。还有一些灌溉工程,虽然还没有达到所规定的有效使用年限,但是由于自工程兴

建之后,多年来工程的维修经费不足,或者没有着落,工程维修不及时,造成工程效益退化。还有一些灌溉工程,管理工作不够完善,出现了漏洞。人为地破坏水利灌溉设施的现象时有发生,如灌溉渠道被破坏,输电线路被割断,变压器、机、泵、管、带等提水设施被盗,渠道防渗混凝土板被偷,等等。尽管上述情况近期已经有了较为明显的转变,但是,这些人为地破坏水利设施的现象仍然时有发生。由于这些对已建成的灌溉工程设施没有进行及时维修和更新,或是对兴建的灌溉工程压缩规模的现象的存在,山东省的灌溉事业曾一度处于停滞、徘徊的局面。

此外,根据有关部门的统计,近年来,全省城市化和工业化占用耕地的现象十分严重。而且在这些被占用的耕地中,很大一部分是已经建有灌溉设施的灌溉农田,而这些耕地被占用以后,从灌溉方面来看,往往并没有获得应有的补偿。农业灌溉面积萎缩、灌溉效益衰减的现象,必须引起高度的重视。

(三)灌溉技术有改进但仍然存在问题

近年来,山东省在大田中大力推广地面管道灌溉技术,蔬菜等经济作物及果树灌溉引进了喷灌、滴灌、雾灌等先进的灌溉技术,节水灌溉效益显著。但是从灌溉管理方式来看,灌溉面积小,与规模化灌溉不相适应。此外,灌区的土壤平整程度不高,不合理且科学的大水漫灌、上下串灌的现象在不少地方仍然存在。有的地方尽管已经改成了畦灌,但是畦长太长,畦宽太宽,灌溉水的深层渗漏十分严重。这样不仅增加了灌溉用水量,浪费了水资源,而且还淋洗掉了土壤中的肥分、矿物质以及细小的土壤颗粒,造成土壤板结、退化,抬高了灌区地下水位,污染了地下水。因此,应进一步发展精准农田灌溉。

(四)农业灌溉水污染严重并影响到农产品的安全

由于城市和工矿区的污染大量向农村转移,加之农村乡镇企业和农业生产自身的污染日趋加重,农业生产所依赖的大气、水和土壤遭受严重污染,并直接影响到农产品的质量。

1. 面源污染

地表水污染源于工农业生产、小城镇建设、人民生活等各个方面。其中来自农业生产的面源污染是一个主要原因,主要表现为种植过程中农药、化肥的大量和不合理使用。据研究,农药、化肥的用量中只有20%左右可以直接被作物吸收利用,其余均散失到环境中,造成环境污染。其中一部分随灌溉跑、漏水和地表径流回归河道,形成重要的面源污染,使河道中氨、氮含量过高,造成水质的下降。这部分污染物进入水库后,易造成水库水质的富营养化,进而威胁到城市供水水源的质量。目前,面源污染只能依赖水体自净能力来解决,但水体自净能力有限,给城市供水质量造成很大压力。

农业种植中超量使用的化肥、农药等,随灌溉尾水和雨水渗入地下或进入河流,造成地下水污染和河流污染。农业种植业的发展所带来的污染,已成为山东省河流和湖泊普遍存在有机污染的主要原因之一。国家明令禁止的一些高毒、高残留农药仍在部分地区生产和使用。另外,化肥有效利用率相对较低,未被吸收的氮、磷元素,除部分被土壤吸附存留于土壤中造成土壤污染外,大部分则通过地表径流、农田排水进入地表和地下水体,导致水体富营养化和水体有机污染。因此,化肥、农药对农村水质面源污染影响很大。

近几年,由于禽畜养殖业从分散的农户养殖转向工厂化养殖,禽畜粪便污染大幅度增加,也成为一个重要的面源污染源。农村生活垃圾也是面源污染的一个主要来源。此外,农业固体废弃物未得到合理回收和利用,也会造成水的面源污染,其中,农作物秸秆是农业主要固体废物之一,这些秸秆大都没有经过综合利用,而是与生活垃圾一起四处堆放或沿河湖岸堆放,在降雨的冲刷下,大量渗滤液排入水体或直接被冲入河道,造成污染。另外,每年有大量农膜残存于耕地、土壤和流入河沟中,也已成为严重的环境问题。

2. 点源污染

城市工业和生活污水排放是河流水质污染的最主要原因。过去由于只重视发展经济,忽视了水环境治理,山东省很多河流都存在一定的污染,直接影响了农业灌溉水质。近年来,国家和山东省加大了水环境治理力度,每个县至少有一个污水处理厂,有的县每个乡镇都建立了污水处理厂,生活和工业废水经处理达标排放。特别是南水北调东线工程沿线,更是加大了污水处理力度,并要求达到城镇污水处理厂一级 A

标准,大大减少了污染物排放量,使得受纳水体的水功能区得到了明显改善,为农业提供了较好的灌溉水源。但是,仍然存在污水处理厂生活和工业废水处理不分,经处理后的工业污水中重金属等还不能去除等现象,对粮食安全依然是个隐患。

村镇企业普遍是中小工业企业,有的甚至是家庭手工作坊式生产,遍布全省各地。从整体上来说,村镇企业的工艺和技术水平不高,大多使用的是应淘汰的高能耗、高物耗、高污染、低产出的陈旧技术和设备,缺乏"三废"处理设施,且从业人员环境保护意识薄弱。随着村镇工业的兴起,工业"三废"和城市生活污水与废弃物的排放量日益增大,农田被迫作为消纳污染物的场所,肆意受到侵袭和污染。污染的加重也引起人们对环保的重视,从市、县、镇各级开始建设工业园区,工业企业进园区,建设集中污水处理厂,整体上工业污染的势头在一定程度上被遏制。

(五)上游兴建大中型蓄水工程影响下游区域水资源

建设大中型蓄水工程改变了天然来水过程,特别是枯水年,上游来水少,水库蓄水量少,水库管理部门从自身利益出发,非汛期不放水,导致下游河流断流,无水可用。在流域内上游不顾下游,拦河修坝截流,对水资源进行过度的开发利用,导致下游断流,严重影响下游居民的生产生活,影响着甚至扼杀了下游的生存发展,给下游造成巨大的经济损失。建大中型蓄水工程总体上无论丰水年还是枯水年,通过河道下泄的水量比不建工程大大减少,河道在下游平原区的渗漏补给量减少,直接减少了地下水的补给量。

(六)农村家庭联产承包制与区域或流域水利开发和水资源管理的不适应性

回顾新中国成立后山东水利发展的历史,山东省的大中型水库都是在农村集体所有制时期建设的。农村家庭联产承包制实行后,家庭作为生产的单位,每个家庭承包少量的土地,这种经营模式影响了农田水利工程的建设与管理。井灌区的地下水比较适应于这种经营方式,但是遇到枯水年或连续枯水年,管理上无法控制地下水超采现象。引黄灌区和水库灌区的各家各户的农业生产、种植结构严重依赖于引黄水量及水库的放水量和排水工程,骨干工程由灌区负责,而田间灌排工程的维护和管理需要相对较大的投入,不是每户能单独做到的。随着国家政策的改变,土地流转将使分散的土地变成少数农户拥有一定规模的土地,农业灌排工程开发可能从依靠国家投入转向国家和农户共同投资管理,水的规模效益将增大,可对农业开采地下水等水源征收水资源费,用于地下水的保护与管理。

二、山东一些地区农业结构和布局与水资源承载能力不相适应

(一)滨海地区农业开采地下水造成海水入侵

由于滨海平原区的工业、农业、生活及海水养殖业用水量逐年增加,地下水超采,致使地下水位下降,导致滨海平原区海(咸)水入侵加剧,地下海(咸)水面积不断加大,严重影响水源地供水安全及工农业的可持续发展。防治海水入侵已成燃眉之急。由于滨海地区农业发达,是粮食高产区,开采地下水呈面状分布,加之过去农业地下水开采管理、预警薄弱,地下水漏斗面积不断扩大加深。目前,山东滨海平原因地下水超采,海水入侵面积已达 1 000 多 km^2。海水入侵加剧了淡水资源危机,使耕地荒芜,农业减产或绝产,工厂搬迁,农民吃水困难等。引起海水入侵的人为原因除过量抽取地下水外,入海河流上游修建大型蓄水工程以及陆地海水养殖、盐田晒盐等也有一定影响,还有20 世纪80 年代和90 年代的连枯年,地下水补给量减少,开采量增加等原因。

(二)以寿光为中心的山东省蔬菜基地已形成大面积地下水漏斗区

全省平原区地下水超采区面积逐渐增大,其中淄博—潍坊和唐王—枣园超采区连成一片,形成全省最大的超采区。全省地下水位平均埋深最大区域仍然是淄博市临淄区及其周围的广饶南部、寿光南部和青州北部山前平原区,其中孙娄、辛店、永流一带地下水埋深达45 ~52 m,仍然在历史低位徘徊。由于平原区降雨入渗补给浅层地下水量与地下水埋深密切相关,当地下水位埋深大于6 m 以后,降雨入渗补给

系数很小,地下水补给量相应也小,继续开采,将导致严重的生态环境问题,例如地面沉降、裂缝及海咸水入侵等。近年来,寿光也出现了土壤污染和地下水污染现象。

(三)大量的蔬菜调出与山东省水资源短缺不相适应

一般生产 1 kg 粮食消耗水量 1 000 m³,目前山东省粮食生产供需基本平衡,而蔬菜耗水量大,根据山东省蔬菜灌溉试验资料,生产 1 kg 商品菜平均需要消耗 200 m³ 水量,水分生产率为每立方米水量生产 0.005 kg蔬菜。如果不考虑调入山东省的蔬菜量,按 1995 年统计,有 50% 的瓜菜约 2 000 万 t 参与外销,相当于从山东省调出了 40 亿 m³ 水量。南水北调东线工程山东段完成后总调入山东省的引江水量也只有 37 亿 m³,工程和治污投资达 400 多亿元。

(四)南水北调东线工程解决不了农业用水的问题

山东省是资源型缺水地区,从长远看,解决该地区的缺水问题不能完全依赖跨流域调水——南水北调东线工程解决。南水北调水价较高,主要是解决城市生活和工业用水,因此农业用水供需矛盾将长期存在。

第四节　齐鲁现代节水高效安全农业

为解决上述农业文明发展过程中出现的水问题,有必要建设在保证安全用水的前提下,以提高水的利用效率为核心的节水高效农业,注重绿色生态农业,完成水与农业的充分融合,从而形成现代高效文明的新型农业。

一、国外农业节水发展状况

随着全球性水资源供需矛盾的日益加剧,世界各国,特别是发达国家都把农业高效用水列为农业发展的重要任务。国外大致可分为四种类型:一种是以美国、澳大利亚等西方发达国家为代表的经济发达、水资源比较丰富的国家;一种是以以色列为代表的经济发达、水资源紧缺的国家;一种是经济不发达、水资源比较丰富的发展中国家;第一种是以印度为代表的经济欠发达而水资源紧缺的国家。由于各国经济、水资源及管理方式的不同,农业节水发展进程也有差别。

(一)高标准的节水工程与先进节水设备

发达国家农业节水工程是世界一流的高标准工程。如美国,采用喷灌技术、激光平整的土地等先进的高标准节水工程,美国的喷灌面积占有效灌溉面积的45%以上,先进的沟畦灌占地面灌溉的80%以上,采用激光平整土地面积占地面灌溉面积的30%,农业现代化水平高,节水灌溉技术含量高。以色列采用高效的输水方式和省水的现代化灌溉技术,园艺作物和经济作物(果树)种植面积大,微灌占有效灌溉面积的75%,喷灌占25%,主要采用现代化控制技术、工厂化生产模式。以色列的北水南调工程利用地下管道把各区域性供水系统通过泵站与国家输水工程连成整体,形成了统一调度、联合运用的巨大管网。德国、英国、奥地利、日本等旱地灌溉面积的80%以上采用喷灌,日本的灌区干管输水工程全部衬砌,配套完善,大部分采用了自动化控制技术。

世界上灌溉技术先进的国家也是先进节水灌溉设备的生产国家,如美国、以色列、澳大利亚、法国等国家生产的喷灌、微灌设备和土壤水分监测、计算机控制、气象观测及田间供水自动化等设备,集成工艺先进,使用性能好,质量高,成为世界名牌。

(二)农业节水先进管理技术

灌溉用水管理方面,以色列和美国都是借助先进的田间土壤监测技术、灌溉预报技术、气象自动监测等技术为用水者提供准确的灌溉信息。在园艺种植地区,采用自动化控制技术,实施水肥同步协调控制。

采用计算机、电测、遥感等技术实行灌溉管理自动化是发达国家节水管理技术的发展方向。在美国,大型灌区都有调度中心,实行自动化管理。许多灌区还采用卫星遥感技术,进行灌溉用水量估算。日本新建和改建的灌区大多从渠首到各分水点都安装有遥测遥控装置,中央管理所集中检测并发布指令,遥控闸门、水泵的启闭,进行分水和配水。以色列不论大小灌区,全部采用自动化控制,在灌溉季节前编好程序,灌水时按程序自动灌水。

研究农业经济用水和建立灌溉用水信息管理系统已成为一些国家关注的领域,利用以计算机为中心的现代化信息技术和优化方法,及时准确地采集、传输、存取和加工处理水资源信息,为管理部门提供用水决策和选择最佳运行方案。如美国加州 CIMIS 灌溉管理信息系统,包括由设在重点农业区的 70 多个气象站组成的网络,每个站的观测数据在每晚自动传输到水资源局计算中心,中心将得到的信息加工处理后存入 CIMIS 数据库,提供给各气象站使用。

(三)农业节水先进运行管理机制

(1)产权清晰、管理高效的农业用水管理体制。澳大利亚、美国对水资源的开发利用严格按照水资源规划、相应的宪法和政策法规进行,任何个人和单位无权随意开发利用水资源。以色列则是国家具有绝对的管理分配水资源的权力。而美国的国家机构负责对水资源进行统一规划、管理、协调,制定政策、法规、标准,由州和地方政府实施。而澳大利亚联邦政府对水资源管理开发利用起协调作用,州政府掌握水资源开发管理供水、制定政策、收取水费。

(2)建立有效的投入机制。近年来印度对微灌工程补给 50% 的工程造价,微灌系统运行所需资金全部由政府投入。澳大利亚过去供水工程基础设施及灌溉系统维护所需资金的 85% 由政府负担,而近年是谁投资、谁拥有,谁管理、谁受益,对灌溉的经营管理权可依法转让,鼓励私人和企业投资。以色列的国家供水工程投资全部由国家负担,供水系统维护费用的 70% 由用水者负担,30% 由政府负担,田间节水工程由农场主和集体投资兴建与管理。美国的农业供水工程投资及运行费用几乎全部由用水者负担。通过提高产出效率、节水、省工收回投资,以色列、美国一些发达国家的用水者从田间灌溉技术现代化的投入中还获得了巨大的环境和生态效益。

(3)制定经济激励和制约水价的政策体系。从全球范围看,灌溉水价均远低于生活及城市工业用水,即使是美国、以色列,灌溉系统虽然能够达到自我维持发展,但灌溉用水价格仍远低于其他用水的价格。以色列实行全国统一水价,配额供水,超额加倍收费。对配额以内的水费,使用较低的费率;高于配额的水费,按分级提价的原则征收较高的费率。美国通过供水合同提高水价,联邦供水工程水价、州政府供水工程水价以及供水机构水价各不相同。澳大利亚按照成本收费,各州都有自己的水价政策,澳大利亚供水分为政府控股、政府管理、私营等三种。总体上,美国、澳大利亚采取市场制约水价,按供水成本确定农业供水价格。

二、山东省农业节水的战略地位

(一)农业节水保障水的安全

农业节水是我国水安全的保障,当前山东省面临着人口继续增加、水资源更加紧缺的巨大压力,工业、生活、农业用水面临着更加紧张的形势。水资源是国民经济发展的制约因素。山东省是农业大省,随着山东省由经济大省向经济强省的过渡,工业生产用水明显增加,生活用水和生态用水也将继续增加,农业用水所占比重继续减少。要想实现现有的水资源能够保证国民经济发展安全用水,除开源措施、工业节水和生活节水外,农业节水还有较大潜力。当前为了保证工业、城市生活用水,全省多座大中型水库转向城市供水,原来向农业供水的水源被工业、生活用水占用。农业节水为工业发展、生活用水提供了保障,减轻了城市用水压力,稳定了农业用水。因此,农业节水已经成为山东省水安全保障的关键。

(二)农业节水促进农业的可持续发展

农业可持续发展是山东省的战略选择,只有实现水资源的可持续利用,才能促进农业的可持续发展,实现人口、资源、环境的协调发展。当前山东省水资源紧缺和水污染的加剧,是农业可持续发展的重要制约因素。发展农业节水就是要大幅度提高灌溉水的利用率和水分生产率,促进农业结构的进一步调整;提高水资源利用效率,促进传统农业向现代农业转变。山东省农业种植面积大,只有农业节水才能保障农业稳定,促进农业可持续发展。

(三)农业节水是粮食安全的保障

随着山东省人口的增加,需要的粮食也将会增加,粮食安全问题是不容忽视的问题。面临山东省耕地面积逐年减少和人口不断增加的现实,必然要求粮食单产和总产有大的提高。要用有限的水资源,生产出满足全省需要的粮食,只有发展先进的农业节水技术,采用综合节水措施,减少灌水量,扩大灌溉面积,提高水分生产率,调整农业生产结构。

(四)农业节水促进生态环境改善

水污染已经成为山东省目前存在的主要问题之一。大量的城市污水未经处理即排入水体,农业灌溉中的污水灌溉量上升,造成农作物和土壤的严重污染。工业污废水和生活污水的排放造成的点污染,农业种植过量使用化肥和农药造成的面污染,是农村生态环境面临的巨大威胁,面污染不仅直接危害农作物的正常生长,而且恶化了农业生产条件,使农业生态系统失调和紊乱,甚至污染地下水,治理难度也很大。发展节水农业,首先要减少污水灌溉量,减轻污水对土壤的污染,减少地下水的开采,也减少对地下水的污染程度。采用先进的水肥耦合技术后,不但减少了化肥施用量,而且提高了农作物产量,发展无公害农业,减少农药的用量。随着城镇化建设的加快,农业节水技术也相应提高,村镇的水环境条件也要逐步改善,采用中水回用灌溉,发展精准农业,更有利于生态环境的改善。

三、山东省农业节水发展现状及存在问题

(一)农业节水发展现状

(1)全民重视农业节水,全省形成了合理的农业节水格局。各级政府及广大群众对农业节水越来越重视,农业节水的发展也进入了新的高潮。胶东半岛的烟台、威海,内陆地区聊城、济宁等地区相继建成了百万亩以上的节水灌溉区。全省农业节水形成了合理布局,按照因地制宜、分步实施的原则形成了由东到西不同层次的节水格局。胶东半岛及沿海经济发达区形成了以喷灌为主的高标准农业节水区,城市近郊区形成了温室及蔬菜大棚微灌为主的现代化农业节水产业园区,井灌区形成了以低压管道输水灌溉与地面改造结合为主的粮田节水区,鲁中与胶东低山丘陵区形成了以渠道衬砌及微灌为主的渠灌节水区,鲁西北引黄地区形成了沟引提灌,地下水、地表水联合调度,优化配置的井渠结合农业节水区,一个初具规模的农业节水格局已在山东省

形成。

（2）农业节水发展速度加快，节水工程标准不断提高。农业结构进一步调整，经济作物面积逐渐加大，促进了喷灌、微灌的大面积发展。全省农业节水工程正向规模化、标准化、现代化方向发展。城市近郊区以蔬菜为主的现代化产业园区正在兴起。全省已有多处节水工程实现了自动化控制灌溉，促进了水资源的集中管理。农业节水工程标准的提高促进了农业节水管理水平的提高，农业节水的现代化也促进了农村水利的现代化。

（3）农业节水产生了巨大的直接经济效益，社会效益也非常显著。在胶东半岛及城市近郊区，原来向农业供水的水库向城市供水转移，农业灌溉只有利用分散水源，采用节水措施保证农业稳定发展。农业节水支持了工业发展，支持了城市生活用水。在沿海地区，节水还减少了地下水开采，缓解了海水入侵；内陆地区缓解了地面沉降，维持了生态平衡。桓台县采用综合节水技术后，生态环境明显改善；威海环翠区内农业用水全部利用分散小水源，原来向农业供水的三座水库全部转向威海市城区供水；龙口市沿海海水入侵得到缓解。农业节水促进了传统农业向现代农业转变，促进了农业生产结构的调整。在沿海及城郊区，以名、优、特、高产高效经济作物为主的现代化示范园区蓬勃发展，原来分散的以种植粮食为主的农户逐渐形成规模种植，发展高效节水农业。农业节水为经济发展注入了活力，将越来越显示出巨大的经济效益和社会效益。

（二）农业节水发展存在的问题

尽管山东省农业节水取得了很大成绩，但远不能适应国民经济发展的需求，水资源供需紧张的矛盾依然存在，农业节水还有较大的潜力。农业节水发展中存在的一些尚未解决的问题，制约了农业节水的发展，农业节水面临新的挑战，必须认真加以对待。

1. 农业节水的投入机制不理顺，农业节水工程总体标准不高

农业节水的投入机制不理顺，缺乏稳定的投入渠道是造成农业节水工程总体标准不高，影响节水效益正常发挥的主要原因。农业节水很大一部分效益转向了工业用水、城市生活用水，改善了生态环境，产

生的效益是国家和集体的,因此农业节水投入的主体应当是国家,中央和省对农业节水的投入力度不可能满足要求。需要理顺投入机制,建立多元化的投入机制,加大农业节水的投入力度,保证山东省农业节水加快发展。

2. 缺乏激励农业节水的政策,农业节水的水平难以从根本上提高

应当看到,由于农业节水管理政策不到位,全省灌溉水浪费现象仍存在。井灌区很多地方仍然无限制开采地下水,地下水位不断下降。引黄灌区按人头收取水费,水库灌区按方收取水费的现象依然存在,井灌区按小时收取电费,水费基本上不收。灌溉水平难以提升,根本问题是没有形成激励农业节水的政策,无法从源头上限制用水量。农业灌溉的水价不到成本的一半,缺乏用水的奖惩政策,用水多少基本没有与群众切身利益结合,无法保证合理控制用水量。水价偏低是造成农业灌溉水浪费现象的一个主要原因。由于缺乏科学的水价体系,农民对水的商品意识认识不足,影响了群众发展节水灌溉的积极性。必须建立合理的水价体系,让水价在节水中充分发挥经济杠杆作用。

3. 农业用水的运行管理水平亟待提高

山东省农业用水运行管理从整体水平上看不适应农业高效用水的需求,管理仍较粗放,重建轻管的现象依然存在。由国家、集体投入的节水工程由于存在产权、管理权不明晰的问题,以至于群众的责任心不强,造成工程无人维护,长期下去不能正常运行的现象时有发生。灌溉服务组织不健全,农业用水的集中供水能力差,缺少科学的、稳定的灌溉服务体系。水利管理单位的性质定位不准,管理经费缺乏,队伍不稳,难以提高管理水平。水利工程缺乏正常维修,老化损坏严重,运行管理难度增加。灌溉用水管理粗放,收费方法单一,执行计划配水不力,引黄灌区到乡到村缺少测水量水设施,科学灌水制度执行不力。灌溉用水的行政干预仍然存在,管理部门难以合理控制灌溉用水。

4. 农业节水的综合技术体系尚未形成,缺少有力的技术支撑

对水资源的优化配置和科学调度的研究刚开始。地表水、地下水的科学联合调度的管理力度跟不上,水资源难以实现优化配置,井渠结合灌区,地表水、地下水的联合调度一直很难实现,以致上游丰富的地

下水利用率低,下游严重缺水。

　　农业节水的现代化水平不高,对高科技材料、新工艺、先进技术推广力度不够,自动化控制灌溉技术仅在少数地区试点,形不成规模化、现代化的农业节水区。因地制宜的农业节水模式推广应用不够,对喷灌发展中出现的问题,缺乏深刻分析,以致不能正确指导高效节水技术的发展。对田间工程改造的节水潜力认识不足,渠灌区土地平整度差,应当重视田间工程改造。

四、山东省农业节水发展目标与节水布局

(一)农业节水发展目标

　　按照建设现代化农村水利的要求,以解决农村、农民、农业的问题为出发点,优化配置工业、农业、生活、生态用水;大幅度提高农业用水的效率和农民的综合效益;改革与现有的农业节水发展不相适应的管理体制,建立健全节水政策法规体系和技术推广体系;健全农业节水综合体系,进一步提高节水灌溉工程的标准和质量,提高农业综合生产能力,促进农业和农村经济的发展;实现从传统粗放型灌溉农业向节水高效型现代灌溉农业的根本转变,实现水资源的优化配置和水资源的可持续利用。

　　在胶东半岛地区及城郊区建立规模化的高标准农业节水区,率先实现农业节水现代化,促进农村水利的现代化,经济作物全部实现喷灌、微灌,达到现代化的管理水平;低山丘陵区的果树等经济作物实现喷灌、微灌工程;水库灌区渠系水利用系数达到 0.8 以上,灌溉水利用系数达到 0.7 以上。在引黄灌区干渠全部衬砌,实现上、中、下游水资源优化配置,井渠结合灌溉,以河补源,以井保丰,灌溉水利用系数达到 0.7 以上。井渠结合灌区全部实现低压管道输水灌溉,采用激光平地技术,实现地下水的采补平衡,灌溉水利用系数达到 0.8 以上。

(二)农业节水区划及其节水模式

　　按照全省不同地形条件、水源类型、经济状况及各地农业节水发展情况,山东省农业节水大致可分为平原井灌保护生态环境农业节水类型区、鲁西北引黄井渠结合农业节水类型区、低山丘陵渠灌农业节水类

型区、沿海经济发达区农业节水类型区和城市近郊高新农业节水类型区。

1. 平原井灌保护生态环境农业节水类型区及其节水模式

山东省井灌区面积大，分布广，主要分布在环泰沂山周围的山前平原区、鲁西北黄泛平原区、胶莱平原及山间平原等。

平原井灌区农业节水模式可概括为：充分利用天然降水、地表水、土壤水，控制开采地下水，变作物消耗灌溉水为主为消耗土壤水、降水为主；工程节水、农艺节水与管理节水密切结合，实现水资源的优化配置。具体措施为：采用以低压管道输水灌溉与窄短小畦结合为主的田间节水工程，因地制宜地慎重发展良田喷灌，有条件的地方发展大棚微灌，实现工程节水；充分利用沟渠河塘拦截地表径流、广积雨水，科学增雨，巧用雨水，尽量减少地下水开采；深耕蓄雨，增加降雨入渗，灌关键水，减少灌溉水；冬小麦进行前控、中促、科学用水，充分开发利用2.0 m土层土壤水；精量匀播，控株高产栽培，防止小麦奢侈腾发；秸秆覆盖还田，减少棵间蒸发，增加雨水入渗，增强土壤肥力；精耕细作，划锄保墒，抑制土壤水分蒸发；麦套秋作，节约灌水；选用耐旱品种，以种省水等，实现农艺节水，真正减少水资源的消耗；建立县、镇、村三级管水的节水管理服务体系，实行统一机耕、统一机播、统一供种、统一浇水，实现管理节水。工程节水、农艺节水、管理节水密切配合，三管齐下。

2. 鲁西北引黄井渠结合农业节水类型区及其节水模式

山东省引黄灌区面积占全省耕地面积的40%左右，灌区上游主要靠引黄河水灌溉，而远离黄河的灌区下游则主要依赖开采地下水灌溉。

引黄井渠结合灌区农业节水模式的核心是地表水、地下水联合调控，实现水资源的合理利用。灌区上游控制引用黄河水，充分利用地下水；灌区中游适量开采地下水，引黄补源；灌区下游控制开采地下水，相机引黄补源实现采补平衡。灌区上、中、下游用水合理调配，黄河水高效利用，建立引黄补源、以井保丰的农田灌溉模式。中下游因地制宜地发展以低压输水灌溉为主的节水灌溉，在经济条件较好、缺水严重的地区适当发展喷灌。特别是下游井灌区，应当重视农艺节水措施，实现工程节水与农艺节水的密切结合。采用分级供水、按方收费、计量到乡村的管理手段,形成引黄井渠结合灌区地表水、地下水联合运用的农业综合节水模式。

3. 低山丘陵渠灌农业节水类型区及其节水模式

低山丘陵区主要分布在山东省的鲁中南地区和胶东半岛,20 世纪50 年代以来兴建的大中型水库是该区的主要水源,小型的水库塘坝蓄水工程分散。由于兴建拦蓄水库投资较大,大量地表水仍然流失,而水库灌区渠系配套工程一开始就不完善,渠系水利用系数低,难以实现农作物灌溉。因此,该类型区农业节水的重点是进一步开发利用地表水资源,采取不同形式对各级渠道进行衬砌,完善渠系配套工程,充分利用分散水源,提高灌区渠系水利用系数和灌溉水利用率。

沟河梯级拦蓄,充分开发利用地表水资源,充分利用水库灌区原渠道发展以渠道防渗为主体的节水灌溉工程,并逐步发展自压管道输水灌溉工程。大力提高渠系水利用系数,进一步改进水库灌区田间灌水技术,提高田间水利用率;充分利用分散水源,在复杂地形的丘陵区建设高位水囤,保证并扩大山丘区经济作物的灌溉面积;丘陵地带茶园、果园大力发展微灌、低压喷灌、滴灌等节水灌溉措施;浅丘区粮田灌溉以发展规范的畦灌为主;实现水资源的优化配置和合理利用,水源不足的丘陵地区有条件时可发展喷灌;加大农业节水措施,大面积发展地膜覆盖、秸秆覆盖,应用旱地作物抗旱剂等;采用以村级为单位的管理形式和集体管理运行及分散租赁、承包等运行管理方式。按照节水灌溉制度运行,科学灌水,按方收费,工程节水措施、农艺节水措施与管理节水措施相结合,实现低山丘陵区的水资源高效利用。

4. 沿海经济发达区农业节水类型区及其节水模式

山东省海岸线之长居全国第二位,半岛黄金海岸线长 3 000 余km,特别是胶东半岛沿海地带经济发达,位于全国前列。随着城市生活水平的不断提高,工业和生活用水迅速增加,原来用于农业灌溉的大中型水源工程现基本转向城市供水,农业用水受到严重影响。因此,探索沿海经济发达缺水区的农业节水模式刻不容缓。

沿海经济发达区农业节水模式的核心是对水资源集中控制,合理调控,发展集约化生产的高效农业,高投入、高产出。即必须充分利用地表水,对降水、地表水、地下水进行联合调控,塘坝、大口井、机井、河道建橡胶坝拦蓄地表水等多水源联网,实现水资源的集中控制管理,使有限的水资源合理配置。发展高标准的节水工程,实现粮田喷灌化、大棚标准化、果园微灌化;最大限度地提高灌水的利用率,有条件的地方实行喷灌、微灌工程自动化控制,发展现代化农业;采取花生地膜覆盖、果树秸秆覆盖、作物秸秆还田、旱地应用等系统的农业综合节水技术;实行水资源集中管理为主的运行管理方式,统一供水,从而形成水资源合理利用、工程节水、农艺节水、管理节水相结合的系统的农业节水体系。

5.城市近郊高新农业节水类型区及其节水模式

城市的迅速膨胀,工业、生活需水的不断增加必然对城市近郊农业造成严重威胁,因此如何使城市近郊区农业可持续发展,已经是农业节水中的重要研究内容。

城市近郊由于劳动力向城市集中,农业种植比较粗放。但城郊区经济实力强,依托的科技力量雄厚,是发展高新节水农业的有利条件。城市近郊农业以高产、高效为目标,以单方水最大生产效益为目的,高投入、高产出。土地集约化经营,建立以设施农业工程为主体的产业工程,对国内外稀、特、优蔬菜、水果、花卉良种进行引进与组织培育,良种繁育相结合,以大中城市科研单位、企业为依托,实现科技和资本的高投入和现代化管理的工厂化生产,形成集科技、产业化、推广于一体的现代化农业。采用公司化管理,集中供水,超计划加价,灌溉采用喷灌和微灌为主的工程措施,实现现代化的自动控制灌溉管理。水资源的高效利用是城郊农业节水模式的核心。

五、山东省实现农业节水目标对策

农业节水是一个广义的概念,它是指根据作物的需水规律及当地的供水条件,为获得农业的最佳经济效益、生态环境效益而采取的有效利用天然降水和灌溉水的多种措施的总称。因而农业节水技术是一个综合技术体系,不但包括灌溉工程节水措施,而且包括农艺节水措施、管理节水技术,农业节水是综合节水技术的集成。

(一) 加快农业节水工程建设

1. 渠道防渗、低压管道输水灌溉工程

自新中国成立以来,山东省灌溉事业发展迅速,建设过程中所需的资金、材料等常跟不上需要。所以,灌区建筑物配套差,输水渠绝大部分都是没有任何防渗处理的土渠。运行时,输水渠渗漏损失量很大。据分析,年渠道损失量占灌溉总用水量的44%,数量十分惊人。有的地方输水损失高达70%~80%。所以,对渠系进行防渗处理是十分必要的。这不仅仅是节约用水的迫切需要,也是扩大灌溉工程效益、减少灌溉能源消耗、降低灌溉成本、保护灌区土壤质地的需要。

防渗渠道比一般土渠减少60%~90%的输水损失。我国渠道防渗技术发展较快,材料方面的研究证明,灰土除有气硬性外,还有一定的水硬性,在灰土中掺入砂、砾石、炭渣能有效提高灰土的早期强度及减少缩裂缝。在防渗渠道断面形式方面,对于小型渠道,研究并推广了U形断面刚性材料防渗渠道,对于大中型渠道,研究提出了弧形坡脚梯形断面和弧形底梯形断面渠道;在防渗渠道的冻害机理及防冻措施方面,已从定性的认识发展到定量的研究成果;在施工方面,逐渐向机械化和半机械化的方向迈进。在有关单位的共同努力下,渠道防渗工程取得了丰硕的成果。

在防止渠道渗漏的技术措施方面,已积累了大量经验,如加强灌区渠系的配套和管理,兴建防渗工程措施等。在加强配套和管理方面主要是:对渠系工程进行全面配套,及时维修养护,实行管理责任制,杜绝漏水、跑水。实行计划用水,合理调配灌溉水量,改进灌溉方法,提高灌溉技术。实行按方计征水费等。

在兴建防渗工程措施方面,种类也很多,成本差别很大,防渗效果也各不相同。按其防渗特点,归纳如下:①改变渠床土壤透水性能。如压实法,靠提高渠道土壤的密实度,来减少渠道的渗漏。还有填淤法和化学处理法等,就是在渠床与灌溉水接触的表面,用黏性重、颗粒细的淤土进行充填,或者用化学药剂进行处理,减少渠道的渗漏。②修筑防渗护面。在渠床表面用渗漏系数较小的黏土、灰土、三合土等材料修筑

防渗层,可用于气候温暖地区的中小型渠道。③改地上渠道输水为地下低压管道输水。低压管道输水技术、装备、施工、管理等各个环节已趋完善,在山东省大面积推广。它具有十分明显的节水、节能、省地、输水速度快、省工、省时、适应性强、便于管理、投资少、见效快、易于推广等特点。根据对已建成的低压管道输水工程进行的实测,渠系有效利用系数可以达到95% ~97%,可以节约灌溉水量的40% ~50%,节省能耗30% ~40%。由于将地面渠道改成了地下管道,减少了渠道占地,可增加水浇地面积3% ~4%,节省灌溉用工1/3以上,较适合于山东省农村当前的经济条件。而且由于其设备简单,管理方便,施工技术容易为群众所掌握,有利于大面积推广。

管道是低压管道输水的重要组成部分,占总投资的60% ~70%,经过科研人员的努力,在低压管道输水管材中取得了一定的成果。现在主要有塑料管、当地材料管(素混凝土管、砂土水泥管等)以及现场连续浇筑的混凝土管和地埋软管等管材。随着低压管灌技术的推广,在实践中又创造性地使用了粉煤灰管材、低压管喷和灰土软塑地下输水管道成型等新型技术,推动了管灌的发展。

2. 田间工程改造

山东省的田间灌溉方式以畦灌为主,传统的畦灌方式粗放,畦(沟)规格和入地流量不合理,土地平整情况较差,田间水量渗漏损失大,灌溉水的利用率低,灌溉水的浪费现象相当严重。加强田间工程改造是提高灌溉质量、建设节水型农业费省效宏的方法。田间工程改造的主要内容是建设标准畦田,激光整平土地,完善田间灌排配套设施。畦灌仍是井灌区目前灌溉的主要形式。畦田的适宜长宽与单井出水量大小、土壤质地、畦田平整状况、田间坡降及灌水定额有密切关系。若畦田规格适宜,田间水利用系数可达0.9以上。激光平整土地在山东省已开始试点,是今后农业节水发展的新技术。

目前,我国的地面灌溉,旱作主要采用畦灌的方式,水稻田采用格田灌溉的方式。这两种灌溉方式,都要有比较高的田面平整程度。实践证明:在当前土地平整程度的实际情况下,采取适当地减少田块面积的办法是十分有效的,可以相对地提高田块内田面的土地平整程度。

田块的土地平整程度越高,则灌溉水的均匀度就越好,灌溉的节水效果就越显著。例如,山东省麦仁店水稻试验站的水稻田,土地平整程度达到了每块格田内的田面高度差不超过 1 cm 的要求,为进行节水型农业灌溉研究提供了条件。

对于旱作的畦灌,把大畦块改变成较小的畦田块,也就是"长畦改短畦、宽畦改窄畦、大畦改小畦"的"畦田三改"措施,具有明显的节水效果。既能维持田间适宜的水分条件,减少入畦口的冲淤现象,促进农作物良好地生长发育,植株均匀,产量提高;又能节约灌溉用水量,减少深层渗漏量,随之也减少了土壤肥力的淋失,是一种节水、增产的好办法。该方法经在各地推广运用,都获得了比较满意的效果。虽然采用小畦田灌溉需要增加一些田间工程,但是同大畦田整平的工程量相比,则是很少的了。而且,节水、增产、保土、保肥的经济效益也是比较明显的。当然,小畦田也不是愈小愈好。一般所提倡的畦田长度是 50 m 左右,最短的是 30 m,较长以不超过 80 m 为宜;畦田宽度要根据农作物种植的距离来确定,一般多采用 2~3 m。总之,畦田的长度和宽度都要因地制宜,根据每块畦田的土地平整程度、土质情况、农作物品种、耕作条件和地面坡度等具体条件,进行综合的选定。

3. 因地制宜发展喷灌技术,大力发展微灌技术

"三灌"工程,即大田喷灌、果园微灌、蔬菜滴灌。井灌区的管道输水灌溉可使灌水定额由 1 200~1 500 m³/hm² 减少到 600~900 m³/hm²,喷灌则可进一步减少到 300~450 m³/hm²,微喷和滴灌可减少到 150~300 m³/hm²。"三灌"工程的发展可进一步提高农业节水力度,提高水的有效利用率和生产效率,改善生态环境。

喷灌技术是喷洒灌溉的简称,是利用专门的设备(水源工程、动力机、水泵、管道、喷头等)把水加压或利用水的自然落差将有压水送到灌溉地段,通过喷洒器(喷头)喷射到空中散成小水滴,均匀散布在田间进行灌溉。喷灌可分为固定式、移动式和半固定式。喷灌几乎适于灌溉所有的旱作物、蔬菜、果树,既适用于平原也适用于山丘区,可用来灌溉农作物,又可用于喷洒肥料、农药,防霜冻和防干热风,并且不产生地表径流和深层渗漏。以土地条件来讲,坡度大的山区、土壤渗透性大

的地区都适宜发展喷灌。喷灌后地面润湿比较均匀,均匀度达 0.8 ~ 0.9,比明渠输水地面漫灌方式省水 30% ~ 50%。喷灌粮食作物可增产 10% ~ 20%,喷灌经济作物可增产 20% ~ 30%,喷灌果树可增产 15% ~ 20%,喷灌蔬菜可增产 1 ~ 2 倍。

微灌技术是一种新型的节水灌溉技术,包括滴灌、微喷灌、涌流灌,它可根据作物的需水要求,通过低压管道系统与安装在末级管道上的特殊灌水器将水和作物生长所需的养料,用比较小的流量均匀准确地直接输送到作物根部附近的土壤表面或土层中。并且通过计算机辅助设计技术,可确定微灌两支管横排的最优距离,这样整个微灌系统的设计工作也可大大简化。与传统的地面灌溉和全面积喷灌相比,微灌是以少量的水润湿作物根区附近的部分土壤,主要用于局部灌溉,比地面灌溉省水 50% ~ 70%,比喷灌省水 15% ~ 20%;灌水均匀,均匀度达 0.8 ~ 0.9,较地面灌溉一般可增产 15% ~ 30%,并能提高农产品的品质;适用于所有的地形和土壤,特别适用于干旱缺水地区。在微灌技术领域,以色列和美国代表着世界最高水平。

采用合理的灌溉技术,要从当时的技术经济条件出发,既要考虑到先进性,也要考虑实现的可能性,同时应该同本省的实际情况相适应。例如,灌溉技术中地上灌溉方式的喷灌、滴灌和雾灌,虽然从灌溉技术上来讲最先进、最节水,但是建设投资和运行费用都太大,在当前山东省农村的经济条件下,是政府财力和农民经济承受能力负担不起的,要大面积推广显然是很不现实的。从山东省目前情况来看,在一个较长的时间内,还必须以地面灌溉技术为主要的灌溉方式。所以,节水型灌溉农业,就必须以地面灌溉技术为主要研究对象,而对于喷灌、滴灌、雾灌等先进灌溉技术的研究,只能退居次要地位。

喷灌技术耗水量小,但耗能大,而且灌溉时控制面积增大,不太适宜现行的农村生产体制,在企业化管理的大型农场或大型承包户的农田可发展喷灌技术;随着蔬菜及果树种植面积的扩大,适宜其灌溉形式的微灌技术将得到大力推广。有条件的地区可实施田间及大棚集雨节水灌溉、渗灌,淡化利用微咸水、提高中水再利用率。

(二)大力推广农艺节水措施

为了充分、高效地利用灌至农田作物根系活动层内的土壤水所采用的农作技术(包括抗旱品种、地膜秸秆覆盖、节水栽培及化控节水技术等)称为农艺节水措施,农艺节水措施与工程节水技术和管理节水技术一起组成节水农业技术体系。它体现了传输节水(工程)和生育节水(农艺)的高度集成,是多学科、多向发展的常规技术和高新技术组成的一个复杂的系统工程。农艺节水的增产效果显著,推广应用前景广阔。农艺节水技术包括:选育耐旱高产的优良品种,施用化学制剂增强作物抗逆性,增施有机肥和土壤改良剂以改善土壤结构及减少土壤蒸发,采取地膜和秸秆覆盖以减少土壤蒸发及抑制杂草生长和提高土壤湿度,以及采取适时耕耙、镇压和中耕松土等保墒措施。

1.耕作和覆盖保墒措施

采用深耕松土、镇压、耙糖保墒,中耕除草,改善土壤结构等耕作方法,可以疏松土壤,增大活土层,增强雨水入渗速度和入渗量,减少降雨径流损失,切断毛细管,减少土壤水分蒸发,使土壤水的利用效率显著提高。根据天然降雨的季节分布情况,为了使降雨最大限度地蓄于土壤中,尽量减少农田径流损失,需要因地制宜采取适宜的耕作措施,同时提高灌溉用水的田间利用率。

农田覆盖是一项人工调控土壤 – 作物间水分条件的节水技术,是降低水分无效蒸发,提高用水效率的有效措施之一,也是当前世界上干旱和半干旱地区广泛推广的一项保墒措施。利用覆盖技术可以抑制土壤水分蒸发,减少地表径流,蓄水保墒,提高地温,培肥地力,改善土壤物理性状,抑制杂草和病虫害,促进作物的生长发育,提高水的利用率。

2.化学节水技术

保水剂应用是节水农业技术之一,属化学节水措施。保水剂为强吸水性高分子树脂,依靠其羟基、羧酸钠盐和酰胺基的氢键及渗透压的复合作用,能吸收并保持比它自身重量大几百至几千倍的水分。保水剂的主要作用有提高土壤吸水能力,增加土壤含水量;增强土壤保水能力,降低土壤水分蒸发量和土壤水分渗透速度;改善土壤结构,提高土壤保肥能力。

3. 适当控制土壤的供水能力, 减少作物的需水量

作物需水量包括植株蒸腾量、棵间蒸发量, 水田作物还要加上深层渗漏量。影响它们的有自然气象因素、作物因素、土壤水分因素等三个方面; 也可以分为目前的经济技术条件下人工无法控制的和人工可以加以控制调节的两类因素, 适时、适量地进行补水灌溉, 适当控制土壤的供水能力, 属于人工可以控制调节的因素, 可以使农作物获得高产合理的"群体结构"和与之相适应的"丰产株型"。

过去的灌溉技术, 都是在作物全生长期内对作物进行充分供水的理论和实践中提出来的。所以, 过去的植株蒸腾量也是在充分供水条件下从实际试验中测定的。可是全生长期里均进行充分供水, 只能任其自然生长, 起不到促控作用。灌溉实践证明: 同一种作物、同一生产阶段、同样的自然条件下, 根层土壤含水量不同、土壤供水能力不同、作物根系从土壤中吸收的水分不同, 作物本身水分的分布就不同, 通过作物自身的调节能力, 植株的蒸腾也就不同, 从而使农作物的生态也有了变化。所以, 采用调整根层土壤含水量的措施, 是可以对农作物的生长进行人工调节控制的。在灌溉实践中, 研究不同的灌溉补水量及农作物高产的最佳组合, 是研究节水型农业灌溉技术的主要课题。再从棵间蒸发量来看, 在这部分水分中, 只有很小一部分是作物生态环境所需要的, 绝大部分是无效地消耗, 减少表土层的含水量或在表层土上进行覆盖, 都能减少棵间蒸发量。深层渗透量对于干旱作物是过量灌溉的结果, 是不允许发生的, 可是对于水稻, 这种现象过去一直认为是不可避免的, 其理论根据是稻田土壤含水量长期过大, 土壤处在还原状态, 形成了对根系有毒害的物质, 有必要用渗漏水来淋洗土壤。如果能改变水稻田的土壤含水量状况, 不使其长期处在饱和状态, 而使土壤处在还原状态, 就不需要用深层渗漏水来冲洗土壤中的有毒害的物质, 这样就可以大大地减少水稻的作物需水量。因此, 作物需水量是可以采取适当的控制土壤的供水能力来减少的。通过对作物的合理促控, 既能减少作物需水量, 又能提高产量, 提高灌溉水的生产效率, 这是研究节水灌溉的核心问题。

4. 按作物的需水规律灌水

不同的作物需水量不同,同一种作物在不同生育阶段的需水量也不相同。一般是前期需水量较少,生长盛期需水量较多,转入后期又逐渐减少。譬如,冬小麦在拔节以后,日耗水量增大,到 5 月下旬达最高峰;玉米也是在拔节以后日耗水量显著增大,抽穗期达最高峰。作物生长进入生长盛期,从营养生长阶段向生殖生长阶段过渡,这时作物对水分的要求最为迫切、最为敏感,如果这时缺水,就会造成穗少、粒少、干粒重低,对作物生长和产量易造成较大伤害。通常把这一时期叫做需水关键期或需水临界期。在农田灌溉中,特别是在水资源不足的情况下,应优先安排这一时期的灌水,以利于发挥水的经济效益。推迟或不灌返青水,不仅可以节约水量,而且对于小麦的生长也是有利的。小麦在返青期间,除水分条件外,温度和通气条件也是十分重要的,这时的一切措施应利于小麦的早发稳长,如果此时土壤含水量较高,容易引起土壤渍水,造成地温降低,通气不良,使生长缓慢、新根较少。当然,这并不是说所有地区所有年份都不应当灌返青水,而是要根据当地当时的土壤墒情、肥情、苗情加以掌握。为了防止脱肥,应强调施足底肥和结合冬灌施肥,把有限的水量用到关键时期,按作物的灌溉制度适时适量灌水。

5. 水肥耦合技术

采用以肥、水、作物产量为核心的耦合模型和技术,合理施肥,培肥地力,以肥调水,以水促肥,充分发挥水肥协同效应,对提高作物的产量和品质,起着非常关键的作用。山东省未来发展高效精准农业、无土栽培农业、农业工厂化生产,水肥耦合技术是关键和核心技术。随着农业现代化建设进程的加快,灌溉自动化已经成为精准农业发展的重要组成部分,水肥耦合技术将根据不同的作物、不同的生长阶段需要的水分和养分,进行自动控制,成为城市近郊发展蔬菜、花卉以及其他高效经济作物的重要技术保证。

6. 调整作物布局,选用节水高产型品种

因地制宜地选用节水高产基因型作物品种,合理安排作物布局与品种搭配是作物节水高产高效的重要环节。不同作物和品种对环境的

要求与适应力都有一系列的生理生态和形态差异。根据降雨时空分布特征、地下水资源、水利工程现状，合理调整作物布局，增加需水与降水耦合性好的作物品种和耐旱、水分利用率高的作物品种，以充分利用当地水资源。

（三）全面提高农业节水管理水平

节水管理措施是贯穿于农业灌溉用水过程中的管理技术，如科学的灌溉制度、合理的用水管理制度、健全的技术推广服务体系、土壤墒情监测预报技术等。水资源的开发、利用与保护，涉及经济、政治和社会等许多复杂的问题。因此，农业节水单靠技术措施是不行的，必须依靠政策法规以及健全的管理制度才能实现。

深化农村水利建设与管理体制、运行机制改革，按照"谁受益、谁负担，谁投资、谁所有"的原则，明晰工程所有权，积极探索适应农村生产力发展水平的管理体制。同时通过多种渠道、采取各种形式，对农民进行节水技术培训，以多种方式鼓励用水户参与灌溉管理。与此同时，实施高效用水的灌溉制度，利用信息技术和自动控制技术进行灌溉预报、用水量控制，实现按计划科学配水，使有限水资源发挥最大效益。

1. 优化配置农业用水资源

山东省引黄灌区面积占全省耕地面积的40%左右，灌区上游主要靠引黄河水灌溉，而远离黄河的灌区下游则主要依赖开采地下水灌溉。引黄灌区的下游如聊城西部的临清市、莘县、冠县等地则缺乏黄河水补源，地下水连年超采，漏斗不断扩大。

引黄灌区下游一方面缺水，另一方面上游只依靠黄河水，地下水利用率低。黄河水和地下水在时空上得不到合理调配，水资源不能合理利用。

地表水、地下水联合运用是实现引黄灌区农业用水资源优化配置的关键。首先应在引黄灌区中上游大力发展井灌，充分开发利用中上游的浅层地下水资源；对上游骨干渠道进行衬砌，提高输水效率，将上游黄河水通过深沟向下游及引黄边缘地区进行补源，实现以井保丰、以河补源，上游农田灌溉增打新井，主要利用地下水。下游井灌则采用科学用水，结合农艺节水措施，控制地下水开采。引黄井渠结合灌区采取地表水、地下水联合运用。对于分散的小水源,应采取联网调度的方式,实现其优化配置。

2. 实施高效用水的灌溉制度

灌溉制度是指作物的灌水时间、灌水次数、灌溉定额的总和,确定作物合理节水灌溉制度,对于计划用水、科学配水和提供灌水决策至关重要。节水灌溉制度是把有限的灌溉水量在作物生育期内进行最优分配的过程,节水灌溉制度是节水灌溉管理技术的重要组成部分,是一种费省效宏的非工程节水措施。

作物调亏灌溉是国际上 20 世纪 70 年代中期在传统的灌溉原理与方法的基础上提出的一种新的灌溉方式,其基本概念不同于传统的充分灌溉,也有别于非充分灌溉或限额灌溉。调亏灌溉方法的关键在于从作物的生理角度出发,根据其需水特性进行主动的调亏处理。可以说,调亏灌溉开辟了一条最佳调控水、土、植物、环境关系的有效途径,是一种更科学、更有效的新的灌溉策略。这项技术在国内尚属起步阶段。

3. 进一步完善投入机制,加大投入力度

发展农业节水是一项长期的战略决策。实践证明,发展农业节水不只是农民群众收益,重要的是产生显著的社会效益、经济效益和生态环境效益。农业节水受益的主体是国家。正因如此,发展农业节水要明确受益的主体,确立投资的主体;建立有利于调动政府、企业、用水户多元化的投资机制。随着山东省经济的迅速发展,农业用水已被工业和城市用水严重挤占,许多原来用于灌溉的水转向了城市,工业用水的集中开采,加剧了地下水的下降。从可持续发展的观点分析,农业节水可最大限度减少水资源的浪费,将节约的水用于改善生态环境,因此要实现节水发展的战略目标,必须坚持以市场为导向,建立符合市场机制的投资和管理体制:一是国家要加大农业节水的投入力度,通过政府的资金引导,建设节水灌溉示范县市,建立农业节水高效示范区,通过示范项目的辐射,带动区域农业节水技术的发展;二是国家要加大灌区改造的投资强度,对灌区的骨干输水渠道进行完善和配套;三是灌溉水源转移到工业和生活后,要对农业用户的用水进行足额补偿,通过加强节

水灌溉工程建设,保证农民的用水权益;四是按照市场机制的要求,广泛吸收和筹措国内外不同来源的资金,建设节水工程;五是通过节水政策和管理体制的改革,调动广大农民投资和节水工程管理的积极性。

4. 改革现行的农业用水的水权制度

水权,也称水资源产权,是水资源所有权和各种水权利、义务的行为准则与规则。水权是指对水资源所拥有的所有权、使用权和经营权,通常所说的水资源所有权是指对水资源的占有、使用、收益、处理的权利。由于水资源的特殊性,水资源的所有权为国家所有。国家根据水资源的特性以及水资源开发、利用、配置、节约和保护过程中的特点赋予水行政主管部门权利,并用法律的形式予以确立。但是,在水市场交易中,往往涉及水的初始使用权问题,水的初始使用权也应该由政府来确定。水权问题是一个涉及社会、经济等方面的复杂问题,必须从水源工程的维护,有利于水资源的优化配置,便于用水管理出发。改革现有的农业用水的水权问题,一是要明确水的所有权,二是明确使用权,三是要完善占用农业用水水源的补偿制度。要充分保护农民用水的权益,确定并保证区域的下限农业需水量。改革现行的农业用水的水权制度是关键措施,将对加强农业用水的管理、水资源的保护起到重要的作用。

5. 建立完善的农业用水的水价体系

水价问题是一个十分复杂的问题,制定切实可行的水价和水价的管理体系,有利于农业节水的健康发展。确定合理水价,不仅可以通过经济杠杆促进农业节水事业的发展,而且有利于工程的良性运行。对不同的地区、不同的水源,可以制定不同的水价,建立起科学合理灵活的农业用水水价体系,建立科学的节水激励机制。认真研究不同水源的用水成本,可以按充分调动农民节约用水的积极性的原则,进一步研究水价的确定办法,建立起农业用水的水价体系。山东省已经陆续出台了有关水价调整的政策,各地区正在根据当地实际情况,制定不同水源的水价,水价体系进一步完善,更有利于农业高效用水。

6. 建立农民用水户协会和农民用水公司

"用水户参与灌溉管理"理念的建立是用水户协会建立的前提。

参与式灌溉管理就是基于灌排工程属于公共工程,灌排服务属于公共服务的认识,这种参与式灌溉管理主张在政府的指导、扶持、授权下把部分(对大中型灌区)甚至全部(对中小型灌区)灌排管理权利和责任移交给用水户进行管理,让用水户以"主人"的身份参与灌区规划、施工建设、运行维护等方面事务。参与式灌溉管理从制度设计上是想逐步形成良性发展的管理体制与运行机制,实现灌排事业的可持续发展。

这一理念的引入经过了两个阶段。一是经济自立灌排区(SIDD)阶段。SIDD 是国外一种先进的农业灌溉管理模式。中外各国灌区的形成一般是由国家投入很多钱,然后交给管理部门管理,工程维护一般也缺乏进一步的后续资源,在管理部门和用水户的关系上,用水户不能参与到灌溉管理中去,给灌区的持续运行带来一定问题。所以,SIDD强调灌排区在经济上要自立,并由此设计了一个制度,包括两类组织:供水公司(WSC)或供水组织(WSO),再加上管理田间配水渠系的用水户协会(WUA)。这是这一理念的第二个阶段。这两个组织建立经济上的契约关系,通过建立符合市场机制的供水和用水的管理制度,按市场运行规则,实现用水者自我管理灌区、灌区经济自立的良性循环,是用水户参与灌溉管理的一种形式。其主要特点是按照市场经济规律,供水公司自主经营,独立核算,经济自立,计划用水,合同供水,按方收费。用水户根据用水合同用水,同时参与合同的制定。

由农民选举产生的协会执委会将得到用水户的监督,有效减少截留、贪污、缓交水费的行为,减轻农民的水费负担。用水户协会对灌溉的有效组织,使得乡村干部脱离了这一矛盾集中产生的领域,从而减少了干群矛盾,相反可以通过支持用水户协会的成立和运行增加农民的信任与支持。这些对于农业节水将起到积极的作用。

7. 提高农业节水的现代化管理水平

我国的灌区管理体制改革正在不断深化,新技术、新设备在灌溉用水管理中的应用与发达国家相比,目前还存在一定的差距,提高农业节水的现代化管理水平,对推动当前山东省农业节水的发展至关重要。

随着电子技术、计算机技术的发展,应用半自动和自动量水装置,可大幅度提高灌区的量水效率和量水精度。应当加快推广现代化的测量水技术，真正实行计划供水、按方收费，促进农民节约用水。

利用信息技术和自动控制等现代技术，可以对灌区气象、水文、土壤、农作物状况等数据进行及时采集、存储、处理，编制出适合作物需水状况的短期灌溉用水实施计划，及时作出来水预报及灌溉预报。一旦来水、用水信息发生变化，可以迅速修正用水计划，并通过安装在灌溉系统上的测控设备及时测量和控制用水量，实现按计划配水，实现水资源的合理配置和灌溉系统的优化调度，使有限的水资源获得最大效益。

第五节　小　结

山东省是全国农业大省，同时也是一个水资源严重紧缺、旱涝灾害频发的省份。新中国成立以来，山东农业取得了巨大进步，充分起到了国民经济的基础作用，有力地促进了经济的振兴。从山东省农业发展历史可以看出，水资源对农业发展进步有着举足轻重的作用，做好农村水利工作是提高农业综合生产能力、改善农业生产条件的关键。山东省按照建设现代农村水利的要求，在水利部的大力支持下，农村水利各项工作取得显著成效。

随着山东从经济大省向经济强省迈进，农业面临的任务愈益繁重，然而山东农业仍比较脆弱，在前进的道路上还存在一些问题：土地和水资源人均占有量少，人口逐年增加，耕地逐年减少；部分地方水土流失严重，旱涝灾害比较频繁，抵御自然灾害的能力较低；随着工业的发展和农用化学物质使用的增加，农业环境与农产品的污染日益蔓延和加重；农业经济发展不平衡，还存在较大的地区差异和少数贫困地区；对农产品生产还没有建立起宏观调控机制和市场风险保护手段等。认真研究处理好这些问题，加速农业现代化建设，山东农村的前景将会更加美好。

（1）在未来的发展时间里，政府要强化农村基础设施建设，完善稳定增长的多元化水利投入机制，加快现代水网规划建设。按照"节水型、生态型、技术型、信息型"四位一体模式，加快推进灌区续建配套与节水改造，建设高效节水工程，大力推行先进实用的渠道防渗、管道输水、喷滴灌等高效节水技术,扩大小型农田水利建设规模,建设"旱能浇、涝能排"的高标准农田,通过进一步深化体制改革,逐渐建立起适应市场经济要求、与现代农业发展相协调、符合山东农业与农村经济发展要求的农村水利管理体制和良性运行机制,使山东农业水平再上一个新档次,有新的发展。

(2)调整农业生产布局,使水资源与"二高一优"农业战略和提高农民收入相适应。山东省引黄灌区由于有引黄客水可以充分灌溉,特别是沿黄地区水量和水质均能满足蔬菜生产的需求,而且当地水和黄河水联合运用,可避免生态环境的破坏。

(3)推广节水灌溉制度,减少灌溉用水量,提高水资源利用效率。保护地蔬菜灌溉推广膜下微灌技术,膜下微灌与地面灌相比,节水率达33.5%。此外,可控制棚内空气湿度和温度,减少病虫害,提高单位灌溉水量的效益。露地栽培蔬菜推广微喷灌溉、滴灌和管灌,结合降雨条件,科学灌溉,保证满足蔬菜需水临界期的灌溉水量,提高蔬菜产量。

(4)充分利用黄河水、长江水和当地多余雨洪水补源,恢复生态环境。瓜菜生产耗水量大,灌水频繁,目前多以地下水灌溉为主,尤其是保护地蔬菜冬春季用水量较多,尽管山前平原地下水开采模数相对较高,但是根据山东省水平衡计算,一般年份和干旱年份无法保证蔬菜需水要求,只有超采地下水,遇到丰水年部分地下水可以得到一定恢复,部分地区恢复很慢,甚至无法恢复。因此,蔬菜生产基地必须重视利用客水和当地多余雨洪水补源,使地下水采补平衡,保证蔬菜稳产、高产、优质。

(5)在保证山东省粮食平衡的基础上,根据水资源承载力,以供定需,适当发展蔬菜生产。粮食安全不仅关系到国家的稳定和发展,也是山东省面临的一个重大问题。从我国经济发展来看,粮食生产由"南粮北运"到目前每年"北粮南运"1 400万 t,这相当于从北方向南方调出140亿~200亿 m^3 的水,这是非常不合理的农业生产布局和水资源利用配置。但这种结果也是市场经济必然导致的结果,随着南方改革开放经济的快速发展,粮食生产比较效益下降,水利设施数量和粮食播种面积减少,导致粮食增产在全国的贡献率大幅减少。这种发展趋势目前已在山东省重演。未来水资源开发利用的重心向城市供水转移，农业用水总量不但不会增加，减少是必然的。因此，在粮食价格较低的情况下，保证粮食安全、农业灌溉水利设施的稳定和不减少将是一项艰巨的任务。同时，应根据山东省水资源的承载力和发展"二高一优"，提高农民收入的战略，以供定需，适度发展蔬菜生产。这方面需作进一步的研究。而虚拟水将是该问题的一个新的研究领域。构筑虚拟水战略，即缺水国家或地区通过贸易的方式从富水国家或地区购买水密集型农产品，例如蔬菜，来获得水和粮食的安全。国家和地区之间的农产品贸易，实际上是以虚拟水的形式在进口或出口水资源。中东地区每年靠粮食补贴购买的虚拟水数量相当于整个尼罗河的年径流量。从虚拟水的概念可以看出，虚拟水以无形的形式寄存在其他的商品中，相对于实体水资源而言，其便于运输的特点使贸易变成了一种缓解水资源短缺的有用工具。

(6)污染严重的沿河地区采用地下水灌溉或种植林带，防止水污染带来的食品安全问题。由于山东省河流主要为季节性河流，枯水期干枯，加上处理或未处理的城市和工业污水排放，许多河流水环境容量已满足不了要求。例如小清河沿岸，旱季在水质未能达到灌溉水质之前，禁止引用污水灌溉，政府应投资在解决农民吃水问题的基础上，沿河岸一定距离打井取浅层地下水灌溉，利用第四系地层处理，有效地将有毒有害重金属去除，保证农产品安全。如果土壤已严重污染，应改为林地，发展林纸产业，增加农民收入。

(7)海咸水入侵区发展旱作农业，沿咸淡水界线应建立地下水位和水质监测系统。在海水入侵区发展旱作农业，选择耐盐碱、抗旱作物品种，推广地膜覆盖技术，大力发展节水灌溉，利用滨海地区入海河流多余洪水回灌补源，以淡压咸。沿咸淡水界线建立地下水位和水质监测系统，划分地下水禁采区、限采区、可开采区。合理指导农民开采地下水灌溉。考虑到造成海水入侵容易，恢复难，以及滨海井灌区，农灌机井数量多且分散的特点，应建立海水入侵区农民水环境保护协会，发动广大农民有意识地保护地下水环境可持续发展。

第三章　水与齐鲁现代工业文明

引　言

　　人类自开始种植农作物就逐步开始学会灌溉,但是即使到现在,由于农业灌溉保证率低,山东省一般农作物农业灌溉保证率为50%,即只能保证平均两年一遇的干旱年,受降水的多少制约很大,遇到特枯年,减产是正常的,还不能摆脱完全不靠天吃饭的局面。然而供水与工业的关系就更加密切,人们常说"水是工业的血液"。按照国家工业用水分类,工业用水分为工艺水、间接冷却水、锅炉水和厂区生活水。不同的用水对水质要求不同。工业本身就是高度集约化的生产过程,要求供水的保证率达到95%,有些工业行业要求更高,例如电力需要97%的供水保证率。从工业发展的阶段来看,已经由自然工业、前工业、早期工业时期发展到工业化时期,工业用水量不断增加。但是从已经达到后工业化时期的美国及其他发达国家来看,工业用水保持相对稳定或降低。相对应的水污染也处于走向高峰期的阶段。

　　和人类一样"逐水草而居",山东省的工业也是由靠近水源地或坐落在水源地上发展起来的,开始是地下水,地下水不够了就用地表水,地下地表都不满足要求了,外调水源,到现在,很多企业均建在地下水富水区上,企业用水方便了,但是却非常容易污染地下水。有水的地方造就了耗水大的工业,水少的地方也形成了节水型的工业。随着科技的进步,特别是远距离调水工程加蓄水工程,在没有水的地方,也形成了工业园区。例如引黄济青工程以及正在建设的南水北调东线工程。自改革开放以来,山东省许多原来用于农业灌溉的大中型水库转向了工业供水,为工业发展作出了巨大贡献,同时也对"三农"产生了一定的影响。水在生产力三要素中可以占据两个要素,既可以是劳动对象中的用于生产的原材料,也可以是劳动资料中的动力系统、运输系统、劳动工具等。

水支撑了工业的发展,工业也是水环境的最大污染源,不仅减少了可利用的水量,同时对人类生存和环境带来了威胁与灾难,例如河流污染、地下水污染甚至污染到降水(酸雨)。污染物通过饮用水进入人体,对人体健康产生有毒有害作用,某些微量有机物对人体产生"致癌、致畸和致突变"。此外,不合理的工业供水,也导致各种地质灾害,包括岩溶塌陷、地面沉降和裂缝。只要发展工业,就不可避免地带来不同程度的水污染,因此工业生产必须走循环经济的道路,以资源的高效利用和循环利用为目标,以"减量化、再利用、资源化"为原则,减少用水或不用水—提高重复用水率—废水资源化,其目的是通过水资源高效和循环利用,实现工业废水的低排放甚至零排放,保护环境,实现社会、经济与环境的可持续发展。在工业化过程中,如果我们能抓住时机,预防为主,采取有效措施,就可将水污染的高峰期降低,一定程度上达到国外发达国家后工业化初期治理水污染的水平。

第一节　水与近现代工业概况

一、水与近代工业

1850年以前的明清时期,鲁西平原是山东的粮食主产区,人口密集,交通便利,故而运河沿线工业发达。临清、济宁、聊城、德州等都是重要的商业中心。其中临清是山东最大的商业城市,是冀鲁豫三省主要的经济枢纽和粮食流通中心;济宁是兖州、曹州府的流通枢纽,与江苏、安徽联系最为密切;聊城是鲁西北东昌府的流通中心,与山陕、辽东的关系紧密。基于农业和商业的繁荣,此时的运河沿线平原地区是山东省的经济中心区,工业的发达程度远高于半岛地区。太平天国北伐战争和黄河改道,造成运河堵塞,工商业经济由此衰落。

此时,半岛地区的港口接二连三地开放,工商业经济逐渐繁荣起来。烟台、青岛、威海卫、济南、潍县、周村、龙口先后对外开放,形成了山东内外结合的商埠开放格局。

由于技术原因,新中国成立前,山东省只有济南、青岛、淄博、烟台等城市有供水设施。水厂规模很小,设备简陋,水源都取自泉水或浅层地下水。以青岛为例,青岛是山东最早有计划地解决自来水供应的城市。其地势起伏,土层瘠薄,因而饮水供应较为困难。"德人租借青岛后,……乃于市内掘井一百六十余处,用唧筒吸水以供市民之急需",但是水质不好,数量也不足供应。严峻的缺水形势迫使当局开辟新的水源。经过反复检测,决定选取海泊河地下潜流水作为水源。1899~1901年,沿河断面凿井50眼截取地下水,这是青岛建立的第一个水源地,日供水量达400 m^3。随着青岛商业贸易的发展,人口的增多,城区的扩展,海泊河水源地供水呈现出供不应求之势。1908年,又建成李村河水源地,其水源丰富,水质良好,日供水高达6 000 m^3,基本上解决了德租时期青岛的供水问题。日占青岛后,继又开辟白沙河水源地。1922年,我国收回青岛后,继续扩充水厂水源。截至1932年,全年供水量已达500多万t。再以烟台市为例,新中国成立前,烟台市区的工业及居民生活主要取用井水,水井虽多,但水质苦咸,硬度高,氯离子含量大,多数井水不能饮用。故此,市区曾有"苦水城"之称。后来英国人卡皮莱和企业家孙少政等人,先后两次创办过自来水厂,皆因水质涩咸而失败。到1948年,市区共有水井1 001眼,但能供生活饮用的仅381眼,且多集中在市区南部的高位地区,因水量有限,水井又远离居民区,水价昂贵,因此多数市民只得饮用苦咸水,工业生产的发展也受制于水。

二、水与初步发展时期的工业

这一时期,解决工业用水量增长的主要手段是增加地下水开采量。

水资源开发利用没有统一管理措施和统一管理部门；水资源的开发盲目性很大，供水成本和水价低廉；大部分水仅一次使用后就排放，重复利用率低，用水浪费严重。但由于工业生产量小，需水量较少，用水量还低于地下水资源的可利用量。这一阶段，工业水资源的开发处于自由开发阶段。

青岛市由于工业和城市的发展以及自然地理条件的限制，自20世纪60年代以来，市区供水一直处于紧张状态，成为全国最严重的缺水城市之一，水资源不足已成为青岛市进一步发展的主要制约因素。青岛市自1968年以来，已经出现过多次供水危机，1968年、1977年、1982年、1983年为枯水年，年降水量仅为多年平均的60%左右，市区出现4次供水危机。其中，1982年工业供水压缩50%，居民生活用水平均每人每天仅20 kg，一些中小学停止给学生供应开水，有的医院每天只供应每个病号两暖瓶开水。为缓解供水危机，在4次开源中，截取了大沽河的径流及潜流，以疏干方式提取大沽河沿岸地下水，连续两次扩大地下水的开采范围，包括利用大量农用井。同时，利用产芝、尹府两座大型水库增加供水能力1.5 m³/s。上述措施在供水最好的年份，可以达到22.5万 t/d，遇到干旱年，也不过15万 t/d。地下水的过量开采，还造成了大沽河堤防的断裂、塌陷，危及防洪安全，前后4次应急供水工程耗资达1.8亿元，仍不能解决问题。已有的市区井群水源地，由于连年超采，地下水位持续下降，导致了出水量减少以及海水入侵、水质变坏等环境问题。在开源规划中，还研究过从崂山水系供水的方案，但由于流域面积小，工程艰巨，供水能力有限，未能采用。

再以济宁市为例，新中国成立前市区工业用水主要依靠河水及从土井取水，全区仅手压井8眼，1958年开始有计划地开采地下水，作为市区和郊区的工业及生活水源，当时需水量要求不大，仅在1万 m³/d左右，主要开采埋深为60 m以上的含水层水。随着城市发展、工业和生活用水增加，60 m以上含水层水已不满足需求，地下水开采逐步向中、深层水发展。新中国成立后，在政府的支持下，工业供水得到了阶段性的发展。供水的发展，在很大程度上也带动了工业生产的进步。

再如烟台市，新中国成立后，市政府首先着手解决城市供水问题，在对私人水厂进行改造的同时,组织筹建了烟台自来水厂。烟台市第一座自来水厂——陌堂水厂,在大沽夹河中下游建成。该水厂的建成投产,不但结束了市区居民近百年来饮用苦咸水的历史,而且为市区工业生产的高速发展奠定了坚实的基础。烟台罐头总厂、造纸厂、化工厂、丝绸印染厂、钢管厂等一大批骨干企业得以上马或扩大生产规模。随着市区工业生产的不断发展壮大及人口的增加,城市供水规模也不断扩大。随后又兴建了二水厂(宫家岛水厂)。"文化大革命"期间又扩建了二水厂,建无阀滤池,新增地表水(大沽夹河河水)供水,实现了地下水和地表水的联合供水。同时新建了三水厂(套口水厂),经三级加压将水送往市区。1971 年福山区建起了南庄水厂。这四处自来水厂,除二水厂取用一部分地表水外,其余均取地下水。由于 20 世纪 70 年代中期为一丰水年组,大沽夹河径流量较大,地下水补给条件良好,因此各水源地大都能够达到设计供水能力,工业供水基本能够保证。

三、水与大发展时期的工业

在工业发展的前两个时期,由于工业需水量较少,对地下水的开采并未超出地下水的可承受能力,且基于工业用水意识和技术水平较低等原因,现代工业发展的前两个时期,工业水资源的开发均处于自由开发阶段。20 世纪 70 年代后期,随着工业生产的迅速发展,地下水开采量逐年增大,而枯水年组的来临,使地表河流年径流量逐年减少,地下水出现了采补失调的局面,地下水位不断下降。这时,工业节水的必要性开始凸显出来。

到 70 年代后期,济南市工业迅速发展,工业用水量急剧增长,城市用水量也相应增加。为适应城市经济发展,提高城市基础设施水平,济南市加紧建设新的供水设施,相继建成西郊峨眉山、大杨庄水厂,东郊裴家营、中李庄和工业北路等水厂,单位自备水井也大量增加,开采量不断加大,城市用水量迅速接近城市极限水资源量,新水源的开发受到越来越多因素的制约。济南市城市水资源开发进入制约开发阶段。在这个阶段,为满足用水迅速增长需求,大量抽取地下水,地下水位开始大幅度下降,最明显的特征就是作为济南特色的泉群,特色渐衰。开发新水源受到邻近地区水资源开发的制约,农业用水的制约,资金、能源、材料甚至技术的制约。虽兴建了工程浩大的引黄工程来增加供水量,但用水量的增长却加大了污水排放量,由于污水处理跟不上,地表水体小清河污染加剧,不仅对下游农业用水产生了负面影响,而且严重威胁了沿线人民的健康。此时,济南市大力开展了节约用水,重点加强了工业用水管理,开始加强水资源调配和用水管理,各种管理法规和管理机构不断完善;节水技术水平不断提高,重复用水设施不断发展,重复用水量不断增加。这一时期,全省工业用水均呈现与济南市类似的特点,其主要原因,一是城市供水能力不足,迫使各行业搞技术革新及设备改造,提高了生产效率;二是重视工业节水,提高了水的重复利用率;三是特枯年份,用水大户被迫限产或停产。这在一定程度上维护了水资源和工业发展之间的良性循环。

青岛市是我国重要的外贸、旅游和轻纺工业基地,是国家确定的对外开放城市之一。为彻底解决这一时期供水问题,曾进行了大量调查研究和方案比较,经过专家们多年反复论证,一致认为:不论从近期还是从长远考虑,要保证青岛市区供水,必须从水量比较丰沛的黄河流域调水。"引黄济青"工程于1986年4月破土动工,1989年11月通水,并建设棘洪滩水库,为青岛市提供了稳定可靠的水源,保证率为95%,基本满足了青岛市工业、居民生活等用水的需要,经济效益大增。由于供水稳定可靠,增加了外商投资的信心,过去因缺水难以谈成的项目,也都基本签订了合同,而且彻底消除了市民由于缺水产生的恐惧心理。同时,还解决了沿线咸水区、高氟区人们吃水困难,兼有防治寿光、寒亭和昌邑北部海水入侵的作用,是一项具有社会效益、环境效益和经济效益的多功能、综合性大型跨流域调水工程。可以说,没有"引黄济青"就没有青岛今天的发展,水起到了决定性的作用。

由此可见,工业发展与水资源开发利用息息相关,工业的发展"兴水而兴,衰水而衰"。水资源与工业发展之间的相互作用非常明显,供水的发展带动了工业的进步,而工业规模的逐渐扩大,需水量的逐渐增多,进一步促进了供水规模的不断扩大。二者相互促进,带来了供水和工业的双重发展。

第二节　水与工业布局和结构变化

一、水与工业布局

水是工业生产过程中不可缺少的资源,它既可以作为能源,又可以作为原料,还可以用于洗涤和冷却,整个生产工艺过程都离不开水。不管是当地水还是客水资源,作为工业的血液,都在一定程度上影响着工业布局和结构变化。

(一)当地水资源与工业布局

1.胶东节水型工业区

胶东半岛为山东半岛的一部分,也是我国面积最大的半岛,其轮廓总体近东西向,同时跨越渤海、黄海两大海域,西北部濒临渤海,主体向东伸入黄海。自然地理上的胶东半岛,最东端的成山角是北黄海与南黄海分界线的西端点,胶莱河、大沽河及二者间的废弃运河一线为其西界,面积约 39 000 km^2。年降水量地区分布具有自南向北递减的纬度地带性和自西向东递减的经度地带性,纬度地带性和经度地带性决定了年降水量地区分布具有自东南部向西北部递减的总趋势。降水量年内分配不均,主要集中于夏季,其降水量占全年降水总量的 62.6%,春季(3~5月)、秋季(9~11月)也有一定的降水,分别占 13.0% 和 19.4%,冬季降水量仅占 5% 左右,具有春旱、夏涝、晚秋又旱的气象特点。胶东半岛属于半干旱半湿润的暖温带季风气候区,多年年均降水量在 650 mm 至 750 mm 之间,由于地处山东半岛东端,内无大江大河,也没有大的客水入境。就整体而言,胶东半岛地区地表水多且主要来自年内几场台风带来的水量,但地下水相对较少。

胶东半岛产业集群为山东经济发展发挥了积极的作用。青岛、烟台、威海和日照,造船业的兴起带动一批关联企业的入驻。同时,半岛制造业产品的竞争力在不断提高,国际竞争力逐渐增强。根据相关资料,烟台、威海、青岛节水指数较低,万元产值取水量与省内其他城市相比也较低,可知胶东半岛主要发展节水型工业。胶东半岛具有较好的工业基础,在食品、纺织、电子、化工等行业具备一定的传统优势。就产业结构而言,胶东半岛除青岛市二、三产业所占比例与全国水平较为接近外,烟台和威海两市第二产业在经济总量中所占比例均超过一半。

胶东半岛地区由于工业化水平较高,工业用水在总用水量中占有更高比例。根据发达国家的发展经验,随着城市化水平的不断提高,工业用水量和生活用水量都会不断增加。因此,除采取工程措施引入客水增加水资源量和加强节约水资源宣传外,对于工业用水方面应该努力提高水的重复利用率。为达到发达国家工业用水重复利用率,胶东半岛地区可以通过提高工业用水效率,减少污水排放量,降低万元产值的耗水量。此外,还可以利用沿海的优势,在钢铁等工业中利用海水来代替部分淡水。通过确定能够体现水资源紧缺程度和用水全部成本的水价体制,建立起与水资源供需相协调的节水型工业体系,逐步实现区域产业结构的合理化。

2. 南四湖耗水型工业区

南四湖位于淮河流域北部,湖面面积 1 280 km²,流域面积 3.17 万 km²,其中上级湖 2.75 万 km²,占流域面积的 86.8%,为我国北方最大的淡水湖。南四湖由南阳、独山、昭阳、微山四湖相连而成,入湖河流有 53 条,南四湖多年平均入湖径流量为 29.6 亿 m³,多年平均出湖径流量为 19.2 亿 m³,南四湖径流量年内分配极不均匀,其中 80% 以上集中在汛期。南四湖水源补给主要来自流域内的河川径流,具有防洪、排涝、灌溉、供水、养殖、通航及旅游等多种功能。

南四湖流域作为我国重要的能源基地之一,流域内煤炭资源丰富,还有电力、石油、天然气等。重要煤田有枣庄、兖州、滕州、济宁、大屯、徐州等煤田;电力工业发展较快,重要电厂有济宁、邹城、徐州、大屯、垞城、十里泉等,其中邹城电厂是目前国内最大的火力发电厂。

依靠南四湖以及大运河等地理优势,济宁逐渐成为全省重要的工业基地,有较好的工业基础,有一批在省内外知名的大企业。但就总体上说,济宁工业具有明显的传统资源型特征,重点以"两白两黑"(白酒、白纸、煤炭、水泥)为主。据相关资料,济宁市机械、化学、食品、医药、煤炭、电力、纺织、造纸等八个行业的取水量占总取水量的绝大部分,相应的产值也高,由此可看出,济宁以发展耗水量多的重工业为主。

枣庄市含水层厚度大,渗透性强,具有人工补给地下水的基本条件,8个较大的地下水富水区,构成良好的"地下水调节水库",成为城市工业生产的重要水源地。在充足的水资源供给下,枣庄作为传统的资源型工业城市,目前已初步形成了以煤炭工业为依托,以化工、冶金、纺织、建材、食品、造纸、电力等为支柱产业,门类较齐全、基础比较稳固的工业体系,成为华东地区重要的能源、原材料生产基地,素有"鲁南煤城"和"建材之乡"之称。

3.济南、淄博、莱芜、日照高耗水工业区

1)济南

济南市是山东省的政治、经济、文化中心,位于鲁中山地西北部,南邻泰山,北依黄河,地势南高北低。境内有黄河流域、小清河流域、海河流域,属暖温带半湿润季风气候。市区主要的河流有黄河、小清河、兴济河、虹吸干河等,大的水库有卧虎山水库、鹊山水库、锦绣川水库等。济南市的水资源主要来源于大气降水,降水大部分集中在夏季,年均降水量643.3 mm。济南市水资源具有总量不足、年际变化大、水源主要以地下水为主等特点,属于当地资源型缺水地区,也是全国重点缺水城市之一,同时也具有引黄河客水的优势。

济南是一个名扬中外的老工业城市,具有良好的传统工业基础和现代工业发展优势。改革开放以来,形成了以交通装备、电子信息、冶金钢铁、石油化工、机械装备、食品药品等六大产业为主,新能源、新材料等新兴产业蓬勃发展的工业格局,建设了钢铁厂、炼油厂、电厂等一批高耗水行业。随着工业水平的发展,大量开采地下水来满足增加的工业用水量,地下水位大幅度下降。以"泉城"著称的济南,已连续多年出现泉水季节性干涸,破坏了自然风貌。面对逐渐衰退的特色泉群,近年来,济南市采取关井限采、引黄供水、回灌补源和绿化南部山区等措施来进行保泉,并进行节约用水,济南市工业用水重复率已经达到较高水平。目前,按照济南水生态文明创建的要求,济南市将进一步加大工业节水力度,利用工业节水措施,发展节水型工业。

2）淄博

淄博是一个重化工工业城市,地处暖温带,属半湿润半干旱大陆性气候,多年平均降水量为 650 mm。河流均为雨源型河流。黄河和小清河为其主要客水资源。发源于淄博市的主要河流有沂河、淄河、孝妇河、乌河和东猪龙河等。

在当地水资源供给条件下,淄博工业发展迅速,成为全国重要的工业基地,工业体系涉及化工、医药、建材、纺织、机械、轻工等 35 个主要工业领域。淄博的陶瓷、琉璃、丝绸等传统产品久负盛名,乙烯、橡胶、化工、医药等近百种产品在全省、全国占有重要份额,新材料、精细化工、电子信息、生物医药等高新技术产品正在迅速形成规模。

淄博大武水源地在 1977 年大规模投入使用,作为供水工程,除了担负着淄博张店、临淄两区的城市居民生活用水,还担负着齐鲁石化公司、辛店发电厂等国家骨干企业生产、生活用水及水源地周围部分乡镇的工农业生产用水。随着工农业生产的迅速发展和居民生活水平的不断提高,用水规模和用水量迅速增加,数次出现长期开采量明显超过地下水补给量,导致水源地地下水位持续大幅度下降。更为严重的是,齐鲁石化公司(特大型联合化工企业)直接坐落于水源地补给区之上,厂区排污及石油类的渗漏,势必对水源地造成污染,致使水体功能下降。超采和水质污染是大武水源地目前存在的主要问题。大武水源地作为淄博市工业及城市供水的基地,其遭受污染的严重程度已引起社会各界及政府有关部门的重视。淄博市社会经济的发展离不开大武水源地,为使该水源地能够持续开发利用,应尽快采取流场控制,截断污染源,控制取水量,实施对大武水源与太河水库的联合调度,加强监测及实现水源地的科学有效管理等必要措施,以保护好这一宝贵的水源。

3）莱芜

莱芜市地处鲁中山区,大汶河支流牟汶河上游,属黄河流域。多年平均降水量为 732.2 mm,时空分布不均,80% 以上降水集中在汛期。人均拥有水资源量不到全国人均占有量的 1/3,水资源比较匮乏。

莱芜市作为山东省重要的钢铁、能源基地,素有"钢城煤都"之称,重工业是其经济发展的主要支柱,境内有莱芜钢铁总厂、鲁中冶金矿山公司、新汶矿务局等部属、省属企业及莱城电厂。莱芜市是一个严重缺水的地区,为解决莱芜市水资源短缺问题,工业方面应该大力推广和应用节水新工艺,不断提高水的重复利用率,降低万元产值用水量。

4) 日照

日照市位处鲁东南沿海,属低山丘陵区,境内属暖温带湿润季风区大陆性气候,全市多年平均年降水量 818 mm,水资源以地表水和地下水为主,咸水区主要分布在东港区、岚山区和日照经济开发区的东部近海沿岸,淡水地域面积约 5 273.2 km²,沿海滩涂盐田面积约 136.8 km²。受气象、水文、地质和地形条件的影响,全市水资源时空分布、地域分布差别较大。总的趋势是,平原地区水资源较山丘区丰富,东南沿海区水资源较西北部山丘区丰富,地表水资源年内、年际变化较地下水显著。境内河流多属山溪型河流,源短流急,雨季洪水暴涨暴落,枯季水量小,甚至干涸。境内河流分属沭河水系、淮河水系和东南沿海水系。市内有日照水库、青峰岭水库和小仕阳水库等大中型水库。

日照市工业门类比较齐全,已形成一定规模的工业体系,主要有机械、建材、轻纺、化工、电子、造纸等骨干行业。近年来,日照市围绕建设海洋特色新型城市的发展目标,充分发挥港口和区位优势,大力发展蓝色经济,加快建设新兴的先进制造业基地和鲁南临港产业区,取得了明显成效。钢铁、石化、汽车及零部件、粮油加工、浆纸及印刷包装、海产品加工等产业集群初见规模。钢铁工业发展和造纸工业用水需求较大,仅靠日照水库的水已不能满足要求,正在规划的"西水东调"工程可望一定程度上解决水供需矛盾。

4. 鲁西北工业区

1) 滨州

滨州市位于黄河下游,鲁北平原,地处黄河三角洲腹地,北濒渤海,南靠淄博市,东与东营市接壤,西与济南、德州市相邻,西北与河北省隔河相望,是山东的北大门。滨州市地势低洼,河流众多。黄河、小清河、支脉河、徒骇河、德惠新河、马颊河、漳卫新河等大型河道流经滨州市,并大部分在滨州市境内入海。

滨州市水资源贫乏。全市水资源由当地地表水、地下水、内河客水、黄河客水四部分构成,人均占有水资源量约占全国人均水资源量的14%,低于全国、全省平均水平,属于资源型缺水区,水资源短缺,水资源供需矛盾日益突出,成为制约滨州经济发展的"瓶颈"。多年来,在国家和山东省的支持下,滨州市投入大量的人力、物力和财力,建成了一大批引蓄水工程,已成为工农业生产、城乡人民生活生产不可或缺的基础设施。在水源得以供给的前提下,滨州实施"工业兴市"战略,把培植骨干企业作为拉动区域经济发展的主导力量,迅速形成纺织、机械、化工、食品四大支柱产业。滨州市成为国家和山东省重点培育的家纺产业基地市之一。水资源与滨州工业经济的稳定、持续发展息息相关,对建设小康社会发挥着日趋重要的作用。

2）德州

德州市处于华北地区的中部,位于渤海凹陷的偏南部,为黄河下游冲积平原,主要河流有黄河、徒骇河、马颊河、卫运河等,以上河流除黄河外,均属海河水系。境内河流属于雨源型河流,其水量与上游地区及本区降水量分布极不均匀的气候条件密切相关。其多年平均年降水量为 563 mm,降水量年际变化大,6～9月降雨量占全年降雨水量的76.3%,常造成春旱、夏涝灾害。除7、8月外,其他月份蒸发量均大于降水量,容易造成干旱。

德州市原是一个典型的农业区,工业发展远滞后于农村改革的辉煌,进入20世纪90年代后,随着各级干部群众对发展工业迫切性、重要性认识的不断提高,以及大量供水工程的建设,水源得到保证,工业的主导地位得到强化,德州市形成了较为完整的产业体系,形成了八大主导产业,即装备制造、化学工业、纺织服装、食品工业四大传统优势产业,生物技术、新能源及节能环保、新材料、文体用品四大战略性新兴产业,生物技术和新能源两大新兴产业在全国具有一定的产业优势和较高的知名度。城市经济综合实力跻身全国百强。

3）聊城

聊城市水资源的年内分配具有明显的季节性,降水主要集中在汛期(6～9月),多年平均汛期降雨量407.5 mm,占全年降水量的73.1%,地表径流占年径流量的85%以上。特别是近十几年来,非汛期基本无地表径流产生。黄河是当地主要的客水资源。

在当地水及客水资源的供给下,聊城市初步形成了有色金属冶炼及压延加工、汽车及机械制造、食品、化工、纺织服装、造纸及纸制品和医药七大优势产业,培植了一批在全国或全省同行业处于重要地位的骨干产业。

(二)客水与工业布局

黄河是山东省最主要的客水资源,黄河水资源在山东省经济社会发展中占有举足轻重的地位,因此科学开发利用黄河水资源对山东省国民经济和社会的可持续发展具有十分重要的战略意义。其中,山东省引黄济青工程是 20 世纪 80 年代继引滦之后的国内第二个比较大的城市供水项目。该工程横跨山东省的博兴、广饶、寿光、寒亭、昌邑、高密、平度、胶州、即墨、崂山等十个县(市、区)。从博兴县打渔张引黄闸引水,经过沉沙,自沉沙池出口至青岛市棘洪滩水库,全长 253 km,水库以下采取管道向市区供水。引黄济青工程为山东省带来的社会经济效益巨大,其中对其沿线地区工业布局和结构变化有着不可替代的作用。

1. 东营石油工业区

东营市水资源总量年平均 6.16 亿 m³,其中地表水资源量为 4.27 亿 m³,多集中在夏季,大部分排入海洋,利用率较低。黄河是境内主要客水水源,占总供水量的 94.4%。大部分地区浅层地下水为咸水,不能利用。而且地下水位埋深浅,潜水蒸发大,盐碱化严重。深层地下水高氟高碘,对身体健康有影响。在东营,黄河水不仅是生活也是农业灌溉、工业唯一的供水水源。东营市建设了多处引黄工程,还修建了一批蓄水工程。由于黄河来水年内丰枯不均,蓄水工程主要用于解决黄河来水与工农业生产、城乡生活需水时间差的矛盾。

东营市工业用水主要依赖于黄河水,重点用水行业主要是石油化工、发电、造纸等,其中胜利油田是工业用水大户,不仅采油用黄河水,而且炼油也用黄河水。东营市是胜利油田的主产区。全市财政收入主要来自于油田,这种特殊的经济结构决定了东营市的经济发展离不开油田的开发建设。由于黄河来水逐渐减少,加之连年干旱少雨,水资源形势较严峻,为了保证工业、农业等用水部门的用水,东营市加强了引水、蓄水和节水管理,有效地缓解了东营市的缺水状况,保证了工业用水安全,使工业得以正常发展。

2. 潍坊滨海开发区

潍坊市滨海地区多年平均降水量 588 mm,区域内浅层地下水全部为咸水和高浓度卤水,咸淡水分界线中西部地带局部埋藏有深层承压淡水,但由于储藏范围较小,加之上部被咸水层覆盖,地下水补给条件较差,储存量少,无法形成规模供水水源地。牟山水库、白浪河水库以及潍河金口拦河闸、弥河杨河拦河坝已不能满足自身的供水需求,无多余水量可供北部滨海地区利用。引黄、引江水量是北部滨海地区主要的客水资源之一,因此通过潍北平原水库利用引黄、引江水向滨海地区供水。

潍坊滨海开发区充分利用卤水资源优势,依据生态工业原理和循环经济理念,发展区域循环经济,建设生态工业园区,其支柱产业主要以盐化工、煤化工、石油化工等基础化学原料制造业为主,走出了一条以资源合理开发、产品深度加工、封闭循环利用为特色的生态工业发展之路。

3. 青岛黄岛石油化工区

黄岛区是一个严重缺水地区,全区多年平均水资源量为 4 695 万 m^3,源短流急等特殊的地理位置和降雨时空分布不均匀等气候特征,给水资源的开发利用增加了困难。新中国成立以来,黄岛先后建起了小水库、塘坝、拦河坝、机电井,目前已无较大开发余地。随着青岛经济技术开发区在黄岛区的设立,并且由于当地水资源的严重不足,该区除从胶南市调水外,还利用引黄济青工程供水,主要依靠外调客水来满足用水需求。

黄岛开发区以发展外向型经济为主,已形成了明确的产业导向,确立了石油、化工、化纤、机械、电子、建材等六个主导产业,初步形成了新兴工业基地的基本框架。黄岛大炼油厂也坐落在此地,完全由引黄济青工程棘红滩水库供黄河水。

二、山东省各行业用水与节水

(一)纺织工业用水与节水

山东纺织工业是中国纺织工业的重要基地之一,也是山东省的支柱产业之一,销售收入占全省加工制造业的1/10。改革开放以来,山东纺织工业得到长足的发展,目前已经形成门类齐全(包括化学纤维、棉纺织、色织、印染、毛纺织、针织、麻纺织、服装、纺织机械、纺织器材等)的完整工业体系。山东纺织行业良好的经济运行态势得益于企业高起点的技术改造、技术创新,以及山东省的水资源条件等,同时充足的电力也为山东纺织工业的发展提供了保障。

纺织工业工艺水居多。除工艺水外,间接冷却水中空调取水较多。纺织工业节水重点措施是印染、毛纺等部门实行逆流漂洗,并经水处理后循环使用。应充分利用好空调水,推广先进的制冷设备,如溴化锂高效制冷机,采取闭路循环,达到既降低水温又节水的效果。空调冷却水质较好,经过滤处理后可重复利用或直接用于其他生产工艺。

纺织工业通过以下措施进行节水:印染、毛纺应尽量实行逆流洗涤。排水经处理后回用于洗涤,形成封闭循环,可节水60%~70%;设置中小型冷却水循环系统,回收利用间接冷却水,回用率可达90%;采用多级喷射调温调湿、溴化锂制冷,提高空调效果,降低用水量;实行厂内与厂际间的一水多用;冷却空调水水质较好,可按工艺要求分级使用,然后过滤处理,直接用于洗涤、印染等工艺。

山东省某纺织公司在生产过程中,不断开发资源消耗低的产品、工艺和技术,将水资源消耗总量控制在最低限度;积极推行清洁化生产,通过不断推进科技创新,提高水资源的综合利用效率,从"源头"上把关和控制;树立循环经济理念,创建资源节约型、环境友好型企业,实施循环经济,削减生产过程中的水资源消耗负荷,追求经济效益、社会效益和环境效益相统一。

(二)化学工业用水与节水

作为全国化工第一大省的山东,全行业活力倍增,呈现了高速发展的好势头。骄人业绩的取得宏观方面得益于国际经济复苏,国内经济高速发展,市场好转和石油、成品油提价,以及省政府将石油化学工业作为支柱产业。就行业内部来说,一是优势产业、拳头产品和骨干企业在结构调整中发展迅猛,已成为主导和拉动全省化工发展的决定力量。

以齐鲁石化为例,齐鲁石化每年都将节水减排列为年度工作重点之一,根据生产实际提出一定的节水目标。加强生产装置和环保设施的现场巡检频率,发现问题及时整改,每月通报一次节水减排工作的完成情况,做到全年节水减排不放松。在对生产装置循环水的管理中,经常性地组织介质泄漏排查,提高冷却器上回水温差,有效降低了循环水补水量,提高了浓缩倍数;按照循环水冷却器上回水温差不低于7℃的规定,每月进行一次检查,及时根据生产情况组织调节。该公司对下游用水量、用水规律进行了一次调查摸底,建立了日供水曲线图,在各装置需要补水前提高供水压力,等补水期过后再保持供水系统低压运行,从而有效减少供水总量和降低生产能耗。齐鲁石化在全公司范围内组织了水平衡测试和地下管网查漏,对装置和单元用水量进行测量,对用水合理性和节水潜力进行认真分析,并对查出的地下水管网泄漏点进行了全面堵漏或更换管线,大力完善计量仪表设施,为节水减排打下了坚实基础。齐鲁石化热电厂工业水源全部改为黄河水后,冬季黄河水平均水温只有5℃左右,因此每年11月至次年2月均需用蒸汽加热黄河水,每小时需要消耗蒸汽50 t,他们在冬季利用汽轮机低温余热加热黄河水,既保证了汽轮机运行工艺参数要求,又实现了节约蒸汽的目的;热电厂实施的干除渣节水技术改造项目,将生产过程产生的返回水应用于锅炉熄火工序、脱硫工艺以及燃料喷淋冲洗,不仅减少了新鲜水的消耗,而且大幅度减少了灰水的外排量,水资源重复利用率大幅提高。齐鲁石化加大了炼油化工生产过程中污水排放工作力度,取得了环保和经济效益的双丰收。采用双膜新技术工艺新建了炼油厂净化污水回用项目,每小时可回用污水200 t。热电厂加大了装置循环水管理力度,努力稳定两套污水回用装置的长周期运行,通过增加优质水的补入量,确保监测和调整的及时性,加大运行管理力度,提高旁滤装置的运行效率等措施,在水质安全的前提下大幅减少了补水量和排污量,主要用水指标居于国内同行业先进水平。

(三)电力工业用水与节水

山东省为中国东部沿海开放省份,是我国经济比较发达的省份之一。由于其独特的地理位置和资源环境,山东电网一直作为一个独立的电网,支持并促进着山东省经济和社会的发展。

山东省煤炭、石油资源丰富,主要分布在兖州、枣庄、肥城、新汶、淄博等地。石油产地主要有黄河三角洲的胜利油田和鲁西南的中原油田,天然气资源主要分布在东明、菏泽、莘县、东营、滨州、德州、潍坊等地。山东沿海储藏着巨大的能量资源,其中风能资源比较丰富,主要分布在黄河入海口、胶州湾至荣城湾、沿海岛屿一带。山东省各地电网原为独立电网。目前山东电网已成为一个以 110 kV 和 220 kV 输电网络为基础、500 kV 输电网络为主网架,以 100 万 kW、60 万 kW、30 万 kW发电机组为主力机组的现代化大电网,同时已成为我国最大的独立省电网。

电力工业主要用水是间接冷却水,其次是锅炉水。间接冷却水一般占总取水量的一半以上,因此电力工业万元产值取水量、用水量比一般工业都大。山东电力工业以火力发电为主,电力工业是必须优先发展的基础产业,但又是耗水量大的行业,因此要制定合理的电力工业发展战略和布局,内陆电力工业应设在水资源较丰富的地区,沿海电厂必须充分利用海水作为间接冷却水。电力工业节水重点应进一步推广高效水质稳定处理技术,提高间接冷却水的循环利用效率,同时确保锅炉节约用水,减少锅炉给水,充分利用冷却循环水的排污水及各种废水冲灰。

以济南市为例,济南的电力工业主要有黄台发电厂和一批新兴的热电厂、热电站,如明湖热电厂,北郊、南郊热电站等。火力发电用水主要分为凝汽冷却水、冲灰水、锅炉水等三类。黄台发电厂凝汽冷却水的使用方式为循环用水。该厂积极试验先进的水质稳定剂或稳定方式,作为封闭式循环用水实施节水的主要途径。冲灰水是电力工业的第二节水大项,济南黄台电厂锅炉冲灰用水占取水总量的 30% 左右。该厂首先采用了当时国内最先进的马尔斯泵除灰,这一除灰系统提高了灰浆排放压力,降低了灰水比,每天能节约冲灰用水 1 万 m³。

(四)造纸工业用水与节水

近几年来,山东造纸工业的发展引起国内外同行的关注,被称为"鲁纸现象",带动了全国造纸工业的发展。造纸工业作为山东的支柱产业,保持了快速、健康、可持续发展。山东造纸工业在国家和省内产业改革的引导下,通过宏观调控,产业整合,资源有效配置,全省造纸工业布局调整、原料结构调整、产品结构调整,产品档次和质量不断提高,在激烈的市场竞争中,造纸企业经过优胜劣汰,市场竞争能力不断增强。

造纸工业取水、用水以工艺水为主,而工艺用水中,制浆和纸机用水居多。造纸工业水重复利用率低,应着重抓好工艺水的回收利用,如逆流洗剂、纸机封闭循环、白水回收,利用废弃余热的节水技术,提高了重复利用率。造纸工业耗水量大而且污染严重,应积极推广先进的节水造纸工艺,并控制发展规模,尤其是乡镇造纸厂。

造纸工业用水大部分是工艺水,因此重复利用有一定难度,根据水平衡测试结果,工艺水占取水量的85%左右,主要是制浆用水和纸机用水,分别占工艺水的60%和40%。

造纸工业节水的主要措施有:

(1)推广逆流洗涤;研究应用用水少的制浆漂白新工艺,如氧漂和置换漂白;改进洗浆设备,提高洗浆浓度等。这些措施可节水50%~60%。

(2)进一步推广应用纸机封闭循环结合节水技术。该项技术比较成熟,生产1 t纸可节水100 m³左右,纸机日水回收循环率在60%~80%。

(3)实行浊清分流,改进装置,如用高压喷头洗网代替常压淋网。

以太阳纸业为例,从2006年开始,在生产过程中,太阳纸业推进节水技术改造步伐,提高废水回用率。太阳纸业采取分散治理与集中控制相结合的治理方式,采用新设备、新材料、新工艺,从工艺流程、技术革新、设备管理、节能降耗、资源利用等全方位入手,实施节水技术改造,共完成了多项节水工艺改造。同时,公司还完善节水管理制度,健全三级管理网络,加强用水节水管理。公司通过实施各种措施,提高了水的重复利用率,实现了厂区白水封闭循环。目前,吨纸单耗达到了国家 A 级标准,大大降低了清水用量,减少了污染源,降低了生产成本。

晨鸣纸业在生产过程中,通过实施节水技术改造,加强白水、冷凝水的循环利用,取得了良好的节水效果。新闻纸工厂通过实施"抄纸车间、脱墨浆车间清水使用考核方案",限定每日清水耗用数值,并将真空泵冷凝水回收作为冷却水槽的补水、热回收冲洗水及抽湿风机排水回收至水封槽和水力碎浆机等措施,使日均耗水有较大幅度的下降。胶版纸工厂一车间通过利用稀油站降低油温的循环用水代替清水、在网前箱加一支白水管使清水阀门开度关小等措施,日可节水 25 m³。铜版纸工厂通过严格控制白水塔补水、降低成型网高压喷淋水、控制压力等措施,有效地节约了用水量。制浆工厂通过使用碱化水有效降低了清水用量。

(五)食品工业用水与节水

山东是食品产业大省,多种食品产量都位居全国首位。山东食品产业集群在全国非常有影响力,食品企业主要集中在青岛、聊城、临沂等地。在休闲食品、糖果、饮料、乳品、调味品等行业具有规模效应和总量优势。山东企业制造的食品产品迅速到达华北、西北、东北以及皖北、苏北等广大地区。随着山东食品的大流通,山东食品产业很快就形成规模和总量优势,在全国食品加工制造业中占据重要地位。

济南市食品高耗水行业有啤酒业、酿造业等。食品工业用水和取水均以间接冷却水和工艺水为主,占总水量的85%以上。抓好这两大水的回用,重复利用率就可以提高。推广冷却水循环仍应放在首位,特别是间接冷却水用量大的酿造工业等。工艺节水,如原料洗涤采用多级逆流洗涤等。

(六)其他行业用水与节水

其他行业如机械、建材、木材等行业。机械工业用水分散,没有主要用水用途,耗水量低,节水重点是空压机冷却水的循环利用,将水冷却改为风冷却。在冶金工业用水中,间接冷却水、工艺水所占比重较大。冶金工业中的铁厂、钢厂、铝厂应重点抓好间接冷却水循环利用及汽化冷却、工艺水回用。由于采掘业涉及矿产种类和地质构造等多种因素,用水比较复杂。采掘业主要是矿坑疏干排水量大,目前,部分矿坑水已被利用,如淄博市现已开发利用矿坑排水。因此,采掘业节水重点应针对不同的矿坑水质,采用不同的处理方法,抓好矿坑水的综合利用。

第三节 工业文明中的水问题

一、废水排放对地表水体和地下水的污染及影响

(一)地表水

工业用水过程中会产生大量的废水,这些废水的排放会直接影响地表水的水质,造成地表水的破坏。由于山东省大多数入海河流水质污染严重,沿岸工业废水和城市生活污水大量排入,加上浅海养殖业不断发展,导致近海海域水质污染,局部水质恶化。大量污水未经处理直接或间接地排入河道、湖泊,靠近城市的河流,绝大多数已成为纳污河,不仅破坏了水源,而且污染了环境;农业大量施用化肥、农药造成面污染。水污染程度不断加剧,严重影响了人民群众的身心健康,工农业生产遭受不可估量的损失,也更加大了水资源开发利用的难度,进一步加剧了水资源的供需矛盾。

在采油、炼油及石油化工企业中,装置区内生产设备不同程度地存在跑、冒、滴、漏现象,经雨水冲刷形成含有油、苯、芳烃、苯酐、有机氯化物、酸、碱等不同污染物的地表污染径流,若这部分雨水不经任何处理直接排放到雨水系统中,将会造成地表水、地下水的严重污染;若将装置区内的雨水全部排放到污水处理厂,则会大大增加污水处理厂的运营成本。因此,需对这部分污染较严重的降雨期地表径流进行收集并送往污水处理厂进行单独处理。

(二)地下水

工业废水污染地下水的途径主要有:废水收集、处理与排放系统防渗措施不当造成生产废水直接下渗,影响厂址周围地区地下水;排污管道下渗或漏水,污染管道附近的地下水;生产过程中产生的废渣、污水

处理站污泥等暂存场所防渗不当,造成淋滤液下渗,污染地下水。

地下水过量开采导致埋深加大,形成区域性漏斗,改变了原有的水动力条件。地下水运动逐渐以垂直运动为主,地表水向地下水的转化不断加强,降雨入渗的速度加快,同时也给污染物下渗、迁移、扩散创造了条件,造成地下水水质恶化与污染。目前,城市与工业"三废"不合理或不达标排放量迅速增加,不合理开采地下水,不仅能加剧整个地下水含水系统的污染,还会引发"地方病"的高发,直接对人类身体健康造成伤害。在地下水漏斗区,由于水位不断下降,井愈打愈深,有些井上部井壁封闭不严,或不加封闭,有些井开采混合水,这些井实际上成为浅层污染水进入中深层的通道,使中深层水亦遭受不同程度的污染。另外,随着乡镇企业的发展,地下水无序开采加剧,水污染已由过去城市工业区的点污染,逐步向面上及垂向发展,污染问题更加严重,加剧了本来短缺的水资源紧张局面。如果继续加大开采,则该水源地地下水的污染会更加严重,水质将更加恶化。地下水水质恶化的主要原因是埋深加大,对地下水水质是一个激发因素,即激发了地面污水入渗,污染地下水。

工业生产过程中排放大量的固体废弃物。其中有冶金采矿排放的煤矿石,建材、机械、冶金工业等排放的锅炉废渣,电力工业排放的粉煤灰,这几种固体废弃物占最大比重。固体废弃物大部分没有被处理消耗,在废弃物堆放或填埋过程中,有机质在微生物的作用下分解,生成硫化氢和氨,经氧化转化成硫酸、硝酸等。这些酸类随雨水渗入地层中,溶解地层中的碳酸钙、碳酸镁等矿质,从而增加地下水的硬度。此外,固体废弃物中的有毒有害物质,经降水淋溶浸出,浸滤液渗入地下,直接污染地下水。尤其是堆放在江河岸边的固体废弃物,有毒有害物质随降雨径流进入河道,对河流水体造成污染。

二、地面沉降、地面裂缝和岩溶塌陷等地质灾害及其影响

山东省地表径流时空分布不均匀,加之地表水工程供水量不足,为缓解用水供需矛盾,过去在发展过程中不得不超量开采地下水。由于地下水分布不均和地区经济发展水平的差异,部分地市如淄博、泰安、

枣庄、济南局部地区曾经由于地下水超采,导致了岩溶塌陷等地质灾害问题。地下水超采,使地下水位不断下降,导致内陆地区大批机井报废。地下水资源的过量超采,带来地面沉降、地面裂缝和岩溶塌陷等一系列的水文地质环境问题。

三、工业废气排放对大气降水的影响

(一)城市屋面、路面工业降尘

大气降尘是指大气中因重力和雨水的冲刷作用,在较短时间内沉降到屋面或路面上的大气颗粒物。它来源于:①城市基础设施建设中,尤其是建筑施工中产生的污染物。一般是由于施工单位对周围环境不重视,而相关的职能部门对其造成的污染监管力度又不够,就产生了道路粉尘污染。②工业生产引起的污染。工业生产对空气的污染主要是排气筒排出的烟尘、粉尘和 SO_2。这些降尘会直接影响大气降水的成分,当降水来临时,使其富含各种污染物,直接影响人类和动植物的健康。

(二)酸雨

酸雨是指 pH 小于 5.6 的雨、雾、雪、霜、雹等大气降水。人类活动造成的酸雨成分中,硫酸最多,一般占 60% ~65%;硝酸次之,约 30%;盐酸约 5%;此外还有有机酸约 2%。酸雨主要是由燃烧含硫的化石燃料产生的 SO_2 造成的,排放源主要是发电厂、钢铁厂、冶炼厂等;硝酸主要是由飞机和汽车尾气中含有的氮氧化物造成的;氯化氢除来自使用氯化氢的工厂外,焚烧工业垃圾也会产生这种气体。云层吸收大气中的气体污染物 SO_2、氮氧化物等,发生化学反应,在降雨过程中,雨滴冲刷空气中的气体,雨滴内部也发生化学反应,生成硫酸和硝酸等。

四、工业供水占用农业用水及其影响

近年来,随着工业发展规模、速度的增大,工业用水需求越来越大。这就造成了原有的供水规模难以满足其发展,势必造成工业用水占用农业用水。绝大多数原来只用来供给农业灌溉用水的水库,现在也开始用来为工业供水,这就造成了农业用水的严重不足,尤其是遇到大旱

的时候,势必造成农业用水的紧张,造成农业减产。

第四节　现代生态工业文明建设

一、保障工业供水

(一)多水源联合供水

山东省各城市供水水源主要包括地表水、地下水、黄河水、污水处理再生水和海水,以及南水北调工程利用的长江水。多水源联合调度主要是通过对地表水与地下水、当地水与客水(黄河水和长江水)的优化配置,提高水资源利用率和供水保证率。

遵循水源利用原则、"优质优价"和"优水优用"的原则、用水次序原则、供水次序原则进行多水源联合调度。

1.地表水、地下水和客水的联合调度

由于地表水和地下水存在着相互转化的关系,这对地表水和地下水的联合运用提供了条件。在丰水年或丰水时期,应最大限度地多蓄存地表水和雨洪水,并且还要通过一定的工程措施利用水库弃水对地下水进行回灌补源。同时,利用客水与当地水丰枯异步的特点,在客水的丰水时期,多引用客水对地下水进行回灌补源。

2.利用蓄水工程对地表水进行联合调度

目前已有多座水库成为城市的供水水源地,其中部分水库位于同一流域。由于各水库的调蓄能力、控制流域面积及供水对象各不相同,可根据水库的串、并联关系进行联合调度,调补余缺,提高地表水的利用率和增加地表水的供水量。

3.当地水源与海水、污水处理再生水的联合调度

随着海水利用技术的逐渐提高,沿海城市对海水的利用会进一步加大,海水利用量在城市供水量中所占的比例也将逐步增加,其对供水总量的调节能力会越来越强。同样,随着污水处理能力的加强和污水处理再生回用率的提高,城市供水的调配能力和抗旱能力也将会提高。

（二）开发利用非常规水

1. 再生水回用

再生水也称为中水。再生水指各种排水经处理后，达到规定的水质标准，可在生活、市政、环境等范围内杂用的非饮用水。再生水供水水质应符合《生活杂用水水质标准》，卫生上安全可靠，无有害物质；外观上无使人不快的感觉；不引起管道、设备等严重腐蚀、结垢和不造成维修管理等困难。我国的中水回用技术经过近十几年的研究发展，技术日趋成熟。

中水回用技术是污水资源化技术的一项重要组成部分，在山东大力采取中水回用技术，设置中水工程既可以有效地利用和节约有限的水资源，又可以减少污废水的排放量，减轻水环境的污染，还可以缓解城市下水道的超负荷现象，是解决城市水资源短缺，缓解水供需矛盾的一项新的有效措施。对中水回用于工业循环水的研究与应用，已经形成了成熟的技术方案和工艺流程，为中水再利用进行有益的探索和实践，填补了中水回用于冶金行业工业循环水的空白。中水回用于工业循环水，实现污废水资源化，既可节省水资源，又使污水无害化，起到保护环境、防治水污染和缓解水资源不足的重要作用。

（1）城市污水处理厂出水的工业回用。近年来，不少地方政府增加环境投入，建设或改建、扩建城市污水处理厂的势头明显。而且在有些新建的或拟建的污水处理厂中，采用了污水处理与污水回用相结合的污水资源化方案。常用的污水回用技术包括传统处理（混凝、沉淀过滤）、活性炭吸附、臭氧氧化、膜分离和土地渗滤等。

（2）企业内部污水的处理与回用。企业工业废水，先进入各自的污水处理厂进行处理，处理达标后排放。在排放之前，有条件的企业可提高这部分污水的治理效果及其在企业内部的利用率，这对整个污水回用工程来说也占有非常重要的地位。

山东滨州化工厂是以石油化工为主，炼油、氯碱、热电相配套的综合性化工企业，每年排放大量的含油污水。该厂设计了一套含油污水处理及循环利用装置。裂解洗涤塔出来的污水经沉淀池沉降，回收重焦油，出水与炼油污水混合，经平流隔油池、斜板隔油池及二级浮选，回收轻焦油,除油后的水送至热电车间冲粉煤灰,出来的废水再经沉降池回收粉煤灰,清水回用于裂解洗涤塔。经处理后,该厂的含油污水除油率达85%以上。由于将处理后的水循环回用,既减少了排污量,又节省了冲洗粉煤灰和裂解洗涤塔的新鲜水,同时还回收了轻、重焦油和粉煤灰,年经济效益大增。

2. 海水淡化和综合利用

沿海地区是全省经济发达地区,也是缺水最为严重的地区。因此,开发利用海水应成为缓解山东省淡水资源紧张的有效途径。从经济效益看,用海水作冷却水的成本要明显低于淡水成本。在火电、钢铁、化工、石油等工业,用海水冷却可以替代大部分淡水,应借鉴香港等地的经验,积极推广海水在工业中的应用。从长远来看,海水淡化是解决沿海地区淡水短缺的根本途径,有关科研部门应积极开展研究,使其成本逐步降至可推广利用的水平。

《山东省生态省建设规划纲要》中明确提出"加快低成本海水淡化工程,对海岛、胶东半岛、鲁北地区近海缺水区采取海水淡化及电厂海水冷却等"。山东海水淡化起步较早,但曾一度陷于停顿,目前只有海岛、苦咸水区应用小型装置解决群众饮用水问题。山东应充分利用海洋科研力量密集的优势,有计划地组织攻关,在发展风力电厂、核电站的同时开展多级闪蒸海水淡化试点,为大规模开发打好基础。在陆地淡水日趋减少的情况下,淡化海水将成为最重要的新水源。海水淡化方法有数十种,但目前工业上采用的主要有以下几种,即多级闪蒸(MSF)、反渗透(RO)、多效蒸发或多效蒸馏(ME 或 MED)和压汽蒸馏(VC),此外便是电渗析(ED 或 EDR)。后者基本上用于苦咸水淡化。

山东海水直接利用已有了良好开端,特别是青岛,在这方面处于全国领先地位。青岛从 20 世纪 30 年代开始利用海水,现有电力、化工、橡胶、纺织等七个行业用海水代替部分淡水。利用海水替代自来水,成本只有自来水的 5% ~ 10%,像青岛碱厂、电厂等企业单位,耗水量都降到全国同行业领先水平。山东沿海地区用海水替代淡水潜力很大。

3. 雨水及矿坑水利用

雨水利用技术是将降雨收集后,经过适当处理储存并加以利用的技术体系,如在河道上修建水库、塘坝、小水窖,以及在城区利用屋顶、草坪、庭院、马路等收集雨水。通过雨水收集、渗蓄、净化、利用等环节达到节水的目的。雨水资源利用,既能有效缓解水资源的供需矛盾,还能大大减轻城市排水和防汛的压力,减少长距离污水管线和集中污水处理厂的建设与拆迁费用。雨水是"城市的第二水源",其费用远远低于开辟新鲜水源和远距离引水,具有十分可观的经济效益。雨水资源在当前不宜收取水资源费,但在通过水利工程收集后将拥有水权。水利工程水水权属于投资兴办水利工程者,它具有商品性,除一些自修自用的集雨工程外,为他人修筑的集雨工程可以产生经济效益。这样会在很大程度上激发政府、企业和个体兴修集雨工程的积极性,从而为雨水利用提供动力源泉。

城市雨水资源化的基本途径包括:加大雨水就地入渗量、加大雨水的贮留量、兴建拦截和蓄存雨水的新设施、利用雨水回灌等,目前德国的雨水利用技术已经进入标准化、产业化阶段,市场上已有大量的收集、过滤、储存、渗透雨水的产品。德国的城市雨水利用主要有两种方式:一是屋面雨水集蓄系统,集下来的雨水主要用于家庭、公共场所和企业的非饮用水。法兰克福一个苹果榨汁厂,更是把屋顶集下来的雨水作为工业冷却循环用水,成为工业项目雨水利用的典范。二是雨水截污与渗透系统,道路雨水通过下水道排入沿途大型蓄水池或通过渗透补充地下水。

目前,地表水资源可利用程度低的原因是对汛期雨洪利用不够,全省每年汛期有 2/3 的雨洪白白流入大海或出境。在雨洪利用上,提高当地地表水利用的潜力,研究雨水拦蓄,在河道上多级建闸(坝),梯级拦蓄,并利用现有河网、塘库、沟渠等截流调蓄是可以采取的有效措施。如果适当提高现行的汛前、汛中限制蓄水位和汛末计划蓄水位,通过准确及时的水文、气象预报,制定科学合理的雨洪拦蓄调度措施,并适当兴建必要的拦蓄工程,在满足防洪要求的前提下,可以有效提高地表水资源可利用量,开源效果十分明显。

山东省大部分地区如山东半岛、鲁中南丘陵地区都具有良好的兴建集雨回灌补源工程的自然条件。山东省的降雨特点决定了集雨回灌地下是合理开发利用水资源的有效途径。山东省降水量年内分配不均匀,约73%的年降水量集中在汛期6~9月,而7、8月两个月即占年降水量的50%以上,夏季降水过于集中,往往是集中于几次暴雨过程中,时间短,强度大。单纯采用修建地面蓄水工程,拦蓄雨洪,需要巨大的调节容量。但对进入河道的径流通过修建拦蓄工程进行拦蓄,利用河网入渗以及回灌补源工程、地下水库等进行地下调蓄,实现地面水和地下水的联合调度运用,是实现水资源可持续利用的有效途径。

此外,山东省矿产资源丰富,采矿过程中有大量的矿坑疏干水,主要包括煤、铁铝土及其部分金属和非金属的矿坑区。淄博、枣庄、济宁、泰安、龙口、莱芜、肥城等地都有一定数量的矿坑水。这部分矿坑水如能开发利用,可缓解当地供水紧张的状况。矿坑水排放量大,水质大多优良,而且矿坑水开发容易,利用方便,效益可观,应因地制宜积极组织开发。

二、工业节水

(一)依靠科技进步节约用水

依靠科技进步,采用节水工艺,是大幅度降低工业用水的重要途径。应加快节水技术和节水设备、器具及污水处理设备的研究开发,大力推广工业节水新技术、新工艺、新设备,逐步淘汰耗水大、技术落后的工艺设备;要针对高耗水行业和企业存在的问题,组织科技攻关,重点节水技术研究开发项目应列入国家和地方重点技术创新计划与科技攻关计划;组织企业广泛开展水平衡测试,研究节水潜力和方向,加大节水改造投入,提高工业用水重复利用率,杜绝长流水和跑、冒、滴、漏现象,使更多的工业企业实现废水零排放;引进和消化吸收国内外先进的节水技术,组织实施以提高用水效率为核心的节水示范工程;下大力气改造落后的生产工艺和设备,特别是高耗水的工业企业,要增加节水技术改造资金的投入。

(二)提高水资源利用率

一般来讲,提高企业的用水效率,减少取水量是主要措施。在一定的生产规模下,企业需水量主要取决于企业用水四个部分的合理利用程度,即间接冷却水循环利用程度、工艺水回收利用程度、锅炉蒸汽冷凝水回收利用程度和职工生活用水合理节约程度,其总体表现为重复利用率,是考核工业用水水平的一个重要指标。合理利用水资源,提高用水效率,减少工业取水量,可以从以下几个方面着手。

1. 提高间接冷却水循环率

一般要求间接冷却水循环率应 > 95% ,鉴于一些企业冷却水直接排放及循环冷却水浓缩倍数较低,可采取以下途径:①将企业目前仍然直接排放的冷却水收集起来循环使用。②在化工企业利用温差有条件地将间接冷却水先串级使用,然后再循环利用;为保持冷却塔的冷却效果,需定期清理和保养,使风机、塔体处于正常使用状态。③严格冷却水系统操作规程,推广应用目前较为先进经济的各种水质稳定剂,定期分析化验,避免盲目加大补充水量。④加强冷却水系统的计量统计管理。通过以上途径可以以较小的投资或不投资即可取得一定的社会效益和企业经济效益。据统计,化工企业中用于换热的冷却水占总耗水量的80%以上,其特点是利用水作热的载体,供给或吸收热量,而水本身不直接接触物料,并没有受到污染或污染较小,水在使用过程中只是温度发生变化,故这部分水重复利用的价值最高。

2. 提高工艺水回用率

工艺水成分较复杂,又因行业不同,对环境的污染程度有所不同,故应尽可能在企业内处理后回用,这样既减少环境污染,又节约了水资源。①采用离子交换、电渗析、反渗透、生物化学等技术处理电镀废水、部分化工废水、医药行业洗瓶废水,然后回用于生产。②改变目前部分化工企业的萃取操作方法,变间歇式为连续式萃取,这样既减少了污水排放,同时又节约了水量。③凡工艺要求恒温恒湿需用冷冻水的工序,应改变分散制冷为集中供冷,既提高工艺用冷冻水的利用率,又减少空调冷却水由于分散而难以收集利用的矛盾。④根据水的不同性质,依据生产用水的各自特点,将水进行串级使用,往往会起到意想不到的效果,不但节能,而且系统越大,节水效果越明显。⑤采用成熟的工艺废水处理新技术应用于工业生产。由于各行业的生产工艺不同,所采取的工艺水回收技术也不尽相同,采用这方面的措施时,应多做调查研究,然后得出工艺水的合理用量及能够达到的工艺水回用率和投资。

3. 提高锅炉蒸汽冷凝水回用率

冷凝水回收设备(目前冷凝水回收装置品种较多,技术上也趋于成熟)不但可以提高水的利用率,还可以将冷凝水中的余热充分利用,提高锅炉进水温度,节约燃煤。

4. 节约使用企业内部职工生活用水

据统计,一般企业工业用水中近 1/5 是生活用水,包括厕所、浴室、食堂、绿化、环境卫生等用水,这部分用水的节约有相当的潜力可挖,具体措施如下:①食堂内小型冷冻机冷却水应利用冷却循环水;②浴室内用自动节水开关控制器取代直冲水龙头,达到人到水出,人走水停;③对直冲式厕所安装远红外节水器;④绿化用水、车辆地面冲洗用水尽量使用处理后的回用水。

三、清洁生产

清洁生产是指不断采取改进设计、使用清洁的能源和原料、采用先进的工艺技术与设备、改进管理、综合利用等措施,从源头削减污染,提高资源利用效率,减少或者避免生产、服务和产品使用过程中污染物的产生与排放,以减轻或者消除对人类健康和环境的危害。清洁生产是将综合预防的环境策略,持续地应用于生产过程和产品中,以便减少对人类和环境的风险性。对生产过程而言,清洁生产包括节约原材料和能源,淘汰有毒原材料,并在全部排放物和废物离开生产过程以前,减少它们的数量和毒性。对产品而言,清洁生产策略旨在减少产品在整个生产周期过程(包括从原材料提炼到产品的最终处置)中对人类和环境的影响。清洁生产不包括末端治理技术,如空气污染控制、废水处理、固体废弃物的焚烧或填埋。清洁生产通过应用专门技术,改进工艺技术和管理态度来实现。归根结底,搞清洁生产就是要消除工业企业生产对环境污染及自然生态、资源的破坏,有效贯彻可持续发展方针。通过定义可以这样认为,清洁生产的最终目标就是最大限度地减少原材料和能源的消耗,极大提高其利用率,避免资源能源的浪费。不仅实现资源的可持续利用、降低成本,而且要求企业生态化不再局限于"末端治理",而是贯彻在整个生产与再生产过程的各个环节,使生产过程中排放的污染物达到最小值,极大地减少工业污染的来源,从根本上解决环境污染和生态破坏问题。

四、工业废水处理及水污染防治

(一)加强工业废水处理达标排放

地表水污染防治是一项复杂的系统工程,必须综合运用法律、技术、经济等手段才能奏效。应本着预防为主、全面治理的原则做好地表水资源保护,保证人类生存环境的安全和谐。依照中华人民共和国《水法》、《水污染防治法》的相关规定,理顺协调水利、环保等部门的关系,加强水资源管理,从源头遏制污染源的随意排放,把住污水进入河渠的通道;加大污染费用的收取力度,增加排污企业的生产成本,对拟建项目进行水资源论证、入河排污口论证;退水方案不合理或退水水质高于《城镇污水处理厂污染物排放标准》(GB 18918—2002)的建设项目,不准许立项,不得开工建设,环保和水利主管部门要强化执法,严格控制污染企业的立项建设,杜绝出现新的污染源。对现有企业依法全面进行排查,仍超标排污的企业限期停产整顿,同时不定期对企业排污口水质进行监测,发现排污水质不达标企业,及时进行严肃处理。通过各种媒体广泛宣传,增强社会各界特别是领导层对水环境的认识和法制观念。

技术方面一是实施清洁生产,减少污染物排放。利用各种技术对废水进行净化处理,耗资大而又不能完全解决问题,治标不治本。现在世界各国大力推行控制水污染的新战略,即推行清洁生产,设法减少废水和污染物的排放量,从源头防治水污染。节约用水既可以缓解水资源短缺的矛盾,又可以减少废水及污染物的排放。工业部门要尽量减少用水量,实现一水多用;整个企业建立闭路水循环系统,减少废水排放;改进生产工艺,如采用无水印染法消除印染废水等;改进设备,杜绝浪费,防止跑冒滴漏。在日常生活中,要养成随手关水的习惯,使用节水型器具。二是废水资源化。废水资源化并不是从废水中提取其他有用物质,而是将净化后的废水用作工业冷却水和洗涤水、农业灌溉水、绿化带灌溉水、汽车道路冲洗水或者回灌到地下含水层中。三是从单一的点源治理转变为点源、面源综合治理。过去对水污染的防治主要是针对集中排放的点源污染（如工业废水）。近年来人们注意到很多分散的、无组织排放的废水和污水，称为面源污染。在济南市区，面源污染对水污染的贡献率往往并不比点源污染小，例如对大明湖的富营养化污染，面源污染起了相当大的作用，如不对它们加以控制，水污染就得不到有效防治。面源污染的控制要比点源污染更为困难，这就需要建设废水拦集和处理系统，如加快污水管网建设和加快中水工程建设。

（二）地下水保护

1. 预防和治理地下水污染

由于工业企业的生产装置为常年连续性运转，产生的废水和废渣量较大，在原料装卸、储存和生产过程中所涉及的化工物料和中间产品如果泄漏渗漏到地下，存在着影响地下水环境的潜在危险，应将污水管线及各物料输送管线地上布置，并对绿化带以外的整个厂区进行防渗处理，同时对主装置、灌区、原料卸料区、固体废物储存场所、事故水池、污水处理站以及各管道沟、地沟、收集池等进行重点特殊防渗、防腐处理，以防止废水渗入地下，对地下水产生污染，对生态环境产生不利影响。

根据工程和地下水环境的特点，在工程防渗从严设计的基础上，地下防腐防渗要严格按照国家有关规定，采用成熟的技术从严设防。根据实际情况，把整个生产区域划分为污染区和一般区域，按照对地下水污染的轻重分别设防。完善雨污水的收集设施，确保厂区内雨污水能够全部得到收集并处理，避免雨污水通过地表水体以及渗透作用进入地下。制定严格的检查制度，定期对厂区内各个产生污水的区域进行检查，检察管道是否有裂纹及渗漏、地面是否有裂纹。对厂区以及下游地下水定期进行监测，发现水质恶化现象立即查找污染源头，必要时将整个装置停产。

2. 地下水监测

近年来，不少地方不仅减小了观测网站的密度，减少了观测次数，且放松了分析研究工作，也有不少地方出现了观测站网站毁网散，这是十分不适宜的。当前,不仅应当恢复和加强地下水的动态观测工作,而且应当将地下水动态观测工作由水位扩大到水质环境,以适应新形势下强化水管理的迫切需要。其观测内容应当包括水位、水质和观测区的环境动态。

地下水监测是一项服务于全社会公益性的地质工作,应加快现代化的地下水环境监测站网的建设,按照国家网宏观控制、省级网加密监测的思路,充分利用现有观测孔,以已有地下水调查成果为依据,以地下水流域为单元,进行地下水监测网总体规划,通过优化调整和补充,逐步建成以国家骨干网为龙头、省级网为支撑,事权清晰、分工明确、互为补充、资料共享的监测体系,实现地下水开发过程的有效监控与管理,为我国地下水资源可持续利用提供强有力的技术支撑。

要研究开采条件下地下水资源的评价和水环境问题,制定合理开发利用地下水的规划,建立统一的地下水位、水量和水质以及地面变形的监测网站,及时掌握和预报地下水的动态变化,为保护地下水资源和水环境提供科学的依据。根据水资源条件,规划地下水开采层位、压缩地下水开采量、合理调整开采方式和开采井的布局,实施地下水动态监测。

3. 地下水管理

地下水管理应当强化防止地下水污染的职能,必须建立地下水水源地保护带,必须通过调查研究查明不同地区地下水的脆弱性,以便采取相应的保护措施。所谓水源地保护带,是指围绕地下水水源地设置的禁止污染物进入的地带。近年来,在以农业为主的地区,化肥和农药使用量大增,在以工业为主的地区,出现了诸如碳氢化合物、氯基碳氢化合物和重金属等污染物。一旦地下水乃至地面水受到它们的污染,其消除不仅技术上困难,而且代价十分昂贵。基于这种考虑,保护水资源应以防护性保护为主,即隔离污染源,建立保护带。这种保护带的建立,不仅应针对已经开发的水源地,而且应当包括适宜用作未来供水的水源地。对于水文地质条件和水质良好的地下水区,应当尽早地设立保护带,以期得到预防性的长远保护,为自己也为后代保留一方净水净土。

地下水保护要建立和完善包括水位、水质动态观测在内的水环境综合观测站网,加强对地下水的全面观测,加快建成现代化的国家级地下水环境监测网,为地下水可持续利用和有效保护提供依据。

同时,还要完善地下水开发利用保护法规。开采地下水必须在资源调查评价的基础上,实行统一规划,加强监督管理。在地下水已经超采的地区,应当严格控制开采,并采取措施,保护地下水资源,防止地面沉降。在现有的众多单项法规中,未见关于地下水的专门法规,这种状况不能适应我们面临的上述复杂的水形势。因此,有必要制定有关地下水开发利用、水位调控、水质保护以及明确所有权和使用权限划分的新法规或补充规定,以便规范人们的涉水行为,把水的管理维护纳入法制的轨道。

五、实行最严格的水资源管理制度

针对中央关于水资源管理的战略决策,国务院发布了《关于实行最严格水资源管理制度的意见》,山东省认真贯彻落实了此意见,确定了水资源开发利用控制、用水效率控制、水功能区限制纳污"三条红线",将严格控制区域用水总量,全面提高用水效率和效益,以水资源的可持续利用支撑、保障经济社会和生态建设的可持续发展。

保障水资源可持续利用,严格水资源管理是加快经济发展方式转变的战略举措,是山东省全部水利工作的核心任务。山东省将以推行计划用水为突破口,促进最严格的水资源管理制度全面落实,确保将全省年度用水总量控制在 265 亿 m³ 以内。

在最严格的水资源管理制度体系基本建立的基础上,积极探索建立农业灌溉用水总量控制和用水定额管理制度,加强水功能区保护和监督管理,确保年度地下水采补基本平衡,从而使用水效率得到提高,即工业增加值用水量有所减少和农田灌溉水有效利用系数有所提高。

另外,山东省还加强入河湖排污口监督管理,严格执行新建、改建或者扩大入河排污口审查制度,入河排污口的设置须由具有相应权限的水行政主管部门审批。在饮用水水源保护区内,不得批准新建入河排污口;对已设置排污口的,由所在地县级政府责令限期拆除;对排污量超出水功能区限排总量的地区,限制审批入河湖排污口和建设项目新增取水。

六、事故造成的水污染风险控制

(一)突发性水污染事故应急监测

突发性水污染事故应急监测,是监测人员在事故现场,用小型、简易、快速检测仪器或装置,在尽可能短的时间内对污染物质的种类、污染物质的浓度、污染的范围及其可能的危害等作出判断的过程。实施应急监测是做好突发性水污染事故处理的前提和关键。只有对污染事故的类型及污染状况作出准确的判断,才能为污染事故及时、正确地进行处理和制定恢复措施,提供科学的决策依据。可以说,应急监测是事故应急处置与善后处理中始终依赖的基础工作。应急监测的研究主要集中在监测布点、监测方法和监测保障方面,如图 3-1 所示。

(二)应急处理方法

突发性水污染事故的应急处理方法有人工处理法、化学处理法等。人工处理法是将污染物(如燃油、未破损包装的有毒物质)清理及打捞出水或进行拦污隔离等,必要时可采用修筑丁坝、导流堤、拦河坝、围堰等工程措施,改变原来的主流方向和流场,防止污染向外扩散。化学处理法是在污染区域抛洒化学药剂,减轻和净化污染水域。常见的化学处理方法是根据污染物的化学性质确定的:酸性物质用碱性物质来中和,如硝酸、硫酸用氢氧化钠处理,氰化物用漂白粉、次氯酸钠处理等;碱性物质用酸性物质来中和;利用氧化还原反应,如用硫化钠处理六价铬;还有就是利用絮凝剂、分散剂、消油剂等加速沉降、分解,防止污染物扩散。

七、合理制定水价

价格机制是市场能够优化配置水资源的主要原因,是水资源管理的主要经济杠杆。我国水资源价格一直由政府制定,由此形成的水价往往低于水的社会成本(包括生产成本、外部成本和机会成本),甚至低于生产成本,其结果是价格不能起到调节供求的杠杆作用,导致对水

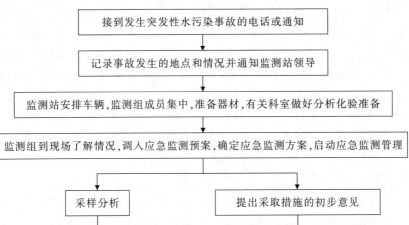

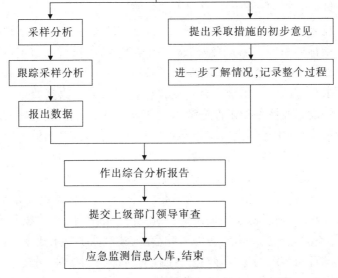

图3-1　突发性水污染事故应急水质监测工作流程图

资源的低效分配。因此,科学的水价体系构建一定程度上决定着市场能否实现有效分配水资源,这种情况对山东省来说也是一样。

　　水价机制不合理、水价偏低,这是造成水资源浪费和水污染加剧的重要原因之一。而工业水价低的原因在于低的污水排放标准,"达标"排放的污水依然污染环境,"祸首"工业企业从取水到污水处理,却只需付出极低的水价,远低于它对环境的破坏,公共财政又以纳税人的钱来为企业污染买单,企业坐享巨大的环境红利。目前,山东省城市水价仅为 2~3 元/m³，家庭每月水费不到居民收入的 1%，而国际上水费一般是居民收入的 4%。低价的"福利水"，不仅不利于供水单位的市场化经营，也难以让用户认识到水的价值。山东省城市供水价格总体水平不高，严重缺水的威海市工业与居民用水的水价比水资源充足的厦门市都低，过低的水价使价格杠杆的调节作用失效，对节约用水工作极为不利，并且很难让用户认识到水的价值。因此，必须改革水价形成机制，用经济手段促进节约用水，遏制水的浪费和污染。水价的提高，可以有效促进节约用水，有利于增强居民对水价的心理承受能力，为将来跨流域调水工程水价的平稳过渡奠定基础。

建立合理的水价形成机制，一是建立用水指标体系。制定科学的用水指标体系，是实行节约用水的政策要求，是执行用水定额管理、超定额加价的物质基础。只有制定了各行各业的用水定额，农业用水、工业用水和城市生活用水才有可能执行超定额加价收费政策，有效地以行政手段和经济手段来促进节水。各级水行政主管部门要对用水指标进行量化，运用定额来组织指导各部门开展节水工作，监督和控制各行各业用水，促进节水型社会的建立，使经济和社会发展的每个步骤都与水资源的承载能力相适应。二是合理调整水价。目前，尽管已由过去多年来的水资源无偿使用改为有偿使用，但是水资源的价格并没有真正发挥其调节资源供求、促进资源优化配置的作用，突出表现就是水价偏低，不能完全反映水资源的稀缺程度，甚至低于供水成本。现在工业节水没有同企业的生存、效益直接挂钩，农业节水没有同农民的承受能力和增产增收挂钩，生活节水没有同居民的利益挂钩，节水工作处于被动状态。因此，在节水工作中，要按照市场经济规律的要求，遵循补偿成本、合理收益、公平负担的原则，适时、适度调整水价，充分发挥价格的杠杆作用，用经济手段促进节水。供水水价原则上不应低于供水的边际成本。

八、调整产业结构

根据地区水资源条件和行业结构特点，合理调整产业结构布局，实现优化配置。大力推进生态工业园区建设，把转变经济增长方式、推行清洁生产同结构调整、技术进步和企业管理结合起来,实现从末端治理为主向全过程管理为主的转变,促进节能降耗、资源综合利用。

大力发展水资源能够得到充分、高效利用的循环型或清洁型产业,以高新技术改造传统用水工艺,使重点行业及产品的单位耗水量逐步达到国际先进水平,电力、煤炭等行业逐步实现废水零排放。在制定全省工业发展规划中,应把水资源作为主要因素考虑。缺水地区要严格限制发展高耗水、高污染工业项目,运用行政、经济等措施引导高耗水行业逐步向水资源丰富地区转移。对耗水量大的产品或企业,如钢铁、电力和造纸等耗水量大的企业,应安排在水资源较多的沿黄地区。下决心限制耗水量大的工业项目的建设,原材料工业尽量向水和矿产资源比较丰富的地区转移。造纸、石油、化工、医药、粮食深加工等高污染行业要通过工艺挖潜与技术改造,降低和减少污水排放,提高水资源利用效率,降低环境危害。对废水排放未达标的企业进行关、停、迁,力争使山东省的废水排放达到Ⅲ类排放标准。

九、完善法规建设

水法是调整人们在开发、利用、保护和管理水资源过程中所发生的各种社会关系的法律规范。基本的水法内容包括水资源开发、管理、保护等方面的基本政策。水循环经济必须通过法律予以干预和引导才能保障其最终得以落实。我国目前的当务之急是制定一套完善的水资源循环经济的法律,目前已有的《水资源保护法》只是在宏观层面上管理水资源,水资源开发利用带来的综合利用、用水管理、投资分摊、环境保护、组织体制等一系列问题都要反映到水法中来,对生活用水、工业用水、农业用水要有严格的标准限制。对于企业排放的污水、废水,要实行"谁污染、谁付费"的原则,明确奖惩措施。

为了满足不断发展的社会对水资源的需求,保障国民经济的稳定、健康、快速发展,必须进一步加强对水资源的管理,不断探索水资源管理的新方法。加大宣传力度,增强人们对水资源重要性的认识。连续几年的干旱,已使人们尝到了水资源不足的苦头,因此要借此契机,广造舆论、大造声势,宣传保护水资源的重要性和必要性,提高全民对水法律、法规的认识，支持水行政部门依法管水、治水，彻底扭转水是"取之不尽，用之不竭"的错误认识，形成自觉节水、惜水的良好风尚。

严格取水审批制度。任何取水单位和个人，在开发利用水资源前必须写出申请取水的书面报告，水行政主管部门在接到申请取水单位的取水申请后，组织有关技术人员对拟开发利用的水源地进行详细的勘察、分析和论证，论证要充分考虑地表水、地下水、水量、水质以及相邻单位用水量之间的关系，本着联合供水等供水方式综合考虑，帮助申请取水单位协调好与拟联合供水单位的关系，达到取水目的。这样既节约了资金，又可降低供水成本。根据当地中长期供求计划，划定不同的开采区，对开发利用后可能引起环境地质等不良影响的坚决不予审批。对违法取水的单位和个人，进行坚决查处，严肃处理。

第五节　小　结

山东省是我国传统的重要工业省份之一，工业经济一直占有重要位置。改革开放以来，山东省工业经济飞速发展，工业门类齐全，结构完善，整体上偏重于重工业，特点是耗水量大，排污量大。在全国经济总量中比重大、支撑力强，一、二、三产业基础较好、比较均衡，都是支撑全省经济增长的重要力量，在全国经济发展中具有重要的作用。

山东工业经济在今后一个时期要解决的突出矛盾和问题，就是要加快实现粗放型增长向集约型增长转变，由生产速度型向质量效益型转变，由传统产业支撑型向传统产业与新兴产业发展并重转变，由资源初加工型向资源深加工型转变，由工业大省向工业强省转变。一是提升发展传统产业。按照创新驱动、优化结构、提升水平、绿色发展的要求，做大做强装备制造业，调整优化原材料产业，改造提升消费品工业，以增量优化带动存量调整，以先进产能取代落后产能，加快实施工业转变方式，全面提升产业整体素质。二是培育发展战略性新兴产业。坚持高端引领，强化政策支持，立足山东省优势领域，以重大建设项目为载体，以掌握核心关键技术为突破口，以强化人才培养引进为支撑，重点发展新能源、新材料、新信息、新医药、海洋开发等五大产业，加快形成先导性、支柱性产业。三是推动产业集中集约集聚发展。强化龙头带动，推动产业集群发展，提升园区经济水平，增强配套能力，形成规模优势，提高产业集中度、产业分工层次和整体竞争力。

从山东工业发展的历程中可以看出，山东工业发展得益于水，也受制于水。山东省的工业布局、城市发展规模和产品结构受原料、能源、水资源、交通、经济发展和科学技术水平等多种因素的制约，而水资源这一影响因素过去不被人们重视，有些城市缺水已相当严重，但为了片面追求 GDP 和利润等经济利益，仍发展耗水量大的工业项目，用水状况更加紧张，进而影响工业生产和人民生活。随着工业的发展，工业用水比重不断增加，工业节水势在必行，包括采用经济杠杆，促进城市工业和生活节约用水；提高工业用水重复率；工业依靠科技进步节约用水；采用不用水或少用水的生产工艺，强化节水管理。全民节水意识的真正形成、节水管理体制的建立和真正发挥作用需经过长期艰苦的进程。由于城市供水保证率在95%以上并且连续用水，一旦因缺水而停水后果严重。城市工业和生活节水，受气候、投资、人为等因素影响，波动性大，保证率低，因此要想通过节约用水在时间上和水量上保证国民经济对水的需求，只有强化节水管理。只要一放松节约用水工作，节水量就会减少。节约用水既可以减少工业供水，同时也减少了工业排污量，具有巨大的经济效益、环境效益和社会效益。随着科学技术的发展，人们也将逐步找到少用水或不用水的生产方式，找到各种替代淡水资源的方法。

节约用水是项长期艰苦的任务，必须抓得很紧很紧。今后在确定工业布局、制定工业发展规划时，把水资源作为重要因素考虑，缺水地区要坚持以水资源承受能力确定经济结构的原则，依靠科技进步，调整产业结构，推广节水设备、工艺和技术，提高水的重复利用率，降低万元产值取水量，保障工业供水，充分开发利用非常规水，大力推广中水回用和污水资源化，保证缺水不断水，节水又增长，进而使有限的水资源能最大效益地支撑山东省工业快速健康发展。

第四章　景观水与齐鲁城市生态文明

引　言

　　水是生命之源,是农业的命脉、工业的血液。人类自诞生之日,就有亲水的本性。城市有了水,就有了灵气。水在城市发展中扮演了一个重要的聚人气、美化环境的角色。

　　水是人类生存和发展所依赖的不可替代的自然资源,同时也是维系地球生态平衡、决定环境质量状况最积极、最活跃的自然要素之一。但是在经济全球化的今天,能源问题越来越显著,人们开始向自然索取资源,致使环境问题日益突出。对我国而言,自改革开放以来,城市化进程加快,人们以牺牲环境为代价把重点放在经济建设上,致使城市生态日益恶化。随着经济的发展,人们对周围生活环境要求越来越高,人们开始重视对城市景观的改善。景观水作为城市景观的重要组成要素,具有自然特性、生态特性和社会特性等,对城区发展有着巨大的生态、经济效益和社会效益,其中生态功能有保持城市生态系统的完整性、增加城市生物多样性、改善局部小气候、净化(美化)环境、丰富城市景观等功能,社会功能有改善人们生活质量、反映城市历史文化、促进城市经济发展等功能。此外,景观水建设过程中运用了雨水利用、污水资源化等水资源可持续利用措施,不仅促进当地生态、社会、经济发展,而且可以充分利用雨水和污水,遵循了可持续发展战略。鉴于大力发展景观水已成为当今城区发展的一个重要课题,山东省根据其得天独厚的条件,建设了泉水型景观水工程、湖泊型景观水工程、运河型景观水工程及滨海型景观水工程等。在创建水生态文明城市的时代背景下,今后将进一步发展景观水,建设水生态型住宅小区,促进城市生态文明健康发展。

第一节　山东省景观水概况

一、景观水概述

(一)景观水定义

国内目前对景观水还没有统一的定义。邹平等认为,景观水体即公园、居住小区、公共场所的水景;李佩成等认为,景观水体是能够产生或构成明显景观效应的那一部分水体;李如雪等认为,城市景观水体是城市建成区范围内天然的或人工的湖泊、运河、河流、渠道、坑塘、喷泉等流动的或半流动的水体资源。景观水建设自古有之,不仅提供了适宜的生态环境,并且具有多种功能,例如北京的颐和园、济南的大明湖。景观水的生态功能大于同等面积的森林、草地或农田,是城市中最具灵气的资源和珍贵的景观,在改善城市生态环境方面起到非常重要的作用。近年来,国内许多城市进行了大规模的景观水开发建设,并取得了显著成效。

(二)景观水分类

由于景观水资源不仅具有自然特性、生态特性和社会经济特性,而且具有鲜明的美学和人文特性,因此对景观水进行分类便显得十分复杂,需作深刻的研究。本节按景观水资源存在空间和产生条件将其进行初步分类。

1.按存在空间分类

地面水体主要指江河、湖泊、水库、海洋等;地下水体主要包括井、泉、溶洞、地下河等;天上水体主要指云雾和降落过程中的雨雪等。在不同空间存在的水体在不同时间、不同条件下会形成不同的景观类型。

因此,将景观水按其存在空间分为江河景观型、湖泊景观型、泉流景观型、海洋景观型等。

2.按成景成因分类

按其成景成因可分为天然形成型、人工建造型,如龙门瀑布、长江三峡、贝加尔湖为天然形成型景观水体,水库、颐和园、莫斯科河则为人工建造型景观水体。

二、山东省景观水概述

根据山东1956~2000年实测资料分析,全省多年平均年降水量为679.5 mm,多年平均水资源总量为304.07亿 m³,其中地表水资源量为198.3亿 m³,多年平均地下水资源量为165.4亿 m³(地表水、地下水重复计算量59.63亿 m³)。山东全省平均河网密度为0.24 km/km²,根据山东省地形地貌和地理结构特点,一般将山东省内河流分成黄河水系、淮河水系、海河水系、小清河和沿海诸河水系,境内湖泊有南四湖、东平湖等。山东海洋资源也得天独厚,近海海域占渤海和黄海总面积的37%。

山东省利用现有的水资源,充分发挥水资源的景观功能,实现其生态效益。目前,已建成多处集防洪、供水、观光、休闲于一体的"亲水乐园",拥有多处国家水利风景区和省级水利风景区,水利风景区已成为山东省旅游产业的重要组成部分。

第二节　景观水与山东省城区生态发展

一、泉水景观与济南市生态发展

泉水是古城济南特有的历史遗产,承载了这座古老城市的生命,涉及城市生活的方方面面。其中,泉水景观对济南城市的生态环境起着决定性的基础作用。对泉水进行重点保护、慎重开发、永续利用,已成为济南市长期可持续发展战略的一项重大课题,并为此采取了一系列有力措施,对恢复和保持泉水喷涌,保护城市生态环境起到了积极作用。

（一）泉水水系概况

泉城济南，美丽潇洒，像一颗璀璨的明珠，镶嵌在黄河之滨、泰山之阴。泉水是济南的灵魂，赋予济南灵秀的气质和旺盛的活力，是济南最大的城市特色和亮丽的城市品牌，是济南最宝贵的资源。聚集于老城区内的趵突泉、黑虎泉、珍珠泉、五龙潭四大泉群和遍布于全市的72名泉及700多个泉眼，形成了老济南"家家泉水，户户垂杨"的泉城胜景和历史人文景观；而由百泉汇流而成的大明湖，更是以"四面荷花三面柳，一城山色半城湖"的秀美风景成为泉城济南的一颗明珠；以泉水为补给源的小清河以及满城的绿树红花，构成了闻名天下独特的泉城风貌。正是由于济南老城区泉水多如繁星且各具风采，使得整个泉城沉浸在泉水潺潺、诗情画意之中，一边是泉池幽深波光粼粼，一边是楼阁彩绘雕梁画栋，构成了一幅奇妙的人间仙境。

（二）泉水景观的发展建设

济南的泉水，有文字记载的历史已有2 600多年。"七十二泉"中的"七十二"在古代只是一个泛指，实际有一百四十五处之多。民国以后由于战乱等因素很少管理泉水，致使许多泉水淤塞严重，甚至被掩埋。开埠以来，城市水系景观建设力度加大，疏浚部分河流，开凿出新的泉水资源。到了近代，济南老城区内泉池密布，泉水各具风采。2004年3月，济南市名泉研究会经过历时五年的搜集、整理和评审，正式公布了10大泉群名录及新72名泉名录。现如今，泉水水势旺盛，环境优美，具有高度的自然人文景观和旅游价值。

济南泉水景观众多，其中大明湖胜景自唐代就名扬四海，被誉为"天下第一湖"。北宋年间修建了北水门，引湖水入小清河，使得湖水位经年恒定，并在沿途修建亭、台、堤、桥，使之逐渐成为游览景观。经过历年清淤整治，植荷栽柳，形成了"四面荷花三面柳，一城山色半城湖"的秀丽景色。1958年，市政府将大明湖一带正式建设成为大明湖公园，经过疏浚湖底、砌筑湖岸、重建名胜古迹及增添新型设施，旧貌换新颜，成为济南甚至全国著名风景区（见图4-1）。大明湖扩建改造工程于2007年10月开工，新增水面11.7 hm²，扩建后的景区实现了由

大明湖景观

济南环城公园(护城河)

图 4-1　济南泉水景观

趵突泉

续图 4-1

"园中湖"向"城中湖"的转变,并实现与护城河通航。现如今,大明湖不仅是一处旅游观光的去处,而且与护城河、小清河等作为济南市的排洪系统,对济南市的防洪排涝工作起到重要作用。

济南护城河自古便为防御及保护城墙而设,伴随济南城墙的拆除,护城河也失去了作为城市防御工程的作用,但护城河的形态得到保留,鲜明地表示出济南老城区的轮廓。此外,以环绕济南旧城的护城河为纽带的环城公园兴建于 1984 年,公园沿古护城河两岸布局,形成一条融合绿地、水系和风景游览线的绿色长廊,成为济南城市园林绿化的基础。与此同时,在环河流域通过截污工程堵截污水源,一改护城河兼有的排污功能,使护城河大部分河段清澈见底,护城河逐渐成为市民游客休闲娱乐的主要场所,展现出新的泉城意象(见图 4-1)。

（三）泉水对济南市生态发展的影响

泉水对于美化城市、调节气候和减少污染等方面起到至关重要的作用，是打造生态城市的基础，也是济南可持续发展的体现。泉水的常年喷涌体现出城市的活力和灵动，有效地促使人与自然的和谐发展。

有了大明湖中泉水的浇灌，市区、市郊的绿色植物健康生长，形成大面积的绿色屏障，并在市区和市郊之间形成循环气流。这样，既调节了济南的气候，增加了空气湿度，也净化了市区的空气，同时因为有了绿色植物做屏障，噪声污染也得以控制。扩建后的大明湖，为市民提供了良好的休闲环境和游览场所，再现了"四面荷花三面柳，一城山色半城湖"的泉城特色。

以护城河为核心形成的镶嵌在城市中心区的生态绿化带，既能体现泉城的特色魅力，又能充分发挥其蓄水、防止水土流失和调节气候等的城市中心绿地功能。另外，护城河及其沿岸作为城市中生物群落最丰富、景观要素最活跃的区域，同时也是生态适应性最脆弱的地区，必须加强护城河域生态系统的维护和改进，这对于解决济南的城市生态问题具有重大影响。

二、东昌湖与聊城市生态发展

（一）东昌湖概况

"江北水城"聊城是长江以北一座独具魅力的北方水城。河湖水域面积占整个城市建成区面积的1/3，市区内有北方最大的城市湖泊——东昌湖，形成"城在水中、水在城中、城中有湖，城河湖一体"的独特城市风貌。

东昌湖位于聊城市城区西南部，环绕古城四周，环线长达16 km，湖面总面积约4.2 km²，因古运河与东昌湖连通，东昌湖总面积达到4.613 km²，略小于杭州西湖；湖水主要由黄河和大气降水补给。湖水清澈，波光潋滟，是长江以北最大的城市人工湖泊（见图4-2）。

（二）东昌湖的发展建设

东昌湖旧称胭脂湖、环城湖、护城河，始建于公元1070年，以修建古聊城城墙挖地掘土而成自然河，形成了"水在城中，城在水中，城水

图4-2 东昌湖全景

相依"的水城雏形。公元1076年,由于重建护城堤,湖面相应扩大。新中国成立后,该湖经多次治理,尤其是1963年、1964年两次大规模的开挖改造、引黄补源,使湖的面貌发生了根本性的变化。1974年冬,对环城湖西北湖面进行了大规模清挖,堆积了湖心岛。20世纪80年代中后期,续建了砌石护岸,硬化了湖周道路,建设了浮春亭和垂钓基地。进入20世纪90年代,对东昌湖进行了大规模的开发建设,新增绿地8.4 km²,栽植花木5万多株,形成了湖周5 km绿化带,使湖区的整体面貌有了根本的改观。1995年易名东昌湖,同年5月起,又辟建了湖滨公园,依城临湖,气势恢宏,湖光园色,无限风光,其间遍植珍奇花木,绿草如茵;山丘小溪错落有致,名桥荟萃,雕塑争俏,建筑小品点缀其间,成为市民休闲娱乐的好去处。由东昌湖的历史变迁可得出东昌湖生态服务功能的演变过程,随着东昌湖的清挖整治、开发建设,景观建设逐渐丰富,生物种类日益增多,其中各类树木、花丛200个品种;动物资源呈现多样化,人工饲养及野生品种共达70多种,生态系统服务功能日趋多样化。

（三）东昌湖对聊城市生态发展的影响

东昌湖风景区融湖、河、城为一体，全长 322 m 的东昌大桥横跨湖面，犹如一条玉带；占地 60 多 hm² 的湖滨公园，小桥流水，绿草如茵；古运河两岸，柳绿成荫，河中轻舟碧水，成为一道亮丽的风景线。徒骇河风景区连通东昌湖水系，风光旖旎，多年来形成了"城中有湖、湖中有城，城湖一体"独特的"江北水城"风貌，水生态系统中的生物多样性得到提高，促进了城区生态环境向绿化、净化、美化的可持续生态系统演变。东昌湖所处生态功能保护区内没有较大的工业污染源，以商业、农业、旅游、居住为主，人口约为 18 万人，2005 年，东昌湖所处生态功能保护区国内生产总值约为 22.4 亿元。因此，东昌湖对聊城市带来了相当大的生态效益、经济效益和社会效益。

三、"四环五海"与滨州市生态发展

（一）"四环五海"概况

滨州市地处鲁北平原黄河三角洲地区，具有独特的地理优势。为提高城市品位，增强城市功能，加快城市化建设，打造滨州城市品牌，贯彻资源开发与生态环境并重的方针，吸取生态水利的先进理念，突出"生态水利、景观水利"的特色，建设了"四环五海"型生态水利工程，突出营造亲水环境，配合绿化网络，表达滨州城市的黄河情结和生态效应。其中"四环"即环城公路、环城水系、环城林带、环城景点，"五海"即东、西、南、北、中五个水库，是全国蓄水量最大的城市水利工程（见图 4-3）。

（二）"四环五海"的发展建设

滨州市围绕城市规划总体框架，提出建设"四环五海"生态水利工程。四环河全长 47.3 km，水面面积为 3.94 km²，占地 515.3 hm²，四环河沟通环城水系黄河、徒骇河、潮河，充分利用现有排水工程，配合生态恢复建设，构筑集城市外环的综合功能与生态为一体的城市大环境绿色景观圈。东、西、南、北、中海占地 843 hm²，水面 2.4 km²，是分布在市区东、西、南、北、中的 5 个库容达到 1 000 万 m³ 以上的平原水库。

水与齐鲁文明 SHUI YU QILU WENMING

图4-3 滨州"四环五海"景观

东海以"水"为主题,形成大水面、大绿地的景观;西海以"地"为主题,采用取土堆山,营造山水相依的景观;南海以"情"为主题,突出了"黄河风情"的设计理念;北海以"人"为理念,突出了人与自然相容的设计理念;中海以"天"为主题,突出了日月星辰的设计理念。"四环五海"总蓄水能力7 500万 m^3,年调蓄水量1.5亿 m^3,形成湿地1 500 hm^2,建成环城绿带面积330 hm^2。"四环五海"水源主要为黄河,西海由小开河引黄闸供水,中海、南海、北海及四环河由张肖堂引黄闸供水,东海由韩墩引黄闸供水。

(三)"四环五海"对滨州市生态发展的影响

各项水利工程的顺利完工,给"四环五海"增添了美丽的景观,环城河与北、中、南海之间的河道相连,"四环五海"融为一体,展现出一座波光潋滟的"水润之城"。城市水系的贯通和各类水的联合运用,实现了水资源的科学开发利用和优化配置,发挥了水资源的多种功能和综合效益。"四环五海"水系建成后,足以支撑未来十年高速发展的用水需要,为滨州经济社会持续发展奠定了坚实的基础。在"四环五海"工程的影响下,滨州呈现出一幅碧水连天、风清云淡、青草绿树、道路纵横、高楼林立的新型现代化生态城市的画卷,展现"秀水、绿脉"的城市整体形象。城市水系大多是土坡、泥质底,有利于地表水的入渗和地下水的相互转换,采取橡胶坝拦蓄调控和适时补充水量,有效保证了生态水量,有利于水鸟、鱼虾蟹、莲藕、苇蒲等各种水生物和水生植物的繁衍生息,实现了生物的多样性。"四环五海"工程的建设,使得市区内形成大面积的水面和绿地,对于调节和改善区域小气候,增加空气湿度,抑制风沙天气,提高空气质量,改善人居环境起到至关重要的作用,同时对提高城市品位、增强城市功能、加快城市化进程、促进全市国民经济和社会发展都具有重要的现实意义和深远的历史意义。

四、南四湖与周边城市生态发展

(一)南四湖概况

南四湖位于山东省济宁市南部,是我国北方东部地区最大的淡水湖,属典型的平原浅水型湖泊。由北向南由南阳湖、独山湖、昭阳湖及微山湖 4 个相连的湖区组成,南北长 126 km,东西宽 5~25 km,最大水面面积为 1 266 km²。南四湖被 1960 年在湖腰兴建的二级坝枢纽工程分为上级湖和下级湖(见图 4-4)。南四湖属暖温带半湿润季风气候区,四季分明,夏季多雨,多年平均降水量为 684 mm。

图 4-4 微山湖湿地风景

(二)南四湖的发展建设

南四湖属淮河水系,承纳苏鲁豫皖四省客水,入湖河流 53 条,总集流面积 31 700 km²。南四湖多年平均入湖径流量为 29.6 亿 m³,多年平均出湖径流量为 19.2 亿 m³,南四湖径流量年内分配极不均匀,其中

80%以上集中在汛期。南四湖水源补给主要来自流域内的河川径流。1970年以后,湖西地区大量引黄灌溉,一部分引黄尾水注入南四湖。近年来,南四湖连续遭遇枯水年份,湖内蓄水位一直减少,为了拯救南四湖生态,实施了引黄和引江补源措施。上级湖多年平均引黄补湖年水量为 14 996 万 m^3,2002~2003 年,为保护南四湖生态环境,已向南四湖引江应急生态补水 1.1 亿 m^3,其中调入上级湖 0.5 亿 m^3。南四湖作为南水北调东线工程的输水通道和调蓄湖泊,其水质经过治理,各入湖河流的水质得到了一定改善,2006 年监测结果显示 70% 的湖区水质达到了Ⅳ~Ⅴ类,但距离调水水质Ⅲ类标准的要求还有较大差距。通过 10 多年来的湖区开发建设,湖区取得了显著的生态效益、环境效益和经济效益。南四湖作为综合利用的天然湖泊,除滞蓄当地洪水、航运、水产养殖外,还是山东省济宁、枣庄市用于工农业的重要水源。湖区景观及开发的生态旅游区,如微山湖湿地生态游览区、昭阳湖闸坝游览区、独山湖湖光山色与始祖文化游览区、南阳湖水乡圣贤游览区和北湖休闲度假游览区,丰富了周围城市生态旅游资源,提高了人均收入。湖区人民从开发建设的实践中,看到了湖区发展的灿烂前景,但由于各方面的制约因素,湖区开发仍面临着水位不稳、污染严重等比较严峻的问题。

(三)南四湖对周边城市生态发展的影响

南四湖对周边城市有很重要的作用:具有物质生产功能,可以为周边城市的发展提供物质基础;具有大气调节功能,通过湿地中的浮游植物和水生生物的光合作用向大气中释放氧气;具有净化水质功能,湖区生态系统使污染物迁移转化,从而减轻城市污染,改善城市生态;具有生物栖息地功能,湖区为生物提供了栖息空间,从而增加了城市生物种类,丰富了城市生态系统。南四湖生物多样性十分丰富,具有十分丰富的水生动植物资源和鸟类物种,其中水生植物、藻类植物和浮游生物种类繁多。南四湖也是许多候鸟的越冬地、繁殖区及迁徙必经的中转站。南四湖所具有的这些功能,对周边城市的社会、经济和环境有着举足轻重的作用,对城市生态发展影响重大。

五、大运河与济宁市生态发展

(一)大运河概况

京杭大运河全长 1 794 km,途经北京、天津、河北、山东、江苏至浙江杭州,沟通了海河、黄河、淮河、长江、钱塘江 5 大水系,是世界上开发时间最早、流程最长的人工运河。京杭运河纵贯济宁全境,全长约 230 km。

济宁素有"江北水乡"、"运河之都"之称,河流水网纵横密布,大运河穿越整个城区,加上越河、任城河等河流环绕城中,城中有河、河中有城,城河一体,形成了极富特色的沿河绿色长廊和城市湿地风光带,具有"水绿相映、花红柳绿"的河岸景观(见图4-5)。

图4-5 大运河济宁段全景

(二)大运河的发展建设

大运河始建于公元前486年,是世界上开凿时间较早、规模最大、线路最长、延续时间最久,目前仍在使用的人工运河。它充当中国漕运的重要通道历时1 200多年,这条影响中国古代南北政治、经济、文化的交通大动脉对其沿线城市的生态也产生了重要作用。作为一个开放的生态系统,运河对城市的生态产生影响,而运河本身也会受到城市生态的影响。如今,由于社会发展、交通发展迅速,再加上老运河生态破坏,济宁已没有了昔日的繁华航运景象。随着生活水平的提高,人们开始注重城市生态,大搞河岸绿化、湿地园林建设,打造济宁特色水文化绿化体系,再现京杭运河沿岸历史水文景观。为形成完整可靠的航运调控体系,沿运河两岸修建了众多调节水柜,形成大面积的水面和湿地。运河以及为其服务的广大水面和湿地形成一个巨大的生态调节系统,对沿河城市的生态环境发展产生了有益的影响,同时航运和生态也存在相互依托和促进的关系。

(三)大运河对济宁市生态发展的影响

京杭大运河作为沿线城市发展的一种独特资源,保存着城市历史发展的轨迹,并且还在不断地记录着沿岸城市发展的信息。运河是沿岸城市生态环境的有机组成部分,不仅保护了其深厚悠久的历史文化底蕴,而且更重要的是它同整个城市的生态系统有机结合,与城市生态环境相互联系,相互影响。在城市发展策略的层面上将有利于提高城市社会、经济、环境效益,使沿岸城市持续、健康、稳定发展。

六、小埠东橡胶坝与临沂市生态发展

(一)小埠东橡胶坝概况

临沂市位于山东省东南部,东近黄海,南邻苏北,是山东省人口最多、面积最大的市。临沂市多年平均降水量 818.8 mm,水资源总量 55.4 亿 m^3,占全省水资源总量的 1/6。

小埠东橡胶坝位于临沂市沂河干流,由橡胶坝、调水闸、引水闸、泵站、电站、桥头堡和充坝用集水廊道等单项工程组成,全长 1 247.4 m,最大挡水高度 3.5 m,蓄水面积 10.7 km^2。该工程作为临沂市的标志性建筑,是目前全世界最长的橡胶坝(见图4-6)。

(二)小埠东橡胶坝的发展建设

沂、涑河是临沂市最大的河流,流域面积占全市总面积的 77%,临沂城区已经建成 7 座橡胶坝、8 道节制闸,形成水面 48 km^2,形成"六河贯通、八水绕城"的水城景观。沂河水源地是淮河流域水质最好的地

图4-6　小埠东橡胶坝景观

区,考虑到净化环境、涵养水源、服务生产、景观效益、休闲娱乐等多种功能,充分利用沂河天然河道,对沂河进行梯级开发,新建部分和改建原有的拦河闸坝,建成一条集生态环境、生态经济、生态景观、生态文化于一体的绿色景观带和特色产业带。小埠东橡胶坝于 1996 年 1 月动工建设,历时 1 年竣工,总投资 5 800 万元。橡胶坝最大坝高 3.5 m,最大蓄水量为 2 830 万 m^3,蓄水后形成沂蒙湖。据有关资料,丰水年年净来水量为 227 059 万 m^3,平水年年净来水量为 122 675 万 m^3,枯水年年净来水量为 55 503 万 m^3。近年来,人为采砂活动频繁,改变了水流速度,为了确保橡胶坝的安全运行,政府投入大量资金进行维修。经过多次维修美化,2001 年 9 月,小埠东橡胶坝被评为当时山东唯一的首批十八个国家级水利风景区之一。

(三)小埠东橡胶坝对临沂市生态发展的影响

橡胶坝是一种具有投资省、工期短、材料省和有利于防洪等优点的新型水工建筑物。小埠东橡胶坝具有布局合理、经济可靠、造型美观、运行方便等特点,主要用于改善水环境和当地工农业供水,通过实施节水措施和对小埠东橡胶坝蓄水的合理调度来缓解临沂市水资源供需矛盾。因此,小埠东橡胶坝对改善临沂市区水质环境,缓解供水紧张状况,回灌日益枯竭的地下水源,都具有重要作用。橡胶坝水利枢纽工程在发挥水利工程作用的同时,拦蓄 10.67 km^2 景观水面积,形成沂蒙湖,成为临沂市民休闲、娱乐、观光的好去处,美化了环境,增加了水利旅游资源。

七、潍河与诸城市生态发展

(一)潍河概况

潍河古称淮河,是诸城市第一大河,也是诸城市母亲河。境内全长78 km,其中城区段10 km,流域面积1 901.2 km²,占诸城市总面积的87%,经峡山水库汇流后流入渤海。诸城市潍河水利风景区位于诸城市区中北部,依托潍河城区段河道而建。在"生态水利、文化水利、文明水利"的治水理念指引下,该风景区以水景观为载体,融防洪、供水、绿化、旅游等功能于一体,布局合理、壮观亮丽,成为诸城市一道亮丽的风景线(见图4-7)。

图4-7　诸城潍河公园

(二)潍河的发展建设

2001年以来,诸城市陆续投资10亿元,对城区10 km的河道进行综合开发。水质对流域中的景观格局变化较为敏感,特别是在城市化进程中表现明显。建设成的潍河风景区明显改善了水质,使潍河城区段河道的水质由过去的劣Ⅴ类水提高到了现在的Ⅲ类水或者Ⅳ类水。经过治理后,潍河实现了堤顶道路化,与九龙河连通形成了373 hm²水域和150 hm² 绿地,成为景观型河道公园,使得滨水景观呈现出多样性,成为集"水、岸、滩、堤、路、闸、桥、园、景"于一体的城市滨水景观带。

(三)潍河对诸城市生态发展的影响

潍河风景区对诸城市的生态发展有重要作用。经过整治,鱼类迅速繁衍生长,各种鸟类回归潍河栖息,呈现出一幅和谐的生态水利画卷;另外,潍河风景区的开发建设突出了防洪安全、污水治理、绿化美化三个重点,融水生态、水景观、水文化于一体,在一定程度上改善了诸城城市环境,提升了诸城形象,丰富了地方旅游。

八、峡山水库与周围地区生态发展

(一)峡山水库概况

峡山水库坐落于山东半岛,是山东省第一大水库,区域范围集水面积 4 210 km²,总库容 14.05 亿 m³,兴利库容 5.03 亿 m³,是一座集防洪、灌溉、发电、水产养殖以及城市和工业供水等综合利用于一体的大型水利工程(见图 4-8)。

图 4-8 峡山水库

（二）峡山水库的发展建设

峡山水库位于潍坊市东南部,昌邑、高密、诸城、安丘四县(市)交界处的潍河干道上,以潍河流域为主要水源。峡山水库始建于1958年,1960年建成,景区总面积210 km²,其中峡山湖水面面积144 km²,是山东省最大的水库。1976年开始,利用10年时间,对水库进行安全工程建设;1986年至今,进行除险加固工程建设,促进了水库工程效益的发挥。根据峡山水库各项水质指标的年均值评价,峡山水库的水资源质量高于2级,是水质良好的供水水源地。由于受上游的来水污染,峡山水库水体呈现出富营养化特征。为了确保峡山水库作为当地水源地,提高水质质量,实施了富营养化防治措施。

（三）峡山水库对周围地区生态发展的影响

峡山湖景色优美,资源丰富,景区内岸绿水清、烟波浩渺、群鸟翔集、景点精雅。峡山、草山、鞋山抱水而立,山水相依,景色秀丽,历史人文景观底蕴深厚,改善了地方的水环境,提升了城市形象,调节了地方的小气候,提高了当地老百姓的生活品质。随着水利工作的不断进步,水利服务于经济社会发展的综合效益定会更加显著。

九、景观水与滨海城市生态发展

（一）山东海洋景观概况

山东半岛伸入黄海、渤海之间,近海海域占渤海和黄海总面积的37%,海岸线长度居全国第二位,岸线总长3 000多km。海洋具有丰富的自然景观和人文景观资源,对滨海城市的生态有着不可替代的作用。

（二）海洋景观的发展建设

青岛是我国东部沿海重要的港口城市,海岸线总长730.64 km,依山傍海,气候宜人,是一座独具特色的滨海城市。改革开放以来,青岛市突破原有的建设模式,不但完整地保留了海滨原有的风光特点,而且进一步美化原有的风景点。青岛滨海景观已经有一个多世纪的历史,自然和人文景观需要更新,2002年以来,市政府投入12亿元对其滨海景观进行了大规模的改造和治理,确立和实施滨海观光交通大道与步行道的规划建设,呈现出了青岛沿海岸线快速发展的趋势。随着国内外旅游事业的发展,青岛海滨风景区被评定为国家 4A 级旅游区(见图 4-9)。

图 4-9 海洋景观

　　威海市北、东、南三面环海,拥有中国城市中最长的海岸线,其生态和景观资源十分丰富独特。威海雄厚的综合经济实力,得天独厚的自然景观,以及"海、山、岛、泉、古、俗"等丰富的自然人文景观,使得城市建设更独具特色,与青山、碧海、蓝天相映成趣。山在海中,海在城中,构成了一幅人与自然和谐相处的画卷。

　　蓬莱位于胶东半岛最北端,濒临渤海、黄海,东与烟台、西与龙口相邻,与辽东半岛隔海相望。蓬莱是一座具有悠久历史文化的现代滨海生态旅游城市,海洋给蓬莱市不仅带来了丰富的旅游资源,而且影响着蓬莱市的生态发展。蓬莱更与烟台、威海、青岛、日照共同构成了我国北方最大的滨海"黄金海岸"旅游带。

(三)海洋景观对滨海城市生态发展的影响

　　海洋中栖息着数量大、种类丰富的海洋生物,丰富了城市的生态系统;这里拥有细软的沙滩和多姿的海蚀地貌,展现出大海的无穷魅力,增加了城市景观;在海洋的衬托下建设了丰富的海洋人文景观,有效缓解了滨海区的生态压力。在"山、海、城"一体的滨海自然风光和深厚的历史文化底蕴的衬托下,2008年,奥运扬帆青岛,这不仅给青岛市带来了新的发展机遇,也必将为滨海景观的发展建设起到有力的促进作用。烟台、威海、东营等也是山东省重要的滨海城市,依据得天独厚的自然景观,"海、山、岛、泉、古、俗"等丰富的人文景观及丰富独特的生态和景观资源,城市建设独具特色,构成山东半岛蓝色经济区,促进了当地乃至全省快速健康发展。

第三节　山东省城区景观水半定量评价

随着社会经济的发展和城市化进程的加快,人们对周围生活环境要求越来越高,景观水已成为城市景观中重要的组成要素。山东省利用河流、泉水、湖泊、海洋等优越条件,建设了一些景观水工程,改善了当地的生态环境;但是前人对景观水资源的研究仅局限于地理学式的分类描述和诗情画意式的文学描述。张雅卓等通过对城市河湖湿地景观价值的分析,构建了适应城市河湖湿地景观价值的评价体系,为城市景观水体价值评价提供了参考依据,但是评价指标建立不全面。中国北方地区水资源短缺,降雨量偏少且集中在汛期4个月,相对南方来说,在非汛期河流干枯,往往需要工程措施来维持景观水。因此,为提高中国北方城区景观水的建设质量和管理水平,科学合理地发展景观水工程,使景观水工程效益最优,对景观水进行综合评价,制定一个综合评价标准是非常必要的。

一、参数选择

根据景观水的自然、生态和社会三个特性,选取的自然特性参数有水量、水质,生态特性参数有景观水面面积占城区面积的比例、生物多样性,社会特性参数有单位水面面积受益人口、景观水的成本、景观水工程的相对地理位置及其综合功能。景观用水保证率目前没有专门的规定,考虑到景观用水逐渐与人民生活息息相关,因此与城市生活用水保证率相同,采用95%。但是景观用水量较大,对于以城市景观水为主要功能的景观水体工程,建议采用90%~95%。同样,水质也与该保证率相对应。

此处以平水年份2010年为现状水平年,以《景观娱乐用水水质标准》为参考依据,评价景观水项目的水质级别;计算其水量平衡时,以年为时段,不考虑其多年调蓄能力,即蓄变量为零。评价生态效益时,定量分析水面面积所占城市建成区面积比例,由于南四湖位于山东、江苏两省交界处,峡山水库位于潍坊四县交界处,地理位置相对特殊,所以按水面面积占其所在地区所有面积的比例作为此参数。单位水面面积受益人口是指景观水项目在 1 km² 范围内所服务的人口数量(常住人口)。成本包括景观水供水工程成本和维持景观水功能的成本。相对地理位置是指景观水工程在城市的相对位置。综合功能是指景观水项目除作为水景观外的其他功能,如防洪、绿化、交通、灌溉、发电以及是否较大程度上影响地下水的补给等功能。

二、不同景观水工程各参数半定量评价

通过调查、计算、分析,对不同景观水项目各参数进行汇总总结(见表4-1),并进行半定量评价,得出不同景观水项目的综合评价分值,并进行排名(见表4-2)。

表4-1 不同景观水工程各参数总结

景观水项目	参数							
	满足水量平衡程度	水质类别	城市水面面积率(%)	生物多样性	综合功能	单位水面面积受益人口(万人/km²)	成本	相对地理位置
大明湖	高	Ⅳ类	0.15	丰富	多	942.59	高	市区
东昌湖	低	Ⅳ类	7.32	丰富	中	13.22	中	市区
四环五海	低	Ⅲ类	9.34	丰富	多	4.00	中	市区
南四湖	高	Ⅳ~Ⅴ类	11.66	十分丰富	多	0.87	低	省交界处
峡山水库	中	Ⅲ类	1.95	比较丰富	中	1.32	低	县交界处
小埠东橡胶坝	中	Ⅲ~Ⅳ类	9.91	比较丰富	少	12.79	低	市区

结合表4-1对各参数进行半定量评价,并进行评分。每个参数分

三个等级,分别为高、中、低,分别用 H、M、L 表示,分别取分值为 0.9、0.6、0.3,并且按参数重要性分别取权重为 0.2、0.2、0.1、0.1、0.1、0.1、0.1、0.1。分别对各景观水项目就上述参数进行打分,见表 4-2。

表 4-2　不同景观水工程分值

特性	权重	参数	景观水项目					
			大明湖	东昌湖	四环五海	南四湖	峡山水库	小埠东橡胶坝
自然特性	0.2	水量	H	L	L	H	M	M
	0.2	水质	M	M	H	L	H	M
生态特性	0.1	城市水面面积率	L	M	M	H	L	M
	0.1	生物多样性	L	L	L	H	M	M
社会特性	0.1	单位水面面积受益人口	H	M	M	L	L	M
	0.1	成本	L	M	M	H	H	M
	0.1	相对地理位置	H	M	H	H	L	H
	0.1	综合功能	H	M	H	H	M	L
综合分值			0.66	0.54	0.63	0.66	0.60	0.63
排名			1	4	2	1	3	2

　　通过对不同景观水项目进行半定量分析,结果表明,最好的是济南大明湖和南四湖。大明湖水源来自泉水喷涌,水量丰富,而且水质好,单位水面面积受益人口多,相对地理位置好,综合功能全面,给城市居民带来了巨大的生态、社会效益。但是,大明湖水源成本最高,且受人类影响频繁,生物种类相对较少。南四湖水源来自天然河川径流,水源充足,且生物多样性十分丰富,综合功能全面。其次是四环五海,四环五海水质较好,相对地理位置优越,综合功能较全面,但是,四环五海需要引黄水源,因此成本相对较高。总体来看,大明湖、南四湖和四环五海景观水面发展较好。

三、结果与讨论

(一)结果

(1)初步建立了景观水评价标准,景观水项目发展情况优劣顺序为大明湖、南四湖、四环五海、小埠东橡胶坝、峡山水库、东昌湖;根据实地调查,评价结果比较符合实际。

(2)通过对山东省城区景观水的半定量评价可以看出,景观水的自然特性参数(水量、水质)、生态特性参数(城市水面面积率、生物多样性)、社会特性参数(单位水面面积受益人口、成本、相对地理位置和综合功能)等将决定景观水项目发展的优劣。因此,因地制宜,合理规划这些参数将对景观水的健康发展有决定作用。

(二)讨论

目前中国北方景观水工程发展仍存在一系列问题。如何解决这些问题,是当今景观水工程健康发展的关键。

(1)水源问题:景观水对城区发展有不可忽视的促进作用,但是需要大量水源来补充各类景观水系,主要是水面蒸发量大,多年平均在1 200 mm左右。北方水资源供需矛盾尖锐,尤其山东省是一个资源性缺水大省,如何在水资源短缺的条件下,解决景观水水源问题,是影响景观水工程健康发展的一个严重问题。北方岩溶地区河道渗漏量大,地表水易转化成岩溶水,有利于地下水的补源。但是,目前一些地方采用人工防渗技术建设了一些河道型景观水面工程,加大了水面蒸发量,大大减少了地下水的补给量,浪费了宝贵的优质地下水,并且使水质变差,应在政策上限制和禁止。例如,济南市西区的长清湖位于岩溶渗漏河段,上游流域汇流面积大,来水量大,通过河底防渗建设了景观水工程,尽管有一定的地表生态效益,但是阻止了水质较好的地表水渗漏补给地下水,而且蒸发量增大,造成水资源浪费;山东省济南大学甲子湖,也位于岩溶地区,但是流域面积较小,河道汛期一般干涸,河底防渗后,利用济南大学污水处理厂的再生水作为景观水源,不仅满足了景观水的需求,而且充分利用了水资源,对地下水的影响较小。因此,合理规划当地水资源、充分利用雨水和城市污水回用是解决景观水项目水源的重要方法。

(2)景观水面面积:景观水面面积增大有利于使城区生态环境得到改善、人居舒适度提高,但面积太大不仅严重占据城市宝贵的土地资源,而且水面蒸发会占用大量的水资源,对缺水城市特别是北方城区来说是很困难的;相反,景观水面面积减小虽然能节省城市土地资源,提高城市居住率,但是水面面积过小会严重影响水对城市的综合生态功能,另外,也会降低城区品位,进而影响到城区的经济发展。因此,确定适宜的水面面积也是十分重要的,自然条件、水土资源可供量、社会经济发展水平等诸多因素综合影响到城区适宜的景观水面面积,要因地制宜,根据当地自然、社会、经济条件发展建设适宜的景观水工程。

第四节　景观水空间分布指标选择与评价

伴随着经济的全球化,人们除享受更高的物质生活外,对于周围生活环境的优化问题也在日益关注,于是逐渐开始重视城市景观的改善。城市景观水在满足水质水量要求的基础上,其空间布局形态,例如分布均匀程度、形状和连接度严重影响到城市的总体生态效果。目前,虽然对绿地景观效果的研究有很多,但缺乏对于城市景观水面空间布局情况的探讨。故针对山东省济南市、聊城市、临沂市和济宁市的城市景观水面的分布情况,选取合适的空间分布指标:城市适宜水面面积率、景观水面均匀度、景观水面形态指数和分离度,衡量四个城区的景观水面空间布局,并确定相应的评价标准进行综合分析,从而得到景观水的合理布局形式,以便在未来的城市规划用地中,合理地规划城市景观水的空间格局,使之能够充分发挥景观水的生态效应。

一、参数选择

(一)城市适宜水面面积率

城市水面面积率 S_Δ 应为城市总体规划控制区内常水位下水面面积 S_w 占城市总体规划控制区面积 S_t 的比率,即

$$S_\Delta = S_w/S_t \tag{4-1}$$

城市适宜水面面积率 S'_Δ 应根据当地的自然环境条件、历史水面比率、经济社会状况和生态景观要求等实际情况确定。对于 $S_\Delta > S'_\Delta$ 的城市,应保持现有水面,不应进行侵占和缩小;对于 $S_\Delta < S'_\Delta$ 的城市,应根据城市具体情况,采取适当措施补偿和修复,以满足城市适宜水面面积率的要求。

現根据山东省济南、聊城、临沂和济宁四个城市建成区的景观水面概况,将四个城市具有代表性的景观水类型及水面面积进行统计,具体统计结果见表4-3。

表4-3　各城市景观水面面积统计表　　（单位:km²）

城市名称	景观水名称	景观水水面面积	总计
济南	大明湖	0.46	5.65
	趵突泉	5.40×10^{-4}	
	黑虎泉	1.17×10^{-4}	
	珍珠泉	1.22×10^{-3}	
	五龙潭	2.45×10^{-3}	
	小清河	2.16	
	玉符河	1.73	
	兴济河	0.96	
	护城河	0.34	
聊城	东昌湖	3.54	5.76
	古运河	1.05	
	徒骇河	1.17	
临沂	沂河	2.13	5.70
	祊河	1.48	
	涑河	0.93	
	柳青河	0.52	
	沂蒙湖	0.64	
济宁	南四湖	0.45	2.16
	大运河	0.73	
	泗河	0.52	
	洸府河	0.31	
	王母阁湖	0.15	

通过查阅文献资料,了解到山东省济南、聊城、临沂和济宁四个城市建成区的面积分别为 355.35 km²、212 km²、177.5 km² 和 117.5 km²,利用城市水面面积率的计算公式,计算这四个城市的水面面积率,并参考《城市分区及其适宜水面面积率》对这四个城市的水面面积进行评价,具体评价结果见表4-4。

表 4-4　各城市景观水适宜水面面积率评价表

城市名称	$S_\Delta(\%)$	城市分区	$S'_\Delta(\%)$	比较结果是否适宜
济南	1.6	Ⅲ	1~5	是
聊城	2.2	Ⅲ	1~5	是
临沂	3.2	Ⅲ	1~5	是
济宁	1.8	Ⅲ	1~5	是

根据表 4-4 的评价结果可知,上述四个城市的景观水面面积率以临沂市最高,在城市规划用地中,景观水面面积率达到 3.2%,其景观水成为临沂的优势景观;聊城次之,景观水面面积占据城市用地的 2.2%;济宁位居第三,城市水面面积率达到 1.8%;而济南的景观水面面积率为 1.6%。以上四个城市的水面面积率均达到城市适宜水面面积率的要求,故根据城市适宜水面面积率的要求,以上四个城市应继续维持现有的景观水面,不能进行肆意的侵占。但从表 4-3 也可看出,在四个城市的景观水面面积中,河流、湖泊面积所占的比重体现出分布的不均衡性,所以仅靠城市适宜水面面积率来衡量景观水空间布局过于片面,应该选取其他指标进行综合评价。

(二)均匀度指标

均匀度指标能比较客观准确地反映不同城市水景观类型在城市总体规划用地中的均匀分布程度。评价均匀度的指标很多,通常选取香农均匀度指数进行衡量,计算公式为

$$SHEI = -\sum_{i=1}^{n} p_i \ln p_i / \ln n \qquad (4-2)$$

式中,$SHEI$ 表示均匀度指数;p_i 是指某种城市水景观类型占景观水面总面积的比例,$i = 1, 2, \cdots, n$;n 为景观类型总数。

$SHEI$ 值的范围为 $[0, 1]$,值较小时,反映出景观受到一种或几种优势景观水类型的支配;值趋于 1 时,说明景观水中没有明显的优势类型,且各景观水类型在区域内均匀分布。

根据济南、聊城、临沂和济宁四个城市的景观水系的组成情况,可将景观水分为河流水面和湖泊水面两种类型,选取各城市有代表性的

景观水面类型,核算其所占比例及相应的香农均匀度指数,具体结果见表4-5。

表4-5 各城市景观水面的香农均匀度指数

城市名称	河流水面占景观水总面积的比例	湖泊水面占景观水总面积的比例	n	$SHEI$
济南	0.92	0.08	2	0.40
聊城	0.26	0.74	2	0.83
临沂	0.89	0.11	2	0.50
济宁	0.72	0.28	2	0.86

从表4-5结果可以看出,济宁市景观水的 $SHEI$ 值为0.86,最接近于1,表明各景观水面在城市规划用地中分布最为均匀;其次为聊城,均匀度指数为0.83,分布较为均匀,景观水中以湖泊类型为主导;临沂位居第三,分布均匀度较差;而济南景观水类型分布均匀度最差。

(三)形态指标

选定形态指标的原因是可以定量刻画城市水景观的平面展布形态。整个景观水面形状指数与单个景观水面的形状指数相似,只是计算尺度从单一化转变成整体化,其表达式为

$$LSI = 0.25E/\sqrt{A} \qquad (4\text{-}3)$$

式中,LSI 为形态指数;E 为城市中所有景观水边界的总长度;A 为景观水的总面积。

现将济南、聊城、临沂和济宁四个城市景观水边界进行汇总,并计算出各城市景观水面的形态指数值,具体结果见4-6。

表4-6 各城市景观水面形态指数

城市名称	$A(\text{km}^2)$	$E(\text{km})$	LSI
济南	5.65	6.47	0.68
聊城	4.76	4.62	0.53
临沂	5.70	4.39	0.46
济宁	2.16	3.76	0.64

从表4-6可看出,在四个城市中以临沂市景观水的形状较为规则,其值最趋近0;聊城的 *LSI* 值为0.53,表示各景观水面的形状逐渐趋于复杂,不能忽视小面积水域的分布;济宁、济南景观水面的形状指数普遍偏高,表明区域内小面积景观水类型散乱分布,导致其整体景观水面形状最为复杂。

(四)分离度指数

经查阅文献资料,当城市建成区的形状为规则图形,如正方形、偏正方形等或圆形、近圆形时,为了描述各城市景观水面在城市建成区内的相对位置情况,可在城市建成区内选取一个中心点,通过计算城市各景观水相对中心点的距离的标准差进行评价。现以济南市的省政府及聊城、临沂和济宁市的市政府为中心,衡量各景观水空间位置的偏离程度,从而反映出四个城市景观水的相对聚散情况,计算公式为

$$FI = \sqrt{\frac{\sum_{i=1}^{n} (l_i - \bar{l})^2}{n}} \qquad (4\text{-}4)$$

式中,*FI* 为分离度指数;l_i 为各城市景观水距中心点的距离,$i = 1, 2, \cdots, n$;$\bar{l}$ 为景观水距离中心的平均距离;n 为各城市景观水的数目。

根据各城市建成区的景观水空间位置分布的实际情况,得出各城市景观水的分离度指数,具体结果见表4-7。

表4-7 各城市景观水的分离度指数

城市名称	$\bar{l}$(km)	n	FI
济南	2.24	9	1.98
聊城	1.35	3	0.72
临沂	2.52	5	1.07
济宁	6.28	5	3.72

从表4-7可以看出,聊城景观水空间位置相对于中心点来说,聚集程度最好;临沂整体聚集程度较好,景观水分布较集中;济南位居第三,城区内泉水与河流、湖泊的相对位置距离较远,分离度较高;济宁市虽有南四湖等大面积水域分布在城区内,但位置偏于城区边缘地带,故分

水
与
齐
鲁
文
明
SHUI YU QILU WENMING

离度最高。

二、景观水空间布局的综合分析

结合表4-4~表4-7对各指数进行分析,并进行评分。每个参数分成三个等级,分别取分值为0.9、0.6、0.3,并且每个参数是等权重的。其中,在满足城市适宜水面面积率的要求下,城市景观水面面积率越大,表明其生态效益越好,分值越高;城市景观水面类型分布越均匀,分值越高;但对于形态指数来说,指数值越低,表明各城市景观水面形状较规则,区域内小面积景观水面几乎可以忽略不计,其分值越高;分离度指数越低,表示景观水的聚集程度越好,分值越高。分别对济南、聊城、临沂和济宁四个城市的景观水面空间布局情况就以上指标进行评分,具体结果见表4-8。

表4-8　城市景观水面空间分布情况的评分

城市名称	济南	聊城	临沂	济宁
S_Δ	0.3	0.6	0.9	0.3
SHEI	0.3	0.9	0.6	0.9
LSI	0.3	0.6	0.9	0.3
FI	0.6	0.9	0.9	0.3
综合分值	1.5	3.0	3.3	1.8
排名	4	2	1	3

通过对各城市景观水面的空间分布指标进行分析,并进行评分,可以看出,临沂景观水面整体空间分布最为合理,景观水面面积在城市规划用地中所占比重较大,同时沂河、涑河和祊河三河汇聚贯穿临沂城区,可以给景观水所在区域居民带来可观的社会、生态效应;其次就是聊城,景观水空间分布格局较合理,但景观水面面积率较低;再次是济宁,作为"运河之都",其整体水面分布最为均匀,整体景观水面离散程度较大,可能导致区域发展的不平衡,因此应该把平衡景观水的分布工作作为当务之急;最差的是济南,由于众多小面积泉水泉群的零落分布,导致整体水面分布的不均衡性,因此应采取适当的措施弥补其城市

景观水规划用地方面的缺陷。

第五节　景观水生态效应定量分析

虽然在上述内容中已经选取合适的空间分布指标对于山东省济南、聊城、临沂和济宁四个城市的景观水面空间格局进行分析,并评价出景观水空间分布较为合理的形式,但对于景观水在生态效应方面的影响也不应忽视,景观水在调节区域温度、增加水汽含量及减少城市热岛效应等方面有着显著的效果。景观水主要通过水面蒸发的方式来吸收热量,从而达到降低区域温度的目的。除水面蒸发的因素外,城市陆面蒸发也不容忽视,陆面蒸发形式主要包括土壤蒸发和植物蒸发,分别通过土壤水分的上升和汽化及植物叶面与枝干的水分蒸腾,同样起到调节温度的作用。

现以济南市为例,主要从全年和夏季(6~9月)蒸发量这两个方面进行比较,探讨景观水面和陆地对于调节区域气温方面的效果。

经查阅文献资料可知,每蒸发 1 g 水消耗的热量为 585 cal(1 cal = 4.186 8 J)(以水温 20 ℃为准)。因为水的密度为 1 g/cm³,1 cm³ = 1 mL,故蒸发 1 mL 水,即蒸发 1 g 的水。

一、全年景观水面蒸发量及其对温度影响的定量计算

假定济南市水面和陆面面积是相等的。经查证,济南市全年的水面蒸发深为 1 288.9 mm,全年的陆面蒸发深以黄台桥站测定为准,其值为 525.6 mm,可计算出全年的水面和陆面蒸发量分别为 7.28×10^6 m³ 和 1.74×10^6 m³,根据每蒸发 1 g 水带走 585 cal 的热量为准,则济南市全年水面和陆面蒸发可消耗的热量为 4.26×10^{12} kcal 和 1.12×10^{12} kcal,具体结果见表4-9。

经查阅文献资料可知,在标准大气压下,空气的密度为 1.293 kg/m³,比热容为 1 000 J/(kg·℃)。现以济南市近地面 200 m 高空的大气为研究范围,利用计算出的全年水面和陆面蒸发的耗热量,根据热力学公式:$Q = cm\Delta t$,可以分析出水面和陆面蒸发对于温度变化的差

异,具体结果见表4-10。

表4-9　全年水面和陆面蒸发量及消耗热量值

蒸发方式	全年蒸发量(m³)	消耗的热量(kcal)
水面蒸发	7.28×10^6	4.26×10^{12}
陆面蒸发	1.74×10^6	1.12×10^{12}

表4-10　全年水面和陆面蒸发的温度降低值

蒸发方式	$Q(\text{J})$	$c(\text{J} \cdot \text{kg}^{-1} \cdot ℃^{-1})$	$m(\text{kg})$	$\Delta t(℃)$
水面蒸发	1.78×10^{16}	1 000	9.19×10^{10}	194
陆面蒸发	0.47×10^{16}	1 000	9.19×10^{10}	51

从表4-10可看出,水面和陆面蒸发消耗的热量可使济南市建成区全年温度降低值分别为194 ℃和51 ℃,按一年365天计,由此得出每平方千米的水面和陆地面积可使温度每天降低0.09 ℃和0.02 ℃。因此,从全年蒸发量来看,当假定城市水面面积和陆面面积相等时,水面蒸发相比陆面蒸发来说,其调节温度的效果更明显。

二、夏季景观水面蒸发量及其对温度影响的定量计算

假定济南市水面和陆面面积是相等的。根据资料查证出的济南市夏季(主要集中在6~9月)水面和陆地蒸发深,结合济南市的水域和陆地面积,算出其相应水面和陆地的月蒸发量,具体结果见表4-11。

表4-11　夏季(6~9月)水面和陆面的月蒸发量

月份	水面蒸发		陆面蒸发	
	水面蒸发深(mm)	月蒸发量(m³)	陆面蒸发深(mm)	月蒸发量(m³)
6	181.9	1.027×10^6	74.2	0.419×10^6
7	128.2	0.724×10^6	52.3	0.295×10^6
8	112.8	0.637×10^6	46.0	0.260×10^6
9	111.8	0.632×10^6	45.6	0.258×10^6

按照每蒸发 1 g 水消耗 585 cal 的热量对 6~9 月的水面和陆面蒸发所消耗热量进行计算，具体结果见表 4-12。

表 4-12 夏季(6~9 月)水面和陆面蒸发的消耗热量

(单位:kcal)

月份	水面蒸发的耗热量	陆面蒸发的耗热量
6	0.601×10^{12}	0.245×10^{12}
7	0.424×10^{12}	0.173×10^{12}
8	0.373×10^{12}	0.152×10^{12}
9	0.370×10^{12}	0.151×10^{12}

现仍以济南市近地面 200 m 高空的大气为研究范围，利用计算出的夏季(6~9 月)水面和陆面蒸发的耗热量，根据热力学公式:$Q = cm\Delta t$，可以分析出水面和陆面的月蒸发量对于温度变化的差异。其中，在标准大气压下，空气的密度为 1.293 kg/m^3，比热容为 1 000 J/(kg·℃)，具体结果见表 4-13。

151

表 4-13 夏季(6~9 月)水面和陆面蒸发的温度降低值

蒸发方式	参数	6 月	7 月	8 月	9 月
水面蒸发	Q(J)	2.52×10^{15}	1.77×10^{15}	1.56×10^{15}	1.55×10^{15}
	Δt(℃)	27.4	19.3	17.0	16.9
陆面蒸发	Q(J)	1.03×10^{15}	0.72×10^{15}	0.64×10^{15}	0.63×10^{15}
	Δt(℃)	11.2	7.8	7.0	6.9

由表 4-13 得出的夏季(6~9 月)水面和陆面蒸发的温度降低值，按一月 30 天计，可推断出每平方千米的水面和陆地面积每天的温度降低值，具体结果见表 4-14。

表 4-14 夏季(6~9 月)每平方千米水面和陆面日均气温降低值

(单位:℃)

蒸发方式	6 月	7 月	8 月	9 月	月平均
水面蒸发	0.162	0.114	0.100	0.100	0.119
陆面蒸发	0.066	0.046	0.041	0.041	0.049

从表4-14中得出的夏季(6~9月)水面和陆面日均气温降低值可看出，水面蒸发相对于陆面蒸发而言，在调节温度方面更加具有优势。

三、结论与不足

(一)结论

在假定城市水面面积和陆面面积相等的前提下，无论是全年蒸发量或是夏季蒸发量，其城市景观水面调节温度的效果更优于陆地对于温度的影响。针对济南市而言，其气候的极端性较强，极端气温最高可达42.5 ℃(7月)，夏季(6~9月)的月平均气温最高可达27.2 ℃，最低到21.9 ℃，因此必须采取较为高效的方式来调节气温，改善区域气候。从表4-14可看出，当城市仅由陆面构成，而缺乏景观水的辅助时，夏季日平均气温仅降低0.049 ℃，对于调节区域小气候的效果不明显；当城市是由大面积的景观水构成，而陆地面积与之相比可忽略时，夏季日平均气温变化值明显高于陆面蒸发引起的气温变化值。因此，在城市用地规划过程中，不能过分加大城市陆面面积，而忽视城市景观水的建造，应该做到统筹兼顾，使景观水与其他的景观类型(例如绿地、道路和建筑物等)的空间布局趋于更加合理化，从而使得城市各景观类型能够发挥最大的效益。

(二)不足

目前衡量景观水的空间格局的指标几乎微乎其微，虽然前文已选取几个景观水空间分布指标对山东省四个城市的景观水格局进行评价，但仅从宏观的角度进行分析，并未考虑到区域内小面积景观的空间分布情况。另外，上文虽然定量评价了区域景观水的水面蒸发对于气温变化的调节程度，但是生态效应是由水、风向、地形等自然因素和人为因素共同作用的结果，对于其他的因子，例如区域主导风向与城市景观水的空间格局之间的联系等，没有进行细致的阐述，这也是未来需要进行深入探讨的问题。

第六节　山东省水生态文明城市建设

生态文明是人类社会继农业文明、工业文明之后进行的一次新选择。水是生态之基,水生态保护是生态文明建设的重要组成部分。中央和山东省委 2011 年 1 号文件和水利工作会议将水生态保护摆在经济社会发展全局中更加重要的位置,提出力争通过 5～10 年的努力,基本建成水资源保护和河湖健康保障体系。水生态文明建设是深化水生态保护的伟大实践,是推进现代水利发展的重要手段,是促进生态文明建设的重要基础。

水生态文明城市,是按照生态学原理,遵循生态平衡的法则和要求建立的,满足城市良性循环和水资源可持续利用、水生态体系完整、水生态环境优美、水文化底蕴深厚的城市,是传统的山水自然观和天人合一的哲学观在城市发展中的具体体现,是城市未来发展的必然趋势,是"城在水中、水在城中、人在绿中",人、水、城相依相伴、和谐共生的独特城市风貌和聚居环境,是人工环境与自然环境的协调发展、物理空间与文化空间的有机融合。

一、山东省水生态文明城市评价标准

山东省开展"水生态文明城市"创建活动,打造人水和谐、人水相亲的宜居城市,对于实现水利事业跨越式发展,促进城市加快经济发展方式转变,进而推动社会经济发展和社会文明进步,最终实现构建和谐社会目标具有十分重要的意义。根据山东省经济社会发展状况,参考我国文明城市、环保模范城市和园林城市创建的评价标准,并与国家的有关标准相衔接,科学合理规范地制定了山东省水生态文明城市评价标准(见表4-15)。

这是全国第一个水生态文明城市省级地方评价标准。山东省水利厅认真总结水利风景区建设经验,决定在全省范围内开展"水生态文明城市创建"活动,并确定实施"三步走"(水利风景区建设、水生态文明城市创建、实现城乡水利一体化生态化)的发展思路,把水生态文明城市创建与水利风景区建设有机结合起来,大力推进"民生水利"和"生态水利"新发展。该标准作为水生态文明城市创建活动的核心文件,主要包括了水资源、水生态、水景观、水工程以及水管理五大评价体系,共23条评价指标,其中重点突出了水资源评价体系与水生态评价体系,体现了水生态文明城市在保护水资源、修复水生态、改善水环境方面发挥的重要作用,并强调了水资源可持续利用、以水定发展、以水调结构及规划产业布局的核心理念。

表 4-15　山东省水生态文明城市评价指标

评价项目		评价内容	评价指标及分值
水资源体系 (25 分)	水源情况 (15 分)	水源保障程度	有水资源中长期供求计划和配置方案、年度取水计划、水资源统一调配方案、有备用水源地,5 分;缺少 1 项减 1 分
		非常规水源利用情况	非常规水源供水量占城市总供水量 ≥20%,5 分;每减少 5% 减 1 分
		水源地保护	对饮用水源地划定保护区,措施完备,5 分;有保护,措施不完备,3 分;无保护,0 分
	用水效率 (10 分)	规模以上工业万元增加值取水量	≤16 m³/万元,4 分;每增加 2 m³/万元,减 1 分
		供水管网漏损率	基本漏损率≤12%,3 分;增加 3% 减 1 分
		节水宣传教育	主流媒体有节水专栏,市内有节水宣传标语,学校有节水教育课程,3 分;每少 1 项减 1 分

续表 4-15

评价项目	评价内容		评价指标及分值
水生态体系（30分）	水域环境（15分）	水域（河流、湖泊、湿地）面积	适宜水面面积率≥5%，5分；每降低1%减2分
		生态水量	所有水域全年均有生态水量，5分；每减少5%减1分
		水域水质	80%以上水体清澈，无杂物，5分；每减少2%减1分
	动植物资源（9分）	植物配置、绿化效果	植物选择和配置合理，绿化长度与水体岸线长度比大于80%，5分；每降低1%减1分
		生物种类、种群数量	生物物种的数量应大于地区平均物种数量，4分；与当地平均水平一致，2分；有特有野生物种加1分
	水土保持（6分）	水土保持方案编制	水土保持方案申报率、实施率和验收率均达到95%以上，3分；每项每降低1%减1分
		水土流失防治效果	水土流失治理率95%以上，3分；每降低1%减1分
水景观体系（18分）	生态水系治理（5分）	生态水系治理度	水系治理长度（面积）≥80%，5分；每减少2%减1分
	亲水景观建设（4分）	亲水景观种类、数量及安全防护措施	亲水设施种类3种以上，安全保护设施完备，4分；每减少1种减1分；安全防护设备不完备，0分
	水利风景区建设（5分）	水利风景区数量、级别	有1处国家级水利风景区或2处省级水利风景区，5分；1处省级水利风景区，3分
	观赏性（4分）	水域及周边景点观赏性、水文化特色	水域及周边自然环境优美、人文特色显著及整体景观效果好，4分；缺少1项减1分

续表 4-15

评价项目		评价内容	评价指标及分值
水工程体系 (12分)	工程标准 (4分)	工程达到防洪除涝标准、供水标准情况	100%工程达到设计标准,4分;每减少5%减2分
	工程质量 (4分)	水利工程设施完好率、运行状况	工程及设备的完好率≥85%,4分;每减少2%减2分
	工程景观 (4分)	水利工程与周边融合情况,建筑艺术效果	水工程具有代表性、创新性和艺术性,4分;缺少1项减2分
水管理体系 (15分)	规划编制 (5分)	现代水网建设、防洪、供水、水污染防治规划和水事应急处理预案	规划和方案全部经政府批准,5分;缺少1项减1分
	管理体制机制 (5分)	水管单位机构、制度和经费	机构健全、制度完备、经费充足,5分;机构健全,制度基本完善,有经费来源,3分;机构不健全,0分
	公众满意度 (5分)	公众对水生态环境的满意程度	满意率≥80%,5分;每降低5%减1分

二、山东省水生态文明城市建设新模式——水生态小区

济南市被水利部列为国家级水生态文明城市建设市。济南市建设国家级水生态文明城市,面临许多挑战。如何定义水生态文明城市,目前也没有权威的意见。笔者认为,水生态文明城市是指人类在文明进程中,通过工程和非工程措施,满足对防洪、治污和供水需求的同时,维持区域水文要素良性循环,达到一定程度人水和谐的状态。文明化过程是指工业化、城市化、农业绿色革命。区域水文要素良性循环是指地表水和地下水良性循环,水文要素包括降雨、蒸发、径流和下渗,除水量外也包括水质。满足人类对水的需求和维持区域水文要素良性循环必须是同时的,不能分割。人水和谐是指水不仅能满足人类的生产、生

活、娱乐、景观等需求,而且满足生物的多样性。

　　以下内容将分析德国汉诺威市康斯伯格生态小区,阐述其如何将水概念与生态居住和城市建设结合起来,创造出一种全新概念的、生态最佳化的小区发展模式。同时以此为依据,充分分析济南市城市建设中面临的水问题,探讨济南市建设水生态文明城市中住宅小区雨水利用的对策,为济南市供水保泉、缓解城市建设与水资源保护的矛盾以及充分发挥水在生态文明建设中的基础性、引领作用提供新思路。

(一)德国汉诺威市生态小区建设案例分析

　　通过2000年在德国举办的主题为"人类—自然—技术"的世界博览会及在21世纪议程生态可承载性和可持续发展主旨的推动下,在德国汉诺威市建造了康斯伯格生态小区。康斯伯格生态小区位于德国汉诺威市东南,规划总面积为150 hm²,为15 000户居民提供6 000套住房,分期建设。康斯伯格水工程是在"康斯伯格—生态最优化"工程的框架下提出的水概念,向人们展示了排水和城市水系统维持未来城市发展的理念。

1.水概念

1)贴近自然的人工雨水系统

　　"近自然人工雨水系统"的设计目的就是使建设之后康斯伯格的有效降水径流尽可能接近未开发时的自然状况。方案还设计了各种蓄水区域,基本上分散布置在整个区域的各个部分。尽可能多的雨水被收集在私人和公共场地上,继而渗入地下,只有很少的一部分流失。这种效果利用以下几种技术措施得以实现:

　　　　——地表蓄渗排系统—地下渗渠—地下排水系统;

　　　　——闸门控制的泄洪通道;

　　　　——蓄水区域;

　　　　——雨水蓄水池;

　　　　——排水沟。

　　地上系统是由绿地排水沟、拦水低堰、集水口组成的,地下系统是由充填卵砾石的渗渠、渗水暗管、带闸门的竖井以及排水管道组成的。

　　雨水被汇入覆盖着植被的排水沟中并被暂拦蓄存在那里。排水沟收集到的雨水经过一层腐殖质渗透,进入充斥着砾石的地下渗渠中,又经过这层的过滤,最后进入地下蓄水中。当蓄存的水位高于正常水位时,渗漏水经渗透暗管,排入竖井;当竖井水位高于最高蓄水位时,地下水溢流排进下游排水沟,变成水质改善好的地表水。地表明沟中大面积的水面促进了雨水的蒸发,起到增加空气湿度,改善生态环境的作用,同时也很好地抑制了灰尘的产生。蓄水湖被布置得如同公园一样,宽达 35 m,同雨水蓄水池一起防止洪水的产生,雨量大的时候,雨水将缓慢流入排水渠道。这种雨水的处理系统仅少量地增加了小区排出的雨洪流量和渗透量,并且使得开发后仍在很大程度上保持开发前的状况。然而,传统的雨水排放方式则使雨水的流失量以十倍的速度增长。

2)水作为艺术性元素在公园中的应用

康斯伯格城区有两个大型的社区公园,每个占地 10 000 m²,它们就像"绿色的心脏",对城区提供了具有重要意义的休闲场所。每一个公园都有自己独特的景观设计。在北部的公园中安装能够发出下雨声音的音响设施,这样即使雨已经停止了,人们还是能够听到下雨滴答的响声。

3)生活用水节水措施

德国平均每个人一天要消耗 142 L 饮用水,然而绝大部分在用于淋浴、盥洗和冲洗厕所后,便直接排入了污水排放系统,只有约 3 L 的饮用水被用于饮用或烹调。在康斯伯格,生活用水量被尽可能地减少。作为供水方,汉诺威市水务局决定将平均每人每天的饮用水用量降至100 L。这种节约将由全面应用生活用水节水措施来达到。公寓都安装了节水型水龙头、流量限制器和水表装置,所有居民可从水表监督其饮用水消费量。汉诺威市政府和康斯伯格环保局(KUKA)的能源节约计划包括每个家庭都将得到两个免费的节水龙头。其他方面的节水措施一样起到了很好的效果,譬如,输送饮用水的管径比平常的要小,饮用水专用管道并不是通常那种满足消防要求的管道。

4)学校的雨水处理计划

在康斯伯格小学,水有着重要的作用。所有降落到学校地面的水都被拦蓄,通过绿地下渗补充地下水,而地表径流被收集到一个池塘中。学校地面上开放的地表明沟、大面积的蓄水区和绿地被作为学校整体设计的重要部分,学校的花园成为动植物最好的栖息娱乐场所。校园建筑都是绿色植物覆盖的坡屋顶,这样很好地滞蓄了雨水,延缓了雨水的无效流失。收集的雨水用来冲洗厕所或浇灌学校的花园。雨水的综合利用大概每年可以节约550 m³的饮用水。对学校自身来说,不仅可以学习节约用水的科学技术,而且教给学生怎么利用和保护水资源。

2. 水概念在公共区域和个人住宅场所的实现

1)公共区域

在有坡度的街道中,水这个主题以一种特殊的方式得以呈现,在雨水处理系统中扮演着重要的角色。在这里,雨水并不仅仅是功能性的在渠道中渗流,而是融入到城市设计中。降落到街区建筑任何一边的雨水都流入了12~30 m的林荫道中,这些林荫道由各种树木和小路构成。喷泉、湖泊、环绕着小池塘的座椅等为用渠闸蓄水建设提供了良好的环境。所有这些水元素都营造了更有利于健康的环境,在光电泵的作用下,雨水被循环利用,抽送回街道最高处。这样,在长时间未下雨的状态下,仍然可以看到水在人工渠中流淌。

2)个人住宅

个人住宅用地的不透水面积指标是56%,其中屋顶面积占31%,道路、停车场占25%。不透水区域排水系统通过渗流方式直接与公共排水系统相连,例如把降雨引入植被区域或者选择可渗透的表面材料。通过渗水井与公共排水系统相连的不透水区平均比例为45%,其中与地上雨水处理系统(地表明沟、渗水池、池塘)相连的屋顶占总面积的74%,道路和停车场与地上雨水处理系统相连的面积占26%。屋顶与地下系统(地下暗管、蓄水管道)相连的面积占60%,其他占40%。此外,庭院和车道中的排水管道也以"汉诺威模式"进行安装。平均有61%的表面铺设了可渗透的材料,并且屋顶绿化面积总体上约占29%。

在自然条件下,年均降水量574 mm,该区蒸散发量为304 mm,降雨入渗补给量为256 mm,地表径流量为14 mm。小区开发后,仅利用地表明沟－地下暗渠排水系统时,该区蒸散发量为 264 mm,降雨入渗补给量为 145 mm,地表径流量为 165 mm;但在小区中利用综合雨水利用系统的情况下,蒸散发量为 268 mm,降雨入渗补给量为 287 mm,地表径流量为 19 mm。由此看来,康斯伯格生态小区中的人工雨水系统成功仿效了自然的雨水系统。

(二)济南市水生态小区建设内容

1.济南市城市建设水问题

济南以"泉城"闻名于世。建设水生态文明城市有独特的水条件。济南市区分布有小清河流域和黄河流域。小清河流域又分岩溶地下水和地表水水系,其中岩溶地下水主要来自大气降水入渗补给,水量相对较多,赋存在裂隙岩溶含水层中,水质好,适合于饮用。由于济南市地形南高北低,岩溶水在沿北倾向的单斜灰岩岩层流动中受到火成岩的阻挡,形成市区四大泉群喷涌,泉水排入护城河进大明湖,流入小清河,整个水系顺势自然,集水景观、娱乐、除涝防洪于一体。小清河流域地表水系南北向分布,南北高差较大,从南向北汇入小清河,水量年内分布不均匀,汛期有水,非汛期河道干枯,有水也是污水和再生水,水质较差。黄河干流在济南市区北部从西向东穿过,济南市内最大的黄河支流玉符河发源于广袤的南部山区,由上游三条支流在卧虎山水库汇合为玉符河主流,并最终流入黄河,同时也可通过睦里闸与小清河相连。随着济南市防洪工程的完善以及南水北调东线工程、西水东调工程济南段的建成,市区兴济河的水可以通过腊山分洪工程进入黄河,南水北调长江水或东平湖的水也可以通过济平干渠进入济南市。济南市区已经形成多个水系联网,为水生态文明城市建设提供了良好的条件,同时,也带来了问题。

随着济南市城市化向岩溶直接补给区的快速延伸,岩溶地区自然地面大面积硬化,改变了天然水文循环条件,降水入渗补给岩溶水量减少,使得水资源供需矛盾更加尖锐;地表径流量剧增,加剧了洪涝灾害;蒸发量减少,同时带来了热岛效应。一般年份市区估算约 5 000 万 m³ 雨洪水排入小清河,不仅造成了水资源的浪费,初期雨洪水还冲刷地面上的垃圾、污染物等,加重小清河的污染。济南市如何因地制宜,对这种干扰进行修复,将部分硬化新增加的径流渗透、回灌到地下,缓解城市建设与饮用水资源保护的矛盾,是面临的一个巨大挑战。水生态文明小区的建设正是应对这种挑战的有效措施之一。

2.济南市区建设生态小区的对策

1)雨水排放费的征收情况

德国许多城市根据生态法、水法、地方行政费用管理条例等规定,制定了各自的雨水费用征收标准,并依据此结合当地的降水状况、业主所拥有的不透水面积,计算出应缴纳的雨水费。雨水排放费与污水排放费用一样高,通常为自来水费的1.5倍左右,由相应的行政主管部门收取。若用户实施了雨水利用或减排技术,则可免缴雨水排放费。征收的资金主要用于雨水项目的投资补贴,以鼓励雨水利用项目的建设。对于能主动收集使用雨水的住户,政府每年给予一定数量的"雨水利用补助"。雨水排放费的征收有力地促进了雨水处置和利用方式的转变,对雨水管理理念贯彻和新技术推广起到了非常重要的作用。

中国传统的雨水管理政策主要以排放为主,近年来,随着雨水利用事业的发展,北京等部分城市出台了雨水利用"三同时"、补助、罚款等一系列政策,极大地促进了雨水利用项目的建设,但相对于技术发展而言,政策研究还相对薄弱,需要提出更加完善的雨水管理政策。我国应借鉴德国等雨水回灌典型城市的先进经验,建立合理的适合中国国情的雨水排放费用征收制度。

2)雨水排水设施的筹资情况

济南市《水土保持管理办法》第十四条规定,"在地下水资源主要补给区及其保护范围内的南部山区,应当限制开发建设。经批准开发建设的,其用地中硬化面积不得超过总建设用地面积的百分之三十"。第十五条规定,"开发建设项目应当尽量减少地表硬化,广场、露天停车场、庭院、人行道、隔离带等应采取有利于雨洪入渗的措施"。但是办法对采用何种措施、技术标准、资金筹措和建后管理都没有规定。因此,对济南市南部山区,最紧迫的是要制订出有关法规,使已建和拟建的开发建设项目,入渗回补岩溶地下水、减少地表径流、减少下游防洪压力和灾害方面,达到"以工程建设后不减少岩溶地下水补给量,不增加建设区域内雨水径流量和外排水总量为标准"。同时增加由于建设项目减少地下入渗补给量补偿费和防洪费 20 元/m^2,用作雨水利用工程建设和运行管理费,体现"谁开发,谁补偿,谁治理"的原则。国家也应该根据工程性质进行相应的补贴。

3)管理措施

针对济南市雨水人工回灌,提出几点管理措施和建议:

(1)保护泉水,人人有责。坚持"谁开发建设谁保护,谁造成水土流失谁治理"的原则。

(2)控制济南泉域直接补给区城区扩展,优化开采布局。在人行道、广场等公共场所下面铺设透水材料,增加雨水下渗。对建筑屋顶,将雨水引入绿地、透水路面等蓄渗,或通过人工回灌设施进行回灌。

(3)政府应该出台更多关于雨水利用的具体政策,例如按照占地面积征收雨水排放费等法律法规,鼓励建设单位对雨水进行收集利用,收集的雨水可以自由出售。任何开发商进行的新建、改建和扩建工程等一切活动,均不能增加雨水径流量,如果带来额外雨水径流量,就应该在工程建设之前考虑雨水利用设施。

(4)政府加强监管力度,严格监督工程建设单位对雨水利用设施的设计(包括设计标准和设计规模)、修建(雨水利用设施的材质和施工质量)和后期管理(雨水利用设施的检修和达到使用年限时更换)。

借鉴德国水生态小区建设经验,建设济南市水生态文明城市新模式即水生态小区,不仅可保护和修复济南市的生态环境,对其供水保泉也起到至关重要的作用,可充分发挥水在生态文明建设中的基础性、先导性和引领性作用。另外,也可以协调过去或未来城市建设与生态环境保护与恢复的矛盾,具有巨大的经济效益、环境效益和社会效益。

第七节 小 结

水赋予了城市灵气和活力,景观水是城市生态发展中重要的组成要素。本章定性描述了景观水工程历史变迁及其对城市生态发展的影响,半定量地评价了景观水发展状况的优劣,以及景观水的空间分布格局,定量分析了景观水的生态效应。可以看出,景观水建设好坏和建设规模及格局影响着城市环境变化和城市生态系统的多样化。景观水工程在很多情况下是一个城市的象征,景观水决定着城市生态发展方向;城市生态发展对景观水形成具有推动作用,城市发展到一定程度,对其生态环境和生存空间的要求会越来越高。

山东省具有特殊的地理优势,拥有得天独厚的水资源,在水生态文明城市建设示范省的时代背景下,借鉴德国汉诺威市水生态小区建设经验,统筹城市水利建设与水利风景区建设,结合城市防洪和水源工程建设,修复河湖水系,绿化美化河岸。通过统筹规划,科学布局,拓展水面,美化自然景观,改善景区及城市整体环境,提高区域生态系统的稳定性,推动城市生态良性发展,实现城市全面、协调、可持续发展,从而使水资源真正服务人类文明建设与发展。

第五章 黄河及南水北调东线工程与齐鲁文明

引 言

　　黄河是中国第二大长河,也是世界闻名的万里巨川。她是我们伟大祖国的象征,也是我国五千年文化的发祥地,在中国历史发展的进程中占有十分重要的地位。

　　水是生命之源,所以人们傍水而居,加之远古的黄河流域气候适宜,地理环境优越,也就产生了黄河流域文明。在中华民族的文明史中,黄河流域有 3 000 多年是我国政治、经济、文化的中心。在这里,勤劳勇敢的先人创造了绚丽灿烂的历史文化,为我们留下了引以为豪的科技成果和浩如烟海的典籍。黄河是横亘于我国西北、华北干旱、半干旱地区的一条大动脉,源远流长,历史悠久,千百年来,日夜不息地奔流在我国中部辽阔的大地上。这条伟大的河流哺育了我们民族的繁衍成长,塑造了中华民族自强不息、坚忍不拔、一往无前的民族品格,因而被尊崇为中华民族的"母亲河",是中华民族的摇篮。

　　黄河水资源是华北、西北地区人民赖以生存和社会发展的基本条件。但是,黄河又是一条河情非常特殊的河流,水少沙多,"悬河"难治,洪水突猛,历史上以"善淤、善决、善徙"著称,成为最复杂、最难治理的河流之一。但也正是黄河挟带的大量泥沙,塑造了黄河下游的冲积平原。历史上人民深受黄河"水害"之苦,但也因引用黄河之水而受黄河"水利"之惠。

山东省国内生产总值位居全国前三甲,是经济强省,但水资源相对匮乏。黄河是流经山东省最大的河流,也是南水北调东线工程建成前唯一的客水资源,是山东经济社会发展的生命线。山东的淡水资源主要来源于黄河。黄河经过山东的 9 个地(市)、26 个县(市、区),共有200 多万 hm^2 的灌溉面积,黄河沿岸的城乡居民生活和工农业生产都离不开黄河水的提供。近年,山东每年引用黄河的水量在 60 亿 m^3 上下,有效缓解了山东淡水资源稀缺的状况,黄河不仅给山东带来重大的社会及环境效益,而且还带来巨大的经济效益。对全省的经济社会发展具有很大的促进作用。

黄河流域水资源不足和引黄泥沙堆积的严重环境后效,使引黄供水受到威胁,难以满足山东地区经济社会可持续发展和维持黄河健康生命的需要,给社会稳定和生态环境造成了极其不利的影响,因此必须补充新水源,继而建设了南水北调东线工程,使长江水成为山东省又一大客水资源,对山东省社会发展有不可替代的促进作用。

第一节　黄河概述

一、黄河概况

黄河(Yellow River),发源于青藏高原巴颜喀拉山脉北麓海拔4 500 m的约古宗列盆地,由此向东,流经青海、四川、甘肃、宁夏、内蒙古、山西、陕西、河南及山东 9 个省(区),呈"几"字形,最后注入渤海。干流全长 5 464 km,流域面积 79.5 万 km^2。

按地理位置及河流特征,黄河干流划分为上、中、下游。从河源至内蒙古托克托县的河口镇为上游,河道长 3 472 km,落差 3 496 m,流域面积42.8 万 km^2,河水为清水,是黄河水量主要来源区,落差集中,水力资源丰富;河口镇至河南省郑州市附近的桃花峪为中游,河道长1 206 km,落差近 890 m,区间流域面积34.4 万 km^2。黄河中游流经黄土高原,水土流失严重,是黄河泥沙的主要来源区,洪水、泥沙对下游威胁最大;桃花峪至入海口为下游,河道长786 km,落差94 m,平均比降0.12‰,流域面积仅有2.3万 km²,下游河道淤积严重,成为著名的"地上悬河",防洪任务十分繁重。

黄河流域自然资源丰富,大部分地区气候温和,光照充足,土地资源比较丰富,是我国农业经济开发最早的地区。黄河的水力资源蕴藏量在全国七大江河中仅次于长江,居第二位。

二、黄河水沙概况

黄河水主要依靠大气降雨补给。黄河流域属于大陆性季风气候,冬季受极地冷气气团控制,多西北风,雨雪稀少;夏季主要受西太平洋副热带高压影响,水汽充沛,雨量相对较多。全流域多年平均降水量为466 mm,属于干旱、半干旱地区。洪水主要发生在夏秋季节,下游洪水主要来源于中游降雨,上游来水仅构成黄河下游洪水的基流。历史资料显示,最大洪水发生在1843年,洪峰流量为陕县站36 000 m³/s;实测最大洪水发生在1958年,花园口站洪峰流量22 300 m³/s。

黄河多年平均天然径流量为580亿 m³,占全国河川径流量的2%,居全国七大江河的第四位,仅为长江的1/17。径流量在地区分布上很不平衡,兰州以上流域面积占流域总面积的29.6%,但年径流量却占全河的55.6%。黄河年径流量的季节变化很大,60%的流量集中在7~10月的汛期;年径流量的年际变化也很大,花园口站最大与最小径流量的比值达3.4。黄河流域年径流量还存在连续枯水段持续时间长的特点,如1922~1932年长达11年的连续枯水段,年径流量比常年偏少30%以上。

黄河是世界上著名的多泥沙河流,平均含沙量为35 kg/m³,多年平均输沙量16亿 t。黄河流经的黄土高原,水土流失面积45.4万km²,其中年土壤侵蚀模数大于15 000 t/km²的剧烈侵蚀面积有3.7万km²,约占全国同类面积的90%。世界的多泥沙河流中,孟加拉国的恒河年输沙量为14.5亿 t,但流量大,含沙量只有3.9 kg/m³;美国的科罗拉多河的含沙量27.5 kg/m³,略低于黄河,但年输沙量仅1.35亿 t。黄河平均含沙量和输沙总量均居世界大江大河的首位,所以说黄河是世界上含沙量最大的河流。

黄河水挟带大量的泥沙,来到河床宽阔、比降平缓的下游,泥沙冲淤变化剧烈。当来沙多时,年最大淤积量可达 20 多亿 t,来沙量少时还会发生强烈的冲刷。据统计分析,进入下游的 16 亿 t 泥沙中,平均有 4 亿 t 淤积在下游河道内,8 亿 t 淤积在河口三角洲及滨海地区,4 亿 t 被输往深海。淤积在下游河道的泥沙,使河床每年淤积抬高 10 cm,使下游河道成为"地上悬河",现行下游河道河床一般高出背河地面 4～6 m,高的达 10 m 以上。下游河道上窄下宽,最宽处达 24 km,最窄处仅 275 m,排洪能力上大下小。

由于大量泥沙沉积在河口地区,黄河入海口流路基本形成了淤积、延伸、摆动、改道的基本格局,不断向渤海延伸,多年年均造陆 25～30 km^2。

三、黄河山东段概况

黄河从菏泽市东明县入境,呈北偏东流向,经菏泽、济宁、泰安、聊城、德州、济南、淄博、滨州、东营等 9 个地(市)26 个县(市、区),最后在东营市垦利县注入渤海。河道长 628 km,流域面积 1.83 万 km^2。

山东省是一个严重缺水的省份,全省多年平均淡水资源总量为 303 亿 m^3,仅占全国的 1.1%,人均水资源占有量 344 m^3,仅为全国人均占有量的 14.7%,是世界人均占有量的 4.0%,居全国各省(市、区)倒数第三位,远远低于国际公认的维持一个地区经济社会可持续发展所必需的 1 000 m^3 的下限值,属于人均占有量小于 500 m^3 的严重缺水地区,水资源短缺已成为山东省经济社会可持续发展的"瓶颈"制约因素。

山东黄河有以下几个特点:第一,黄河下游水少沙多,具有年际变化大和年内分布不均的特点。据统计,1951～2008 年进入山东黄河高村站的水量多年平均为 357.1 亿 m^3,泥沙多年平均为 8.30 亿 t。第二,河道比降上陡下窄,输沙能力上大下小,水沙不适应,泥沙沿程淤积。黄河下游最窄处 275 m,就在山东艾山处。山东省黄河河床比两岸地面普遍高出 4～6 m,防洪水位高出地面 8～10 m,济南泺口站防御标准洪水位比济南市区工人新村地面高出 11.2 m,"地上悬河"明显。第三,堤距上宽下窄,堤距宽泄洪、排洪能力大,河易摆动;堤距窄排洪能力小,河受约束。艾山以下窄河道安全泄量 10 000 m³/s,超出的水量需要有分洪措施。第四,河道从北纬35°流向38°,气温上暖下寒,冬季下边先封冻,冰厚,上边晚封冻,冰薄。气温转暖后,上边先开河,冰水齐下,形成凌汛,防凌任务重。第五,黄河河口在山东注入渤海,大量淡水和泥沙入海,淡水有利于河口三角洲渔业生产,而泥沙淤积在河口三角洲及滨海地区,河道不断向海延伸,黄河尾闾河段形成了淤积、延伸、摆动、改道的基本格局。多年平均造陆面积为 25~30 km²。

黄河是山东省最主要的客水资源。据统计,黄河正常年份最大可供水量为 370 亿 m³,国务院 1987 年分配给山东的引黄指标为 70 亿 m³,占全河的 18.9%,约占山东黄河流域居民生活用水和工农业生产用水总量的 40%,一共创造了上百亿元的经济价值。目前,山东省多年年均引黄供水量达 60 多亿 m³,引黄供水范围已达 12 市的 70 个县(市、区),供水范围覆盖全省 51% 的土地、58% 的耕地、48% 的人口。引黄供水量占全省供水总量的 27%,灌溉面积占全省总灌溉面积的 44%,保障了沿黄城乡居民生活用水和工农业、生态用水需求。黄河水资源在全省经济社会发展中占有举足轻重的地位,因此科学开发利用黄河水资源对山东省国民经济和社会的可持续发展具有十分重要的战略意义。

第二节　近代黄河决口改道对山东社会经济的影响

一、近代黄河决口改道概况

1840 年鸦片战争以后,中国沦为半殖民地半封建社会。随着帝国主义的入侵,近代科学技术也逐渐输入我国,一些进步人士基于救国思想,倡导"西学",并对黄河地理、水文、地质等基本资料进行观测研究,对黄河自然规律进行探索,黄河的治理与开发也逐步有所成就。

黄河下游素以"善淤、善决、善徙"而著称,黄河下游主干道在人民治黄以前,河道常出现摆动。由于黄河洪水挟带大量泥沙,进入下游平原地区后迅速沉积,黄河两岸修筑大堤防洪,其中部分淤积在滩地及河道主槽内,使行洪河道不断抬高,逐步形成了高出两岸的"地上河",在一定条件下就决溢泛滥,改走新道。

根据史书记载,从先秦时期到中华民国年间的 2 540 年中,历史上黄河决溢 1 593 次,改道 26 次,大改道 6 次,河道在历史上决口改道、迁移滚动十分频繁(见图 5-1)。河道变迁的范围,西起郑州附近,北抵天津,南达江淮,纵横 25 万 km²。下游河道迁徙变化的剧烈程度,在世界上是独一无二的。

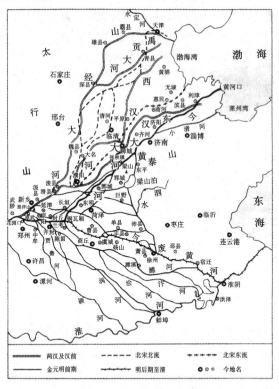

图 5-1　历代黄河下游变迁图

山东黄河现行河道是 1855 年(清咸丰五年)在河南兰阳(今兰考县境内)铜瓦厢决口,夺大清河入渤海后形成的。1938 年 6 月,国民政府企图阻止日军进攻,在郑州花园口掘开黄河大堤,致使黄河改道南行经徐州淮河一线入黄海,泛滥豫、皖、苏三省达 9 年之久。抗战胜利后,1947 年 3 月,花园口决口堵复,黄河回归山东故道,即现行河道。

黄河下游地区的河道长度及流域面积也在不断变化,这是黄河不同于其他河流的突出特点之一。黄河改道后,省内决口次数大大增加。自 1855 年至 1938 年花园口决口改道为止,山东黄河共行水 83 年,其中有 57 年发生决溢灾害,占总行水年的 69%,平均三年两决。晚清时期行水 57 年,有 38 年发生决溢。中华民国时期行水 26 年,有 19 年发生决溢。在晚清及中华民国时期发生的 57 年决溢中共计决溢 377 次(处),决口门 424 个。1855 年黄河改道前后洪灾决口次数见表 5-1。

表 5-1   1855 年黄河改道前后洪灾决口次数比较

时期	决口年数			决口次数			出现洪灾年次数				
	省外	省内	合计	省外	省内	合计	特大	大	中	小	合计
改道前	27	11	38	42	26	68	3	5	18	38	64
改道后	14	38	52	20	243	263	3	14	13	52	82
合计	41	49	90	62	269	331	6	19	31	90	146

注:灾情等级:被灾 40 个县以上者为特大洪年;25～39 个县者为大洪年;10～24 个县者为中洪年;不足 10 个县者为小洪年。

二、近代黄河决口改道给山东社会经济带来的危害

1855 年黄河于铜瓦厢决口后,由于当时清政府腐败无能,国库空虚,朝廷内部对决口改道与堵口故道的争论不断,黄河泛滥于鲁西北平原,洪水横流,民不聊生。

(一)水灾频发,生态失衡,环境恶化

据统计,自 1855 年黄河改道至清末的 57 年间,因黄河决溢,山东

累计有 966 个县次成灾,平均每年有 18 个县次受灾。每次黄河决口之后,洪水都给山东经济以严重摧残,使之成为黄河泛滥之区。黄河洪水及所挟带的大量泥沙,在平原上沉积,留下了大片沙地、沙丘和岗地、洼地,使大量良田严重沙化,破坏了山东平原地区的自然面貌,毁坏了植被,造成水系紊乱,河湖淤积,削弱了蓄泄能力,恶化了生态环境,将原先经济堪称发达的山东,变成了旱、涝、沙、碱的常灾区,从而陷入了灾难的深渊。

1898 年,黄河北堤在东阿决口,洪水淹没了鲁西南 3 000 多 km² 的农田,大面积的草木、庄稼、动物等被淹毙。1935 年,城董庄决口,泛滥区域达 12 215 km²,淹及山东、江苏 27 个州县,受灾人口 341 万人,死亡 3 750 余人,经济损失达 1.95 亿元。其中山东省有 15 个县受灾,淹没耕地 50 多万 hm²,淹没村庄 8 700 余个,灾民 250 万人,淹死 3 065 人,倒塌房屋近百万间,哀鸿遍野,触目惊心。

(二)山东农业生产急剧退化

黄河决口改道山东之后,加剧了洪涝灾害和土壤盐碱化,给山东的工农业生产带来了巨大灾难,使山东农业生产急剧退化,破坏了山东社会经济的发展,减缓了山东现代社会转变的进程。受到黄河水灾的影响,山东出现了大量既无土地又无生产能力的人,这些没有土地的人们只能靠着租用别人的土地或是跑到外地去寻求生计,整天都面临着饥饿和死亡的威胁,人民生活痛苦不堪。

1873 年,黄河决口,山东有 32 个州县受水灾,夏、秋两季均绝产,这不仅夺去了千万人的生命,还破坏了社会生产力,使农民不能复业。当时,清政府指令山东政府截漕粮 250 万 kg,截京饷银 16 万两,并拨银 4 万两救济受灾地区。

(三)影响山东漕运,阻碍山东商品经济的发展

黄河改道之前,山东受到运河的影响,南北商品交易频繁,促进了沿河经济的繁荣。运河将山东与江南沟通,成为中国南北运输的主航道。这不仅成为封建政府漕粮运输的主要路线,也成为加强南北经济交通的主要通道,促进了这一带的商品经济发展,也促进了山东经济作物的生产和手工业发展。

1855 年,黄河改道山东入海后,打乱了原有水系,很多河道被黄河泥沙淤积,造成山东运河阻滞,粮道梗塞,盛极一时的运河漕运日益走向衰落,漕运也逐渐改为海运。这就导致山东与南方城市的粮食及商品交易、运输受到了阻碍,使得沿黄城市社会经济的发展受到了相当大的打击,城市也逐渐走向衰落。黄河的改道对山东商品经济的打击不仅仅只表现在阻碍了交通,影响了南北商品物资的交换上,还因为黄河经常决口造成的水灾导致了黄河流域的人民失去了购买商品的能力,严重地阻碍了山东商品经济的发展。

三、近代黄河决口改道对山东社会经济发展的有利影响

(一)促使山东社会经济重心向沿海城市转移

黄河改道虽然给山东社会经济的发展带来了严重的影响,但是在山东的沿海地区出现了一大批的新兴城市,促使山东社会经济重心向沿海城市的转移。这些城市承担着各种航海运输活动以及大量的海上交易,使得这批沿海的港口城市不断壮大,社会经济不断取得突破,资金不断积累。随着山东沿海开放城市的不断崛起,这些城市作为与海外经济市场联系的枢纽,不仅仅扩大了与其他港口市场的贸易流通,还带动了山东省内地一些城市的发展。随着 20 世纪近代工业的发展,沿海开放城市经济体系也进一步巩固,这些港口城市最终确定了山东社会经济的重心地位。

(二)为发展引黄灌溉奠定了基础

1855 年的黄河改道,使黄河流经山东。新中国成立以前,由于历史原因,黄河泛滥给黄河沿岸的山东人民带来了灾难,严重影响了山东省经济发展。但在长期与黄河水灾的抗争中,山东人民不断反思,逐步走向除害兴利之路,兴修民埝,防止洪水泛滥,并利用黄河水浇灌,促进当地农业发展。自此,山东黄河灌溉事业的发展取得了较好的经济效益和社会效益。可以说,1855 年黄河改道进入山东境内,为新中国成立后开发利用黄河水资源,发展农业灌溉、工业及城镇用水奠定了基础。

第三节 人民治黄以来黄河对山东省 社会经济发展的影响

治理黄河历来是中华民族治国兴邦的大事,实现黄河的长治久安是当今经济社会发展和人民安居乐业的需要。从 1946 年开始,中国共产党领导人民治理黄河,治黄史册掀开了新的篇章。

1949 年中华人民共和国成立后,中共中央、国务院高度重视治黄事业。毛泽东主席、周恩来总理等党和国家领导人曾多次视察黄河,亲自审定治黄战略方针和重大措施。1952 年 10 月,毛泽东主席第一次离京外出巡视,首先就是视察黄河,作了很多重要指示,并谆谆嘱咐:"要把黄河的事情办好。"1964 年,已经 70 多岁高龄的他,还一再提出要徒步策马,上溯黄河源,进行实地考察,念念不忘治理与开发黄河。

为搞好黄河的治理与开发,1950 年 1 月 25 日,中央人民政府决定黄河水利委员会为流域性机构,直属中华人民共和国水利部领导,统一领导和管理黄河的治理与开发,并直接管理黄河下游河南、山东两省的河防建设与防汛工作,有效地加强了河防管理,对保障黄河防洪安全起到了积极的作用。

一、黄河治理后带来的效益

(一)确保黄河防洪安全

在中共中央、国务院的领导下,人民治黄取得了巨大成就,在保障人民生命财产安全、促进经济发展和社会进步、改善生态环境的同时,取得了巨大的直接经济效益,构建了"上拦下排、两岸分滞"的下游防洪工程体系,在除害兴利的总方针下,开展黄河的治理开发工作,加上沿河军民的严密防守,扭转了历史上频繁决口改道的险恶局面,有力地保障了国家经济社会的稳定顺利发展。目前,黄河河道稳定,人民安居乐业,同时兴建了众多支流水库及大量的灌溉、供水工程,确保了黄河岁岁安澜。

(二)引黄供水

黄河水质好,含盐量少、有机质多、矿化度低、硬度低,是较好的饮用水。据黄河水质分析,黄河泥沙一般含氮 0.55 kg/m³,含磷 1.05 kg/m³,含钾 21.4 kg/m³,适用于农田灌溉和放淤改土。

黄河是山东省最主要的客水资源,沿黄地区的经济社会发展离不开黄河。新中国成立前,黄河下游有害无利。1950 年春,黄河下游第一座引黄淤灌闸在东营市利津县綦家嘴险工建成,打破了黄河下游不能破堤建闸的禁区,拉开了山东引黄供水的序幕。山东沿黄地区是我国小麦、棉花的重要产地。小麦是喜水喜肥作物,生长期长达 8 个月,正值干旱少雨季节。过去因为得不到灌溉,产量长期徘徊在 50 kg/亩左右;引黄以来,充分发挥了引黄优势,改变了生长期严重缺水的状况,一般浇两三遍水,相当于 200 多 mm 的降雨量,对小麦高产起到了关键作用。同时还解决了棉田造墒和抗旱问题,促进了棉花的稳步增产。

山东引黄供水从无到有,从小到大,黄河水资源利用率明显提高。现在,引黄供水已由单纯的农业灌溉发展为多目标供水,黄河水资源的利用与山东国民经济发展紧密地联系在一起,不可分割(见表5-2)。

表5-2　山东省引黄水量及灌溉用水统计

年代	年均引水量(亿 m³)	年灌溉面积(万 hm²)
50 年代	23.3	25.27
60 年代	16.3	34.89
70 年代	44.7	73.30
80 年代	74.7	135.63
90 年代	75.2	200.06
21 世纪前 10 年	57.9	

注:50 年代指停灌前 1957～1961 年,60 年代指 1966～1969 年。

目前,山东省已建有引黄涵闸 63 座,设计引水能力达 2 424.6 m³/s。全省已有 12 个市、70 个县(区)用上了黄河水,引黄供水范围占全省土地的 51%,占全省耕地的 58%,占全省人口的 48%。近年来,年均引用黄河水 60 亿 m³,引黄水量和灌溉面积占全省的近 40%,农业引黄灌溉年增产效益达 30 多亿元。1950～2010 年,累计引用黄河水 2 500 多亿 m³,相当于黄河近 5 年径流量的总和。为战胜历年严重干旱,保证城乡居民生活用水和工业生产、农业连年增收发挥了重大作用。

山东省积极利用黄河水中的泥沙资源淤改两岸盐碱涝洼地,还取得了河道减淤、环境改善、群众受益的多赢效果。自 20 世纪 60 年代以来,人们就利用沿黄地区黄河泥沙进行自流放淤改土,淤改两岸盐碱涝洼地数十万公顷,使"夏秋水汪汪、冬春白茫茫"的不毛之地变成了稻谷飘香的高产肥沃良田,成为山东省重要的商品粮棉基地。

引黄灌溉改变了鲁西北地区的农业生产条件,解决了滨海咸水区广大群众的吃水困难。引黄灌溉和供水改善了沿黄地区和黄河三角洲的生态环境,解决了山东省重点缺水城市和工业的水荒,保障了城市和工业供水,支撑了山东省社会经济的可持续发展。山东社会经济的发展越来越依赖黄河水,黄河水在山东灌溉用水中有着不可替代的地位和作用。

(三)引黄济青工程

山东省引黄济青工程是将黄河水引向青岛的水利工程,是以青岛市供水为主,兼顾沿线人畜用水以及农业用水的跨流域、远距离调水工程,也是新中国成立以来山东省最大的水利和市政建设工程。于 1985 年 10 月经国务院批准兴建,1986 年 4 月 15 日开工建设,1989 年 11 月 25 日竣工,正式向青岛送水。该工程横跨胶东半岛,途经滨州、东营、潍坊、青岛 4 个地(市)10 个县(市、区),从黄河下游打渔张引黄闸引水,到青岛白沙水厂,全长约 290 km,年引水量 5.5 亿 m³,可增加青岛市日供水量 30 万 t。工程从黄河引水到青岛,具有引水、沉沙、输水、蓄水、净水、配水等设施,功能齐全,配套完整,现在已经是青岛市主要用水的来源,并有效缓解了青岛等地的用水紧张局面。

众所周知,青岛市是我国重要的工业、贸易和旅游基地,也是重要的港口城市,在山东省政治、经济领域中占有极其重要的地位。随着改革开放和青岛市工业的发展,20 世纪 80 年代初,青岛市水资源供需矛盾日益尖锐,缺水成为其可持续发展的主要障碍,许多工厂因缺水限产或停产,城市居民饮水实行定量供给,制约了青岛市的经济发展,影响了居民日常生活。通过引黄济青工程,圆满完成了远距离、跨流域调水的任务。引黄济青工程的建成通水,改变了原先缺水的青岛市的面貌,使得青岛市的发展再也不受水问题的束缚,原先排长龙打水和工厂因缺水而停工的现象再也不存在了,当地的工农业可以自由发展,居民的日常生活也得到改观。这不仅促进了青岛市的经济社会发展,也使得山东省水资源的分布更加趋于平衡。

引黄济青工程受到了青岛市社会各界的广泛赞誉,被誉为"黄金之渠"。为青岛增加了显著的经济效益,沿途城乡也得到大量供水,增加了粮食产量。同时,有效地补偿了地下水,防止了海水内侵的危害。

二、引黄过程中的问题

(一)黄河断流问题

黄河下游的首次断流发生在 1972 年。20 世纪 70 年代到 90 年代,山东省黄河断流频繁,黄河山东段 1972～1999 年的 28 年中,就有 21 年出现断流,累计断流 89 次,共 1 091 天。山东工农业生产因黄河断流造成经济损失约 350 亿元,年均 17.5 亿元。尤其 20 世纪 90 年代,黄河年年断流(见表 5-3),造成经济损失 301 亿元,年均 37.6 亿元。断流最严重的 1997 年,山东利津站断流 13 次、226 天,330 天无黄河水入海,严重影响了沿黄城乡人民生活,对工农业生产造成了重大损失,河口三角洲地区生态环境趋于恶化。近年来,随着黄河流域及相关地区经济社会迅速发展,黄河水资源供需矛盾异常尖锐,黄河断流引起了党和国家的高度重视。如何尽量减少甚至消除黄河断流所造成的不利影响,正成为当前社会各界关注的热点。

1. 黄河断流对山东省社会经济的影响

黄河断流对山东所产生的影响是多方面的,造成的损失是巨大的,严重影响山东省社会经济的可持续发展。黄河三角洲 90% 以上的工农业及生活用水依赖黄河,黄河断流给以黄河为主要水源的城镇工业生产、农业灌溉和沿黄人民的生活造成很大损失。黄河下游断流对黄

表 5-3 20 世纪 90 年代黄河下游利津站断流情况统计

年份	断流次数	全年断流天数（d）		
		全日	间歇性	总计
1991	2	13	3	16
1992	5	73	10	83
1993	5	49	11	60
1994	4	66	8	74
1995	3	117	5	122
1996	6	123	13	136
1997	13	202	24	226
1998	16	114	28	142
1999	4	36	6	42

河河口海域生态系统、三角洲的演变等方面都会产生不同程度的影响，严重断流时也会导致三角洲土地利用格局发生变化，使三角洲的生态脆弱性加剧，生态环境的不稳定还会导致土壤盐碱化加剧、生物多样性变化等一系列的生态问题。

1) 对农业的影响

山东沿黄地区是我国重要的粮棉产区之一，属干旱缺水地区，引黄灌溉是保证农业丰收的主要条件。1997 年，由于黄河断流，加上遭遇百年一遇的夏秋大旱，全省沿黄地区受旱面积达 150 万 hm^2，其中重干旱 100 万 hm^2，绝产 50 万 hm^2。农作物受灾面积达 9.92 万 hm^2，直接经济损失 5.72 亿元。最下游的滨州地区、东营市和胜利油田受断流影响最大，损失也最严重。滨州地区全区受旱面积 38.7 万 hm^2，秋粮绝产 6.7 万 hm^2，减产粮食 4.5 亿 kg、棉花 450 万 kg，损失 10 亿元。东营市 26.7 万 hm^2 耕地，秋季绝产 24.7 万 hm^2，损失 20 亿元。因此，黄河断流严重影响山东沿黄地区农业生产和开发建设。

2) 对工业的影响

黄河长时间断流，对沿黄地市的工业生产产生了严重影响，造成了重大的经济损失。1997年黄河下游断流226天,黄河三角洲也遭受了1916年以来最大的夏旱,黄河全年的过境水量18.80亿 m³,仅为常年平均水量的4.6%。仅此一年,断流给山东沿黄城镇工业经济造成的直接损失已超过20亿元。黄河断流使大批的工业企业处于停产和半停产状态。滨州地区大型国有企业滨州市印染集团,由于黄河断流,大部分生产线停产,公司不得不投资300万元打深井,但因井水水质较差,影响产品质量,造成产品大量退货积压,损失严重。滨州市自来水厂为满足居民基本生活用水,被迫打井,增加了供水成本,亏损12万元。油田开发是三角洲重要的支柱产业,由于黄河长期断流,给胜利油田生产带来严重影响,1997年8月所有蓄水水库的水几乎全部干涸,油田供水告急,不得不限产、压产,甚至停产,损失近5亿元。

3)给人民生活用水造成的影响

山东沿黄地区淡水资源贫乏,生产生活主要靠黄河水,20世纪90年代黄河长期频繁断流,给城乡居民生活带来严重影响。1992年,黄河利津断流83天,断流河段长度303 km,位于河口地区的东营市、滨州地区和胜利油田的生活供水十分紧张,几乎断绝,不得不限水定时定量供应,居民生活用水减少了2/3。当时,东营市和胜利油田每天送水3 h,3层楼以上无水供给。供水时群众在底层水管处排成长队,等待2个多小时方能取到有限的饮用水。断流造成沿黄地区春季风沙弥漫,严重影响群众的生产生活。更为严重的是,东营市在停止全部生产用水的情况下,全部饮用水仅能维持7 d,形势非常严峻。

断流不仅影响了居民生活,同时也出现了不稳定局面。1997年,山东省遇到百年不遇的大旱,黄河利津站断流226 d,致使各地水荒异常严重,群众情绪不稳定。同年11月,国家防总、黄河防总、山东省政府为解决胜利油田、东营市、滨州地区严重缺水问题,实施从黄河上游紧急调水。沾化县齐圈等几个乡民工400余人,11月25日抢占滨州地区韩墩引黄闸,切断电话线路,限制闸管所工作人员的人身自由,自行开闸放水,严重影响了黄河整体调水计划的实施。

4)对生态环境的影响

黄河断流对生态环境的影响是多方面、多层次的,有的后果则在多年以后才表现出来。断流使渤海湾的水域失去重要的饵料来源,大量洄游鱼类游移他处。同时,近海及河口水温降低、盐度升高对河口鱼虾繁殖、生存和养殖极为不利。

黄河三角洲是温带地区保存最完整、最年轻的湿地生态系统,面积广阔,动植物资源丰富。黄河三角洲湿地自然保护区内水生生物800多种,野生植物上百种,鸟类180多种。20世纪90年代,断流使黄河入海量剧减,导致三角洲生态系统环境恶化,影响在此栖息的珍贵生物物种资源的分布和繁殖,造成生态系统、生物种群和遗传基因多样性遗失。

黄河断流引起三角洲淡水资源不足、地下水位下降等,导致部分沿黄地区超采地下水,形成了多个大面积漏斗区,致使污水注入、海水入侵,加剧了三角洲水资源危机,造成严重后果。随着黄河流域工业的迅速发展,排入黄河的污染物也不断增加。由于黄河断流,干支流水量减少,逐渐丧失了水体稀释功能,使得污染物得不到有效的稀释,黄河水环境容量越来越小,氰化物、挥发酚、氟化物、锌等的浓度呈逐年增加的趋势,枯水季节径流量小,黄河水质更差,这无疑在一定程度上加剧了污染事故的发生。1995年6月下旬,由于当地管理不善,违章排污,致使山东济南河段发生了严重的污染事故,污染河道长达25 km,黄河变成了黑河,河面上漂浮着大面积白沫及死鱼,沿河两岸臭气熏天。

黄河断流影响三角洲引黄排灌,促使盐分向地表聚集,加重土壤盐碱化进程,从而导致植被的次生演替。黄河三角洲的面积增长与黄河下游来水量密切相关,黄河下游长时间严重断流,使三角洲失去泥沙来源,来水量的多少对三角洲河口附近陆地淤进速率具有极为显著的影响。在气候变暖、海平面上升和黄河三角洲陆地构造沉降等多种因素作用下,三角洲部分海岸线出现蚀退现象。

2.黄河断流的原因分析

黄河断流的原因,总的可以归纳为两个方面:自然因素与人为因素。

1)水资源贫乏,时空分布不均

黄河流域地处我国西北、华北干旱、半干旱地区,水资源总量仅占全国的 2.6%，长江的 7.7%，这就决定了黄河水资源的先天不足。另外，水资源分布不均，年际变化大，丰、枯水量悬殊，这就出现一方面汛期大量弃水入海，另一方面是枯水灌溉高峰期水资源十分紧张，供需矛盾突出。这是造成黄河断流的根本原因。

2）降水量偏少

从 20 世纪 70 年代起，黄河流域的降雨量减少，黄河流域年均降水量为 466 mm，其中郑州地区年均降水量为 668 mm，内蒙古磴口站年均降水量仅有 144.5 mm。流域内降水地区分布不均，下游地区到上游地区逐渐减少。特别是 1990 年以后，降水量偏少更多，相应的径流随之减少，而农作物灌溉用水增多，加剧了黄河的断流。

3）引黄用水增加

人类频繁的活动加剧了自然环境的恶化，人口剧增、工农业迅速发展、社会活动频繁等一系列因素，造成黄河水资源的进一步紧张，这是黄河断流的主要原因。新中国成立后，黄河流域的人口不断增加，经济增长快，耗水量剧增，农业灌溉用水量增加迅猛，城市工业、生活用水增长相当显著。沿黄城市把从黄河干流引水作为城市开源的目标，为减少地下水超采对城市造成的诸多不利影响，加大引黄水量，使引水增长速度迅速扩张，造成水资源供需严重失调，黄河水供不应求，出现断流。

4）黄河水资源浪费严重

当前，黄河水资源一方面严重缺乏，一方面又严重浪费。黄河流域及下游两岸目前农业灌溉技术仍然比较落后，工业用水重复利用率低，万元产值耗水量与国内外先进地区有一定的差距。此外，黄河水费低廉，还不能唤起人们的节水意识，不利于水资源的合理开发利用与自然环境的改善。这也都促成了黄河断流的发生。

5）污染严重

近几年，随着人口的增加，流域内多次发生污染事件，水体污染严重，造成水质不好，这些都加快了黄河的断流。

6）水库调节能力低，管理调度不统一

黄河干流的水库为黄河治理与水资源的开发利用提供了重要的物质基础，但是，这些水库中具有调节能力的水库少，并且都在上游地区，下游的水库由于泥沙淤积严重,灌溉库容小,很难满足下游用水要求。黄河水资源管理调度不统一,多头管水,管理体制和运行机制问题没有解决,致使分水方案未得到具体落实,也是造成下游水资源紧缺的原因之一。

3. 对黄河断流采取的措施

黄河断流是流域生态平衡严重失调的综合反映,也是由水资源开发利用引起的社会经济问题,研究黄河断流与山东省社会经济的关系,主要是为了明确地知道黄河断流对山东社会经济发展的严重影响,增加人们对黄河的治理和保护意识,减少甚至避免黄河断流带来的灾害。水是可循环的,但是水资源是有限的。要解决黄河水的供需矛盾,就必须走可持续发展道路,合理地开发黄河水,形成良好的节约型社会。

为了缓解黄河断流造成的危害,人们已经采取了一系列的措施去应对黄河的断流。

首先,实行黄河水资源的统一调度管理。统一调度黄河全流域的水资源是保证黄河不断流的重要条件。通过对黄河流域各个城市的社会经济发展规划的研究,做好各地区对水资源的需求分析,大力加强居民生活以及工农业生产用水的研究,真正做到对水资源的统一管理和协调支配。其次,节约用水,减少污染。在农业方面,实行节水的灌溉技术,充分利用好每一滴水;工业方面,提高生产技术,争取做到工业用水的重复利用;另外,还要加强节约用水的教育宣传,让人们从思想上产生节约用水的意识,减少浪费水的现象,加强水资源保护,充分利用有限的黄河水资源,缓解引黄用水的紧张状况。再次,加大山东蓄水工程的建设,合理利用水利调蓄工程,做到冬蓄春用、丰蓄枯用,避免断流与弃水局面共存。黄河每年的径流主要是在夏季,占全年的 65% 以上,因此可把丰水期的水存起来,供枯水期使用。山东目前已经大量地建立了容量为 1 000 万 m^3 的水库,有效地缓解了黄河断流时期内的水资源短缺危机。最后,实行南水北调工程。从 20 世纪 80 年代开始,黄河流域的降水量普遍偏少,随着社会经济的不断发展,用水需求的不断增加,仅凭黄河水已经不能满足山东的社会发展需求,所以实行南水北调工程,可有效地缓解山东黄河流域的缺水问题。

（二）黄河水资源污染问题

1. 黄河水污染现状

黄河水质的好坏主要取决于天然水化学成分、泥沙纯度和人类活动对水体造成污染的程度等。目前,进入山东的黄河水质符合国家三级水质标准,但近几年,黄河的来水量在减少,排污量却在增加。随着流域内经济社会的快速发展,生产生活用水量急剧增加,由于利用效率低下,每年污水排放量不断增多,加之农田灌溉排水等面源污染,以及流域内多次发生较大范围的污染事件,黄河水质日益恶化。

2002 年冬季,在引黄济津和引黄济青工程引用黄河水时,均因黄河水质超标而停止供水。水质恶化不仅直接影响人民群众的身体健康,而且还大大加剧了水资源的紧缺程度,致使本来水资源供需矛盾急剧激化的黄河由于污染而"雪上加霜"。因此,加强黄河水的保护,控制污染源,做到达标排放和污染物总量控制已经刻不容缓。

山东黄河两岸主要污染源有五处:山东省境内的大汶河流域、长平滩区、河口滩区油田,河南省境内的天然文岩渠、金堤河流域。流域滩区内有大量工业废水和生活污水,使这些河流受到不同程度的污染,严重污染黄河水质。

目前,黄河山东干支流已建成了五处水质基本监测网点。今后在加强污染源综合治理的前提下,预计进入黄河山东段的水质仍能够维持三级水质水平。

2. 山东黄河水环境保护对策

一是树立节水保水意识。大力宣传中华人民共和国《环境保护法》、《水法》、《水污染保护法》、《河道管理条例》、《环境监测条例》等有关法规,强化法律观念,提高对黄河水环境保护的认识,增强节水保水意识。

二是黄河水主管部门加强黄河水资源的保护管理,强化污染源治理。目前对黄河山东段影响较大的污染源主要有两处,一是长平滩区的长清、平阴两县城区的污染源;二是天然文岩渠。对此,按照"谁污染谁治理"的原则,首先控制排污量大、污染浓度强的工厂、企业,要达标排放,超标排放罚款,定期监测,限期治理。对于目前暂未对山东河段造成威胁的污染源,也要加强管理,以防为主,以管促治,防患于未然。同时,建立健全水质监测网点。定期、不定期地查明各时期黄河水源和水环境的变化、污染状况、范围以及趋势。

(三)黄河泥沙问题

1. 黄河泥沙问题概况

"黄河之患,根在多沙"。黄河一直以水少沙多、水沙关系不协调而闻名于世。泥沙一直在黄河问题中居有重要地位。黄河流域自然地理条件差别很大,水沙来源地区分布非常不均。上游流域是黄河水量的主要来源区,中游流域则是黄河泥沙的主要来源区,存在着"水沙异源"的突出特点。黄河流经的黄土高原,面积达 64 万 km^2,其中水土流失面积为 45.4 万 km^2。黄河多年平均输沙量 16 亿 t,多年平均含沙量 35 kg/m^3。根据黄河下游各水文站水沙资料,山东黄河(高村水文站)实测年沙量最大为 25.7 亿 t,年沙量最小为 1.69 亿 t,最高含沙量是 1977 年的 911 kg/m^3。

进入 20 世纪 90 年代,尽管黄河来沙量减少,但由于进入下游的水量大幅度衰减和径流过程的变化,输沙用水得不到保证,水沙关系不协调的现象更加严重,造成下游河道泥沙淤积严重,加之长时间发生断流,且主汛期断流时间延长,使泥沙大部分淤积在主槽,造成主河槽萎缩,平滩过流能力减小,河道排洪能力下降。20 世纪 80 年代,下游漫滩流量还有 6 000 m^3/s 左右,到 21 世纪初,局部河段减少到不足 1 800 m^3/s。由于主河槽淤积严重,形成了"小洪水、高水位、大漫滩"的不利局面,增加了防洪的难度和洪水威胁。而且由于输沙水量被挤占,黄河"悬河"形势已蔓延至上中游河段。河道淤积加重,加大了防洪难度和洪水威胁。

2. 引黄泥沙问题

引黄灌溉、供水的关键环节之一是处理好引进的泥沙问题。引水必然引进大量泥沙。

自 20 世纪 50 年代开始引黄以来,黄河下游引黄事业得到了长足发展。目前,山东已建有引黄涵闸 63 座,设计引水能力达 2 424 m^3/s。根据资料研究,1957~2000 年,引黄泥沙在灌区内的分布情况大体比例为沉沙区(含淤改区)占43.5%,各级渠系占38.7%,进入田间11%,下泄排水系统6.8%。

引黄泥沙的不利影响,主要表现在以下三个方面:一是引黄渠道输沙能力低,无法把泥沙顺利输往田间,尤其是粒径较粗的泥沙,未能在沉沙池全部处理,将严重淤积在输水渠道,灌区清淤负担沉重;二是灌溉退水退沙或利用排水河沟向灌区外输送浑水,造成排水系统严重淤积,降低排水能力,抬高地下水位,并造成内涝和土地次生盐碱化的发生发展;三是随着灌区运用和泥沙淤积,沉沙条件恶化,大多数灌区只好采取"以挖代沉"的方式来维持。

多年来,大量泥沙进入灌区,引黄灌溉泥沙淤积严重,这必将引起渠道淤积,渠道淤积的主要原因有:一是引水达不到设计流量,流速小,挟沙能力低。许多灌区在大部分时间实际引水量都低于设计流量,有的灌区干渠实际流量只有设计流量的30%~50%。达不到设计流量引水,就必然使流速、挟沙能力降低,从而导致泥沙淤积。根据有关试验资料分析,如果引水流量减少至设计流量的一半,水流的挟沙能力要降低20%~25%。二是高含沙期引水。黄河汛期含沙量很高,有时含沙量高达100~200 kg/m^3,如果遇到气候状况不佳,迫于旱情,整个灌区不得不大量引水灌溉的时候,就会带来大量的泥沙淤积。1989年山东全省大旱,位山灌区二干渠全年引水达14亿 m^3,其中夏秋灌溉引水6.15亿 m^3,由此带来的泥沙共1 627万 t,其中夏秋灌溉达1 047万 t,放水过后不得不大规模清淤,清淤量是历年来最高的。三是沉沙池区地面淤高导致输沙渠比降减小。黄河下游引黄灌区大都有二三十年的运行历史,经过长期运用,灌区上游的沉沙池区普遍淤高,导致引水闸至沉沙池间的输沙渠段比降减小,增加渠道淤积量。

在引黄灌溉的实施过程中,由于沉沙处理不彻底,出口含沙量超过规定标准,因而形成浑水入河,再加上水土流失等原因,造成部分泥沙淤积河道,影响引黄灌溉和供水的顺利进行。

3. 引黄泥沙治理途径

1) 引水防沙

首先是渠首位置的选择。为了减少泥沙入渠,一般将引水渠首设在天然弯道末端的凹岸或修建导流工程,形成弯道。弯道凹岸边的垂线含沙量低于平均含沙量,而流速大于断面平均流速,因此有利于取水防沙。

由于黄河下游为无坝引水,高村以下河段,水流受治河工程控制,主流线基本与引水工程外轮廓一致,引水防沙效果较好,高村以上河段效果较差。但多数引水渠首设在两个险工坝垛之间,突出的坝头外端顶冲水流,鼓水翻沙,增加了进沙量,这种情况在枯水季节更加明显。因此,取水口位置的选择应特别慎重,首先要综合考虑各方面的因素,以期达到最佳的防沙效果。其次是引水角度的选择。黄河下游一般在30°~60°较为适宜,通常要经过模型试验确定。

2) 引水渠道的防淤

引黄防淤、减淤,对渠道的设计与布置至关重要,如果渠道的各方面参数合理,加上一些防淤处理措施,就可以做到不淤积或者减少淤积;反之,如果渠道布置不合理,就可能使渠道断面不断淤积,不但增加清淤工程量,而且使渠道过水断面减小,比降减缓,引水能力降低,影响工程效益的发挥。布置引水渠道时,一般追求的目标是不冲不淤,但在现实工作中由于各方面条件的限制,很难做到,一般采取冲淤平衡的方法设计。渠道的设计流速应略大于来沙量最小时的不冲流速,而又略小于来沙量最大时的不淤流速,以便使含沙量高时的淤沙在下一次清水时冲掉,做到渠道泥沙冲淤平衡。

3) 沉沙和黄河淤临、淤背相结合

在提高黄河防洪工程强度的同时,应减轻引黄渠道清淤压力,尽量少占压耕地,减少机淤开支。目前,黄河已经形成槽高、滩低、堤根洼的"二级悬河"不利局面。为此,应淤高临河堤根和背河地面高程,修筑相对地下河。今后在引黄灌溉工作中,把引黄沉沙池与淤临、淤背有机结合起来,让引水口出来的浑水通过淤区落淤沉沙,或出闸后的水流在背河堤脚外落淤,抬高淤区或背河堤脚地面高程,逐步消除"二级悬河"的威胁。经过落淤沉沙的清水经引黄干渠输入各级渠道,灌溉农田。这样既加固了黄河工程,也节约了引黄渠道的清淤费用,还有利于环境保护,一举三得,应大力推广。

4)在不影响土壤结构的情况下,研究加大输沙入田的比例

实践证明,衬砌渠道可有效提高渠道的输沙能力,将泥沙输送到农田,减少渠道淤积。

5)根据黄河含沙量的大小合理调度

黄河水在一年当中的含沙量有很大差别,含沙量大的月份集中在汛期的7、8、9月,而凌汛期的1、2月含沙量较低。这就启示我们,汛期的水量较大,含沙量较高,是淤改土地的大好时机,而灌溉则应尽量避开这一时段。凌汛期含沙量低,是引黄的大好时机,这时要为小麦浇足返青水。而且,这时一般水资源供需矛盾不明显,可以抢引抢蓄黄河水,待春季干旱、黄河水少时利用,提高黄河水的利用率,保证工农业生产的用水需求。另外,蓄积起来的黄河水还可以补充地下水源,维持地下水的供求平衡,保证干旱季节井灌时有地下水可利用。这样既提高了黄河水资源的利用率,同时也减少了淤积量,节约了开支,保护了生态环境。

因此,要合理解决引黄泥沙问题,防淤减沙,使沿黄地区在兴利的同时,又不破坏环境,促进当地经济发展,走可持续发展之路。

(四)引黄灌区盐分问题

1.黄河盐分问题概况

黄河水虽是淡水,含盐量也在 300 ~ 500 mg/L,如年引水量 70 亿 m³,则引进盐量为 210 万 ~ 350 万 t,若没有相应的排除盐量的措施,对区域水盐均衡是不利的。

灌区是我国农业和农村经济发展的重要基础设施,担负着城市和农业灌溉供水的重任。灌区建设关系粮食安全,关系城乡经济的协调发展,关系建设和谐社会目标的实施,关系经济社会的可持续发展。因此,搞好灌区建设意义重大。

盐分是作物生长所必需的微量元素,作物一般都有一定的耐盐性。但如果含盐浓度过高,将会使作物产生生理干旱,扰乱作物正常的生理代谢,影响作物的生长,从而影响作物产量甚至造成绝产。根据土壤中含盐量的多少可以划分土壤盐碱化程度。对华北平原的硫酸盐—氯化物等类型的地区来说,当土壤含盐量 <0.1% 时,为非盐渍化土壤;当土

壤含盐量在0.1%～0.3%时,为轻度盐渍化土壤;当土壤含盐量在0.3%～0.6%时,为中度盐渍化土壤;当土壤含盐量在0.6%～1.0%时,为强度盐渍化土壤;当土壤含盐量>1.0%时,则划归为盐土。

水盐平衡分析是以动态平衡的观点和理论对某一区域某一时期内的水分和盐分进行量化的盈亏分析。通过对灌区进行水盐平衡分析,可以了解灌区在历年运行过程中水分和盐分的盈亏状况和发展变化过程,并判断预测灌区水盐运动的发展趋势,分析土壤盐碱化进程和影响因素,从而指导灌区改造、盐碱地改良和盐碱化防治工作。根据动态平衡原理,进入灌区的盐量与流出灌区的盐量之间的差值就是灌区盐储量的变化值。如果引入的盐量多于输出的盐量,灌区将处于积盐状态;反之,如果灌区输入的盐量少于输出的盐量,将处于脱盐状态。

进入灌区的盐量主要是由降水、引黄水、黄河侧渗、地表径流、地下径流和施肥等带入的;灌区排出和损失的盐量主要是由工业与居民生活用水、地表径流、地下径流和作物收获等带出或消耗的。因蒸发蒸腾并不带走盐分,故灌区蒸发的耗盐量为零。

鲁西北是山东省盐渍化土壤分布最集中的地区,总计有盐渍土145.8万 hm^2。其中内陆地区51.8万 hm^2,占土地面积的10.1%;滨海地区94万 hm^2,占土地面积的18.3%。由于土壤和地下水中含有盐分,加之地下水埋深浅,地下径流排泄不畅,灌溉不当,容易引起土壤盐碱化。

目前,土地盐碱化主要发生在渠首沉沙地附近,长期输水的骨干渠道两侧,老盐碱地周边,沙质槽状洼地以及浅平洼地边远地区。虽然土地平整,施肥水平高,结合引提灌、控制水量,耕作层中盐分一般维持平衡,但土体和底土含盐量却在增加,灌溉不当引起土地盐碱化的威胁仍然存在。同时,气候变暖加剧了土壤水分蒸发,带动土壤盐分向上移动,引起耕作层土壤盐分增加,导致土壤盐碱危害加剧。

2. 对策措施

引黄灌溉在带来显著经济效益的同时,给灌区造成的泥沙淤积和盐分富积等不良的环境影响同样是不可忽视的,为了避免引黄灌溉引起土壤次生盐碱化,提出以下对策措施:

（1）在引黄灌区续建配套与节水改造建设中，应该注意灌排结合，灌排并重，充分利用汛期降雨径流脱盐、洗盐，合理调控水盐积聚；

（2）合理规划，优化配置，速灌速停，严格控制引黄灌溉用水量，减少客盐输入；

（3）搞好渠系衬砌，减少渠系渗漏，尽量减少和防止土壤次生盐碱化现象的产生；

（4）根据土壤含盐成分，科学合理地施用化肥，改良土壤结构；

（5）研究推广耐盐或吸盐作物的种植，调整改良种植结构；

（6）井渠结合，优化配置地表水、地下水资源，合理控制地下水位，有效控制盐分的纵向分布；

（7）在灌区排水沟、蓄水塘，探索培植亲盐生物、植物，降低水体含盐浓度，改善灌区水环境。

通过相应的措施，有效减少或避免引黄灌溉对灌区次生盐碱化的影响，维持灌区的良性运行，以灌区的可持续发展，保障粮食安全的需要，支撑区域经济社会的健康、协调、可持续发展，为构建和谐山东服务。

第四节　黄河实行统一管理调度对山东省社会经济发展的影响

一、黄河实行统一管理调度概况

20 世纪 70 年代至 90 年代末，黄河水利委员会实施水量统一调度之前，山东省黄河频繁断流，最为严重的 1997 年，断流时间长达 226 天，严重影响了沿黄城乡人民生活，对工农业生产造成了重大损失，下游河道泄洪能力降低，生态系统趋于恶化，河口三角洲生态系统遭到破坏。

为加强黄河水资源的权属管理，实现黄河水资源统一管理调度，避免黄河下游出现断流等问题，1999 年 3 月，国务院授权黄河水利委员会对黄河水资源进行统一管理调度。历史上，黄河治理都由中央政府直接管理,目前,在全国七大流域机构中,黄河水利委员会是唯一担负全河水资源统一管理、水量统一调度、直接管理下游河道及防洪工程等任务的流域性机构。对此,黄河水利委员会各级建立健全水量调度机构,发挥了黄河的最大经济效益。经过各地区、各部门的共同努力,实现了黄河自1999年以来连续12年不断流,扭转了自20世纪90年代以来黄河下游连年断流的不利局面,保障了处在最下游的山东省的正常引水。同时把黄河水远距离送到了菏泽南五县和德州庆云、滨州沾化、无棣等严重缺水地区,有效地缓解了这些地区的用水紧张局面,解决了群众的吃水难问题,结束了喝苦咸水的历史,基本满足了山东省沿黄地区工农业生产和城乡居民生活用水需求,堪称世界奇迹。黄河水量统一调度主要采取了以下四项措施,通过合理配置、精心调度,彻底改变了过去无序引水状态:一是对引黄渠首颁发了取水许可证,明确了农业和非农业用水的许可水量即初始水权。二是进行水量调度正规化、规范化建设,建立健全各项规章制度。制定了《山东黄河引黄供水管理办法》等规范性文件,实行了引黄供水订单制度、引黄供水责任书制度和水量调度通知单制度。三是做好水量分配方案,实施计划用水。提倡节约,实行经济约束。在水资源统一分配调度的同时,还实行经济上制约。通过采取阶梯制的收费方式,超出规定用水量则提高超出部分水量的费用,在经济上鼓励人们节约用水。四是建设引黄涵闸远程监控系统,加大引黄供水的监督检查力度。

二、统一管理调度的成效

多年来,在黄河来水持续偏枯的情况下,通过轮灌和限制引水,统筹兼顾了上下游、左右岸的均衡用水;通过集中供水,使严重干旱地区和偏远地区也用上了黄河水;通过实施全河水量统一调度管理,实现了至今未断流的斐然成绩,被时任国务院总理朱镕基誉为"一曲绿色颂歌";基本满足了沿黄工农业生产用水的需要,保证了城乡居民生活用水的需求,解决了沿黄百万人的吃水问题,保障了山东沿黄经济社会的可持续发展,取得了显著的经济、社会效益和生态效益。

（一）工业及社会效益

实施黄河水量统一调度后,避免了争水、抢水和盲目引水情况的发生。黄河不断流使沿黄636万人的吃水问题得以解决,并为青岛、天津及沿途城市1 705万人提供了生活水源。1989~2004年,向青岛及沿线供水20.9亿 m^3,10年增加经济效益400多亿元;1981~2004年,向天津远距离调水41亿 m^3;1993~2004年,向河北省送水21.74亿 m^3,极大地缓解了当地工业和居民生活用水紧张局面。现在黄河下游的群众看到黄河长流水、不断线,心里十分踏实,社会秩序稳定。

济南市自从修建了玉清湖、鹊山两大引黄水库以来,城市生活和工业用水得到了保障。两座水库设计总库容9 500万 m^3,日供水能力80万t,现实际日供水40多万t,占全市日供水能力的一半,对恢复济南市泉水喷涌发挥了重要作用。

山东沿黄地区有大量的工矿企业,如胜利油田、德州电厂等大中型企业都是依靠黄河水。近几年通过合理调度,基本满足了胜利油田等工业生产的需要。

根据黄河权威部门测算,黄河水对工业项目GDP的影响程度为211元/ m^3,据此测算,黄河水对山东沿黄工业GDP的影响量年均高达1 200亿元。

（二）农业效益

山东沿黄地区地处干旱、半干旱气候区,灌溉比不灌溉一般增产3~7倍。在农作物用水的关键季节,充分考虑了其需水规律之后,加大了小浪底水库的下泄流量,使得沿黄地区农作物得到及时灌溉,农业灌溉效益十分显著。当地干部群众不无感慨地说:"农业丰收两件宝,一靠党的政策好,二靠黄河水来浇。"通过采取大流量轮灌等措施,灌区下游和高亢偏远地区也用上了黄河水,避免了大面积减产、绝收现象的发生,经济效益显著。据测算,山东省农业引黄灌溉年增效益可达30亿元。沿黄灌区与非灌区亩产量相差65 kg以上,灌区年增产粮食约21亿 kg,按1.2元/ kg计算,农民年增收约25亿元。

（三）生态效益

1999年以来,黄河利津水文站(黄河入海控制站)每年有近50亿

m^3 的水量入海,保证了生态环境基本用水需要,河口生态环境明显改善。黄河三角洲上20万亩湿地得以再生,三角洲已成为东北亚内陆和环西太平洋鸟类迁徙的重要"中转站"和繁殖地,每年有近百万只鸟禽到这里越冬。许多珍稀和濒危鸟类在这里被成群发现:国家一级保护鸟类有丹顶鹤等9种,国家二级重点保护鸟类有白枕鹤等41种;黑鹳属于濒危鸟类,全国不过100余只,而2004年在黄河三角洲一次就发现了23只。多年未见的黄河刀鱼也又重新出现在黄河河道内。

三、小浪底水利枢纽建成后对山东省社会经济发展的影响

(一)小浪底水利枢纽概况

小浪底水利枢纽是治理开发黄河的关键性工程,于1997年10月成功截流,1999年10月下闸蓄水,2001年6月开始投入防洪、防凌运用,同年12月工程全部竣工,所有泄水建筑物达到设计运用条件。小浪底位于河南洛阳以北40 km的黄河干流上,上距三门峡水库130 km,下距郑州花园口115 km,是黄河干流三门峡以下唯一能够取得较大库容的控制性工程。

小浪底水利枢纽控制流域面积69.42万 km^2,占黄河流域面积的92.3%。控制黄河近100%的输沙量和87%的水量。水库总库容126.5亿 m^3,调水调沙库容10.5亿 m^3,死库容75.5亿 m^3,有效库容51.0亿 m^3。总装机容量为180万 kW(6台30万 kW混流式发电机)的地下发电厂房,高160 m、长1 667 m的黏土斜心墙堆石坝,巍峨的进水塔,壮观的出水口,在不足1 km^2 范围内拥有纵横交错的108条洞群,是一座以防洪、防凌、减淤为主,兼顾供水、灌溉和发电效益的综合性的特大型枢纽控制工程。

小浪底大坝不仅是中国治黄史上的丰碑,而且是世界水利工程史上最具有挑战性的杰作,也是我国跨世纪第二大水利工程。

(二)小浪底水利枢纽建成后对山东省社会经济产生的积极影响

小浪底水利枢纽运行以来,总体来说对山东地区的影响是积极的。利用水利枢纽的可控制性来改善黄河的水沙关系,改善了下游灌溉供

水条件,提高了下游灌溉用水保证率,缓解了黄河下游的旱情,保证了沿黄地区人民基本的生产生活用水需求。同时水库有效地拦截了上游的泥沙,使下游的来沙量减少,尤其是粗沙来沙量减少,减轻了灌区泥沙淤积压力。在上游来水量减少的情况下,充分利用水库调蓄能力将水量在时间上优化分配,逐步恢复了人与自然的和谐关系,下游灌区的生态效益显著提高,大大推进了山东省社会经济发展的进程。

第一,缓解了水资源供需矛盾。水库蓄水实现了对下游河道的水量调节作用,将水量在时间上进行优化分配。经调节向下游两岸沿黄城市、农业、工业提供水源,提高下游灌溉供水保证率,使灌区获得最大的灌溉效益。小浪底水利枢纽建成运用后,改变了黄河下游断流与弃水并存的现象,初步扭转了黄河长期断流的严重局面,在一定程度上缓解了下游水资源的供需矛盾。自 2000 年以来,在上游来水量减少的情况下,通过水库调节平均每年增加约 20 亿 m^3 的调节水量,年内径流调节改变了下游供水与用水在时间上的不协调状况,使下游引黄灌区的供水保证率由 32% 提高到 75%。为缓解天津市生活用水紧张状况,水库于 2000 年 10 月 13 日至 2001 年 2 月 2 日,通过山东位山闸向天津供水 8.59 亿 m^3。

第二,减少了灌区进沙量。下游引黄灌区受黄河来水来沙的变化影响,引水含沙量明显减少,悬移质泥沙组成变粗。如山东簸箕李灌区,在小浪底水库蓄水前(1984~1999 年),灌区的多年平均引水量为 4.73 亿 m^3,引沙量 456.2 万 t,平均引水含沙量 9.64 kg/m^3;蓄水后(2000~2007 年)灌区多年平均引水量 4.51 亿 m^3,引沙量 238.5 万 t,引水含沙量 5.29 kg/m^3。小浪底水库蓄水拦沙运用以来,灌区引水量有所减少,但减少得不多,为工程蓄水前平均值的 95.4%;而引沙量则大幅减少,仅为蓄水前平均值的 52.3%,含沙量则为蓄水前平均值的 54.8%。

第三,改善了下游生态环境。黄河下游两岸湿地广泛分布,主要分布在河口三角洲地区和沿黄大堤两侧,湿地环境多因黄河水的不断补给而得以维持。黄河断流使黄河三角洲环境恶化,造成生态系统、生物种群和遗传基因多样性的遗失等。小浪底水库 51 亿 m^3 的长期有效库容除汛期发挥防洪和调水调沙作用外,可以调节黄河年径流分布,改善黄河断流的严重形势,必然会扩大沿黄地区的湿地面积,维护和改善下游灌区的生态环境。

引黄泥沙是引黄灌区目前存在的主要问题,引黄灌区累计进沙总量会持续增加,而引黄灌区泥沙环境容量有限,泥沙处理的难度也必然会越来越大,问题也会愈加突出。以往的泥沙处理已占用了相当的灌区环境容量,并已引发了许多环境问题,可利用的灌区环境容量已在缩小。小浪底水库建成运行初期,下游河道来沙量有一个明显的下降,引黄泥沙相对量也会减少,在一定程度上可缓解因泥沙淤积量不断增加带来的引黄灌区环境压力,为灌区泥沙处理赢得宝贵的时间。

第四,防洪、防凌运用。小浪底水利枢纽建成后,黄河下游防洪形势明显好转。在下游发生大洪水时进行防洪调蓄运用,削减黄河下游洪峰,减轻了两岸的防洪压力,降低了灾害发生率。防凌期间小浪底水库在下游封冻前均匀下泄流量 500 m³/s,封冻后控制均匀下泄流量300 m³/s 左右。开河期依据凌情进一步减少下泄流量,确保凌汛安全。2001 年 1 月 11～18 日,受寒流影响,黄河下游气温急剧下降。在下游河段气温比常年偏低 1.6 ℃的情况下,山东河段仅发生流凌现象,未发生封河,这与小浪底水库防凌调度运用关系密切。2000 年 12 月下旬,黄河下游河口地区气温降至 0 ℃以下,利津站日最低气温达 -7 ℃。为了保证下游较合适的封河流量及满足向天津市送水的要求,小浪底水库控制出库流量 450～620 m³/s;2001 年 1 月 15 日前后,下游河段气温又急剧下降,利津站最低气温 -15 ℃,下游封河进入关键时期,小浪底水库再次加大出库流量至 600 m³/s。两次加大小浪底水库泄量进行防凌调度运用,是 2001 年凌汛期黄河下游未封河的主要原因之一。

小浪底水利枢纽兴建,不仅大大提高了下游山东地区防洪能力,而且提高了下游工农业及人民生活用水保证,有利于黄河下游水沙环境的综合利用,具有极大的经济、社会效益和环境效益,减轻了沿黄地区的洪患威胁,保证了区域社会安定,促进了山东省社会经济的可持续发展。

四、调水调沙对山东省社会经济发展的影响

调水调沙是实现治黄手段转折的标志性工程,其目的是在水库实时调度中形成合理的水沙过程,调控水库泄水,把淤积在黄河下游河道和水库中的泥沙尽量多地送入大海,冲刷河床,减缓泥沙的淤积,并通过原型观测分析,检验调水调沙调控指标的合理性,及时总结提高,进一步优化水库调控指标,有利于长期开展以防洪减淤为中心的调水调沙运用。通俗地讲,调水调沙就是借助自然的力量,依靠大型水库的人工调节,由小浪底水库"制造"一个含沙量小于 20 kg/m³、流量约在 2 600 m³/s 的洪峰,持续 10 d 以上通过花园口水文站,创造一种能够冲刷下游河床泥沙的"人造洪峰",输沙入海。同时,利用小浪底水库调水调沙,减缓黄河下游河道淤积,逐步探讨"四库"联合调度的运用方式,能够在较长的时期内稳定黄河的现行河道,实现河床不抬高的目标。

小浪底水利枢纽位于控制进入黄河下游河道水沙的关键部位,水库总库容为 126.5 亿 m³,长期有效库容为 51 亿 m³,有 10.5 亿 m³ 是作为调水调沙库容而设计的。在主汛期(7~9 月),当来水流量小于 2 500 m³/s 时,将水位调整到低壅水的蓄水拦沙状态,避免长时期下泄清水,控制对下游河道产生不利影响的高含沙洪水,在保证发电、下游用水等基本下泄流量的同时,拦蓄一部分水沙在库中;当流量大于 2 500 m³/s 时,将水库调整到敞泄排沙状态,通过调水造峰、调沙淤滩、增加洪水冲刷河槽等措施,使水沙过程两极分化,改善河床形态,增大滩槽高差,增大河槽的排洪和输沙能力,起到减轻下游河道淤积的作用。在非汛期利用水库蓄水调节径流,满足供水和灌溉的要求,并增大发电量。

黄河调水调沙始于 2002 年,截至 2011 年底,黄河水利委员会已连续组织开展了 13 次黄河调水调沙,其中 2002~2004 年开展了 3 次不同模式的调水调沙运用试验,2004 年之后转入正常生产运行。数次调水调沙效果明显。黄河 13 次调水调沙累计进入下游总水量 509.12 亿 m³,下游河道共冲刷泥沙 3.9 亿 t,加大了冲刷入海的沙量。通过小浪

底水库拦沙和调水调沙运行,使山东河段冲刷比例大幅度增加,黄河下游主槽河底高程平均被冲刷降低2.03 m左右,山东黄河主河槽平均刷深1.6 m,加大了平滩流量,使其由2002年汛前的1 800 m³/s提高到4 100 m³/s,河道过洪能力大幅度提高,大大减少了滩区农田淹没的概率,减轻了黄河下游的防洪压力,避免了黄河下游河道主槽的摆动,保证了引黄灌溉的渠首靠河,满足沿岸供水和灌溉需求。同时,由于下游河道得到冲深,降低了下游河道洪水位,因此对某些河段的"二级悬河"形势也有所缓解。

由此可见,调水调沙的效果是显著的。更重要的是通过调水调沙实践,进一步揭示了其巨大潜力,调水调沙有可能成为根治黄河的主要手段之一。

人们在探索治理世界上最难治的河流过程中,找到了处理黄河泥沙、扼制"悬河"升高的一剂良方,走活了历代治黄人苦思冥想的一盘大棋。

但是,调水调沙也存在一些问题。由于山东黄河涵闸多建于20世纪七八十年代,在设计底板高程时考虑了淤积因素,闸底板设置相对较高。自2002年调水调沙以来,黄河水位不断下降,河道河槽全面下切,加之河势变化影响,致使部分涵闸不再靠溜,闸前落淤,造成引水困难,有的甚至无法引水。

第五节　南水北调东线工程及胶东调水工程对山东社会经济的影响

一、南水北调东线工程及胶东调水工程概况

(一)南水北调东线工程及胶东调水工程的由来

我国是水资源短缺国家,同时水资源在时间和地区分布上很不平衡。长江流域及其以南河流的径流量占全国的80%以上,但耕地面积不到全国的40%,属富水区;而黄河、淮河、海河三大流域和西北内陆的面积占全国的50%,耕地占45%,人口占36%,但水资源总量只有

全国的 12% , 属缺水区。

南水北调工程是党中央、国务院为解决北方地区干旱缺水现状而批准兴建的大型跨流域调水工程, 是实现我国水资源配置的战略设施, 也是解决黄河水量严重短缺问题的根本途径, 可大大缓解我国北方水资源严重短缺问题, 促进南北方经济、社会与人口、资源、环境的协调发展。南水北调工程分东线、中线、西线三条调水线。西线工程在最高一级的青藏高原上, 地形上可以控制整个西北和华北, 因长江上游水量有限, 只能为黄河上中游的西北地区和华北部分地区补水; 中线工程从第三阶梯西侧通过, 从长江支流汉江中上游丹江口水库引水, 可自流供水给黄淮海平原大部分地区; 东线工程位于第三阶梯东部, 因地势低, 故需抽水北送。通过三条调水线路与长江、黄河、淮河和海河四大江河的联系, 形成"三纵四横"的水资源统一调度网络。南水北调实施成功后将改变我国水资源的分布格局。

胶东地区是沿海经济发达地区, 也是我国严重缺水的地区之一, 干旱连年出现, 经济损失严重。各城市供水普遍紧张, 地下水持续超采, 烟台、龙口、莱州等地海水入侵严重。当地水资源已难以解决缺水问题。南四湖地区在偏旱年份已无法维持供需平衡, 生活和工业供水也无法保持稳定。

黄河流域水资源不足和引黄泥沙堆积的严重环境后效, 使引黄供水受到威胁, 难以满足山东地区经济社会可持续发展和维持黄河健康生命的需要, 给社会稳定和生态环境造成了极其不利的影响, 因此必须补充新水源。

(二) 工程规模和基本任务

南水北调东线山东段是国家南水北调工程的重要组成部分, 是支撑山东省经济社会可持续发展、实现山东省水资源可持续利用的重要保障。

东线工程的起点在长江下游的扬州江都, 涉及苏、皖、鲁、冀、津五省(市), 终点在天津。工程计划利用江苏省江水北调工程, 从长江下游江苏扬州江都泵站抽水, 利用京杭大运河及与其平行的河道输水, 经13 级梯级泵站, 扬水 64 m 到山东省东平湖, 并连接起调蓄作用的洪泽湖、骆马湖、南四湖。出东平湖后分两路输水：一路向北，经隧洞穿黄河后自流到天津；另一路向东，通过胶东地区输水干线经济南向烟台、威海地区供水。调水线路总长 1 466.50 km，其中长江至东平湖 1 045.36 km，黄河以北 173.49 km，胶东输水干线 239.78 km，穿黄河段 7.87 km。南水北调东线工程线路见图 5-2。

调水线路连通洪泽湖、骆马湖、南四湖、东平湖等湖泊输水和调蓄。为进一步加大调蓄能力，拟抬高洪泽湖、南四湖下级湖非汛期蓄水位，利用东平湖蓄水，并在黄河以北建大屯水库，在胶东输水干线建东湖、双王城等平原水库。为满足工程正常运行和调度管理要求，还需建设里下河水源调整补偿工程，截污导流工程，骆马湖、南四湖水资源控制和水质监测工程，调度运行管理系统工程等。

2002 年 12 月 27 日，南水北调东线工程山东段开工建设。山东段南水北调工程共投资 169.8 亿元。建成后与山东省胶东地区应急调水工程衔接，可替代部分引黄水量。届时，黄河下游的引黄供需矛盾可得到缓解，把长江水、黄河水、本地水串联起来，丰枯互济，有效提高水资源的供给保证率。东线工程开工最早，并且有现成输水道。该工程山东段主干线自苏鲁界进入山东省韩庄运河，经南四湖进入梁济运河、柳长河，入东平湖调蓄，分别向黄河北和胶东地区供水。南水北调东线工程在山东省形成"T"形大动脉，南北长 487 km，涉及山东省 14 个市 107 个县（市、区），供水范围 11.3 万 km²，占全省国土面积的 73.7%。山东省一期工程需调江水量多年平均为 13.53 亿 m³。其中，按区域分胶东半岛 7.46 亿 m³，鲁南地区 2.28 亿 m³，鲁北地区 3.79 亿 m³；按行业分城市用水 13.20 亿 m³，航运 0.33 亿 m³。工程建成后将较大改善山东省的自然环境，特别是水资源条件，并以此来促进潜在的生产力形成现实的经济增长，对山东省工业、农业、城镇供水的直接经济效益年均可达 200 亿元左右，其社会、经济、环境效益巨大。

东线工程基本任务是从长江下游调水，向黄淮海平原东部和山东半岛补充水源，与南水北调中线、西线工程一起，共同解决我国北方地区水资源紧缺问题。

胶东输水干线共分为三段。西段自东平湖渠首引水闸自流输水至

水
与齐鲁文明

SHUI YU QILU WENMING

图 5-2　南水北调东线工程线路

小清河分洪道引黄济青子槽上节制闸,长 240 km;中段主要利用引黄
济青工程进行挖潜改造,一期工程自引黄济青子槽上节制闸至引黄济
青宋庄分水闸,长 142 km;东段近期该工程从引黄济青宋庄分水闸分

水向东经平度、莱州、招远、龙口、蓬莱、福山、莱山、牟平、文登至威海市的米山水库，长 319 km。东西输水干线总长 701 km。

(三)工程运行方式

江水、淮水并用，淮水在优先满足当地发展用水的条件下，余水可用于北调。在淮河枯水年多抽江水，淮河丰水年多用淮水；按照水资源优化配置的要求，在充分利用当地水资源，供水仍不足时，逐级从上一级湖泊调水补充，当地径流不能满足整个系统供水时，调江水补充；黄河以南各调蓄湖泊，为了保证各区现有的用水利益不受破坏，参照现有江水北调工程的调度运用原则，经调算拟定了各调蓄湖泊北调控制水位。一般情况下，低于此水位时，停止从湖泊向北调水；为保证城市用水，在湖泊停止向北供水时，新增装机抽江水量优先北调出省向城市供水，然后再向农业供水；根据黄河以北和山东半岛输水河道的防洪除涝要求，第一期工程向胶东和鲁北的输水时间为 10 月至翌年 5 月；东平湖抽江水补充湖泊蓄水，蓄水位上线按 39.3 m 控制。湖水位低于 39.3 m 时抽江水补湖，湖水位高于 39.3 m 时根据穿黄和到山东半岛水量确定抽水入湖流量。

二、南水北调东线工程及胶东调水工程与山东社会经济的可持续发展

南水北调东线工程是对黄淮海地区水资源的调整，是对长江、淮河、黄河、海河四大流域水资源的重要配置。南水北调东线工程山东段将以水资源的可持续利用，支持和保障山东省经济社会的可持续发展。

(一)工程效益

1.城市工业及生活供水效益

山东省实施东线第一期工程后，将向沿线城市工业及居民生活提供水源保证。山东省工业发展迅速，工业产值迅速提高。据中国科学院国情研究小组第四号报告《机遇与挑战》中分析，我国经济要在几十年内达到中等发达国家水平，2000～2010 年 GDP 平均增长率为 8%，山东省增长速度与此相当。南水北调东线工程实施调水后，山东省工业发展将获得可靠的水资源保证，缓解水资源供需紧张的局面，改善山

东省的投资环境、工农业发展条件及生态环境。一些受水资源短缺制约的耗水工业将会扩张，如矿产采掘、冶金、能源和采掘、机械制造等重化工业以及由纺织、非金属工业、石油化工、化学原料等构成的原材料工业将有一定的发展。调水后工业部门的扩张与发展，在解决一部分城市人员就业的同时，也会吸引大量廉价的农村劳动力从农业转移到工业。工业部门获得的超额利润被用于再投资，生产规模进一步扩大，又会吸纳越来越多农业部门的剩余劳动力，增强了经济持续增长的动力。

山东省城市发展较快，水利设施建设跟不上用水增长的速度，加上水源污染，城市用水高度集中，城市用水日益紧张。山东省的人口绝对数量在 2030 年前还会增加，随着城市化水平的提高，城市人口也将会大幅度增长。由于城市居民的人均用水量是农村居民的 2 倍，居民生活用水量将进一步提高，会进一步加重城市生活用水的紧张程度。南水北调工程的实施，将为城市生活提供优质、稳定的水源，扩大了城市的发展潜力，有利于其成为城乡发展的增长极。由于城市水资源的增加，人均水资源量将大大增加，城乡争水、地区争水、工农业争水的矛盾得到缓和，有利于社会稳定。在人均水资源量增加的同时，水质和水环境也将得到显著改善，有利于人们身心健康和提高生活满意程度。

2. 农业供水效益

山东省是产粮大省，实现粮食的可持续发展对于山东省乃至全国的可持续发展意义都很大。到 2030 年，要实现满足每人每年消费 450 kg 粮食的需要，农业总产值将比 2002 年增长 6 倍。南水北调东线第一期工程供水后，在增加工业用水及生活用水的同时，通过归还挤占的农业用水、生态用水，以及回收的工业用水为农业所利用，可以提高农业灌溉水量。可使低保证率的缺水农田得到有效灌溉，并可在水资源较丰沛地区适当发展新的灌溉面积，为保证粮食生产提供良好的水资源条件，可以提高农业生产的产出，有利于增加农业部门的就业机会。

3. 航运效益

南水北调东线方案，就是利用京杭大运河的旧道输水，同时对京杭大运河加以整治。南水北调使古老的京杭大运河恢复了生机,这是非常有意义的大事。调水与通航相结合,无疑是正确的。调水为恢复京杭运河天津到济宁段通航创造了条件,南水北调工程消除了南四湖干涸的危险,大大提高了济宁到扬州段通航保证率,使资源丰富的山东经济区与中国经济最发达的长江三角洲通过水运连接起来,对鲁西经济发展提供了航运支持。

4. 除涝效益

南水北调东线工程疏浚、扩挖现有的输水河流、湖泊,可提高沿线韩庄运河、南四湖、梁济运河、东平湖等的防洪除涝标准,还有利于退泄东平湖泄黄洪水。南水北调东线第一期工程所建泵站可结合排涝,增加排涝面积,使其排涝标准由不足 3 年一遇提高到 5 年一遇以上。

(二)生态环境效益

1. 加快治污工程的建设步伐

山东省南水北调工程涉及小清河、沂沭河、南四湖、东平湖、省辖海河等五大流域,国务院批复的《南水北调东线治污规划》中确定山东省完成城市污水集中处理及回用、工业点源污染综合治理、截污导流及污水资源化、流域综合治理等四大类工程。通过采取调整产业结构、治理工业污染、推行清洁生产、建设城市污水处理厂、减少化肥和农药使用、加强畜禽养殖污染防治、实施生态清淤和建设防护林等综合措施,南水北调东线水质恶化趋势基本得到遏制。为实现输水干线水质达到国家地表水环境质量Ⅲ类标准,尤其是东平湖水质达Ⅲ类标准的目标,必须加快山东省治污工程的建设步伐,这对全省生态环境的改善具有十分重要的意义。

2. 改善水环境

山东省南水北调工程建设对山东省水环境治理改善的巨大作用可能远大于工程本身的作用。南水北调工程的实施,可以有效供给山东省受水区的城市工业和生活用水,补充环境用水和农业用水,遏制地下水的超采,改善水文地质条件,有效地保护当地的湿地和生物多样性,并且还能够很好地改变受水区高氟水、苦咸水的现状,逐步改善和恢复黄淮海地区的生态环境。同时,由于水价的调节作用,可以促进节约用水,相应减少污水的排放,进一步改善生态环境。调水将增大供水区域内河流、湖泊的水环境容量,改善水质。各调蓄湖泊增加了水源,水位趋于稳定,避免了干湖造成的损失。河道经常输水,还可以美化城乡环境。

(三)社会效益

1.为社会经济可持续发展提供水资源保证

南水北调东线山东段南北输水干线、东西输水干线工程将在山东省形成"T"形输水大动脉,连接全省各市地和跨市地的输、蓄、配水工程,形成庞大的供水网络,可基本实现境内淮河、黄河、海河和胶东半岛四大流域的水资源统一调度,达到其水资源南北调配、东西互补的供水目标,最大限度地满足全省经济和社会对水资源的需求,为全省社会经济快速、持续、稳定发展提供可靠的水资源保证。

南水北调工程一方面可使济南等大中城市摆脱缺水的制约,为受水区经济结构调整提供了水资源保证,为经济结构调整包括产业结构、地区结构调整创造机会和空间。另一方面,通过南水北调工程的实施,拟引入市场经济运作方式,可以促进水价机制的改革,要求建立节水型农业、节水型工业、节水型城市和节水型社会,促使各地充分考虑水资源承载能力,严格限制高耗水产业的发展,合理调整地区经济结构,使受水区的资源优势得到充分发挥,有利于促进新的生产力布局的形成。

2.有利于推进城市化进程

城市是社会经济发展的载体。目前,由于受水资源短缺等因素的制约,山东省城市化水平滞后于工业化,城市化的滞后阻碍了农业劳动力向非农产业的进一步转移,固化了农民的生产生活方式,限制了农村市场的扩大,抑制了总需求的扩张,从而在很大程度上制约了工业化的继续推进,也制约了服务业的发展。改善水资源条件是我国北方城市化发展的重要前提条件和关键措施。实施南水北调工程为提高城市化水平提供了可靠的水资源保证,而且有利于提高城市水资源的承载力,对加快城市基础设施建设具有促进作用。从长远角度看,南水北调工程有助于农村人口向城市的聚集,有利于带动相关产业增长和就业人口增加,有助于农村城镇化的发展。城镇化进程的加快,工业和生活用水将大大增加,而南水北调工程能够基本满足受水区城镇化进程的需要。

3.有利于缓解"三农"问题

山东省农村人多地少,农业规模效益和农业劳动生产率较低,尽快把农业剩余劳动力转移出去是有效改善农民收入状况的重要措施。在加快城镇建设的同时,受城市发展的影响,劳动力、资本等生产要素从不发达区域农村向发达区域城市或城镇流动,减少了农村的剩余劳动力。同时,调水后提高了城市水资源的承载力,提高了城市化的发展速度,也加快了农业剩余劳动力向城市转移速度,相应增加了农村居民的人均水资源占有量,提高了农业生产率,从而提高了农村居民收入。

南水北调工程的实施,将在很大程度上改善山东省水资源与土地资源不匹配的局面,相应增加了农村居民的人均水资源占有量,为农业劳动生产率的提高创造条件,大大提高了粮食作物与经济作物的产量。南水北调工程的水源水质好,将减轻耕地污染,区域生态环境将向良性方向发展,种植业、林业、畜牧业及淡水养殖业的水资源量、水质将得到改善,农民可以通过合理安排农业结构,促进林业、畜牧业及养殖业的发展,增加收入。

第六节　小　结

水是人类赖以生存、社会经济得以发展的物质基础。引黄工程和南水北调东线工程实现了山东省水资源的可持续利用。作为客水资源,黄河和长江对山东省经济社会发展有着重要的促进作用。

一、黄河

黄河是山东省唯一的一条大河,是最可靠的水源。随着经济的快速发展,黄河水资源在我国现代化建设中的作用越来越突显。但就长期而言,山东省是缺水的省份,流域内的黄河水资源总量匮乏,供需矛盾突出问题长期存在。因此,有限的黄河水资源更显得特别宝贵,在流域社会经济发展中也被看做是一项重要的战略资源。

黄河是山东社会经济发展的生命线。山东黄河沿岸的工农业发展以及城乡居民生产生活都离不开黄河水的提供。黄河一旦发生决口改道、断流等问题，必将造成巨大的灾害，将打乱国民经济和社会发展的总体部署。如果山东失去黄河，不能引用黄河之水，这对山东省社会经济的发展将是一场毁灭性的灾难。届时，引黄供水范围内的 12 个市的 70 个县（市、区）的居民吃水问题将达到空前的难度，全省 51% 的土地、58% 的耕地、48% 的人口将受到严重影响。城乡居民生活用水困难，会导致地下水超量开采，形成大的漏斗，影响地区的地质结构，滨海地区喝苦咸水的局面将继续存在。山东农业生产急剧退化，农业灌溉失去水源，原有的灌溉渠系都将不能使用，棉粮基地名不副实。工业失去命脉，胜利油田供水告急，不得不限产、压产，甚至停产。山东黄河两岸的大中小城市都面临着吃水和工业用水问题，包括济南在内的城市大批工业都将因缺水而瘫痪。同时，铁路、公路等交通会受到不同程度的影响，还可能干扰其他水系，造成影响其他省（区）社会经济发展的不利局面。沿黄地区和黄河三角洲的生态环境严重恶化，海水入侵严重，大量的耕地盐碱化，原有水系遭到破坏，山东省经济损失将高达上百亿元人民币。失去了重要的黄河水的滋润，社会稳定受到极大挑战，有可能引发一系列的社会问题，后果不堪设想。

当前，党和国家把水利列为基础设施建设的首位，把水资源列为战略资源的首位，山东黄河水资源开发利用和管理面临着前所未有的发展机遇。按照"开源节流保护并举，以节流为主，保护为本，强化管理"的要求，全面建构山东黄河水资源统一管理与调度综合保障体系，统筹考虑城乡生活、生产和生态环境的要求，采取行政、经济、工程、科技、法律等多种手段，努力实现水资源的合理开发和高效利用，确保黄河不断流以及供水安全，以山东省黄河水资源的可持续利用支持沿黄经济社会的可持续发展。继续按照先生活、后重点工业兼顾农业用水的原则，坚持轮灌、大流量集中供水等有效措施，统筹兼顾上下游、左右岸均衡用水，并使严重干旱地区和偏远地区也能够用上黄河水，进一步推动科学发展、和谐发展、率先发展，为加快建设经济文化强省服务。

未来几年，我们要进一步保护黄河，充分利用黄河水资源，更好地服务两岸人民,为构建和谐山东服务。

第一,我们要采取综合措施,厉行节约用水,遏制水资源浪费现象。引黄灌区内部要逐步实施统一管理与调度。对老灌区要全面实施节水改造和续建配套,加大种植结构调整力度。大力推广渠道防渗、管道输水、田间节水和喷灌、微灌等节水措施,提高水的有效利用率;新建灌区要全部按节水要求设计、施工、管理。要限制高耗水项目的上马,认真组织实施水权转换,按国家水利产业政策适时适度提高水价,促进节水意识的提高。

第二,推行水权转让,实施两水分供,确保农民既得利益不受侵害。目前,由于山东黄河取水许可指标已全部审批到现有的具体用水户,新增用水项目的水量指标只有通过水权转换的方式解决,可供转换的水量将主要来源于农业节约水量。将农业水权有偿转让,既可以帮助灌区实现节水改造,调动灌区自我节水改造的积极性,确保农民既得利益不受侵害,又可以满足高效用水项目的用水需求,推动当地经济社会的快速发展。大力推进两水分供,切实扭转灌溉用水高峰期工业、生活与农业争水的被动局面。一是在有条件的灌区,对工业、生活和农业用水实行分渠道供水、分别计量;二是实行分时段供水,工业和生活取水一般应安排在汛期和冬季,充分利用平原水库、河道坑塘多引多蓄黄河水,3~6月农灌用水高峰期,工业和生活用水予以限制。

第三,加强黄河水资源的统一调度。黄河水利委员会多年来提出了黄河健康生命概念,统一管理,使黄河大堤不决口、河道不断流、水质不超标、河床不抬高,维持黄河生态健康,保证沿黄地区用水。目前,黄河水量实施全流域统一调度,必要时实施局部河段水量调度和应急水量调度等。

第四,加强对需水的有效管理,做好黄河水资源供需平衡分析,合理配置水资源。正常来水年份水量分配指标按照国务院1987年批准的黄河可供水量分配方案执行。黄河可供水量为370亿 m^3,其中,山东省正常年份黄河可供水量分配为70亿 m^3。1999年黄河实施水量统一调度以来,根据黄河来水预测、正常来水年份可供水量分配指标与年度可供水量比例,确定各省(区)年度分配控制指标,各月份分配指标原则上按同比例压缩的原则,对每年的水量进行分配。对于枯水年份的水量分配与调度,要充分利用水价、水权转换等经济手段,根据《黄河水量调度管理办法》,由黄河水利委员会实行统一调度,按以供定需、分级管理、分级负责的调度原则,并实施年度水量分配和干流调度预案制度。各省(市、区)年度用水量实行按比例丰增枯减的调度原则,即根据年度黄河来水量,依据 1987 年国务院批准的可供水量各省(市、区)所占比例进行分配,枯水年同比例压缩。制订黄河水量调度方案,上、中、下游统筹兼顾,优先安排城乡生活用水和重要工业用水,其次是农业、工业及其他用水,同时还留有必要的河道输沙用水和环境用水。

第五,采取工程措施调蓄黄河水,提高水资源利用率。面对黄河中上游引黄用水发展变化,引黄水量的逐年增加,山东省应采取工程措施调蓄黄河水,适度建设平原水库,丰蓄枯用,不与农业争水,提高水资源利用率,优化小浪底水库运用方式,改善下游用水条件,发挥分滞洪区工程作用,调蓄黄河水。既可以缓解春秋季节用水矛盾,又可以补充地下水源,促进生态环境的改善。建立引水、耗水和省际断面三套配水指标体系。同时加快南水北调工程建设,为南水北调实施后国务院调整沿黄各省黄河可供水量分配指标,为山东省尽可能多地争取黄河水量指标做好前期工作。采取行政、经济、工程、科技、法律等多种手段,保障黄河水资源管理的可持续利用。

山东沿黄地区离不开黄河水,我们要针对黄河的实际情况,以实际行动保护黄河水资源,采取综合措施有效利用黄河水资源,维持母亲河的生命健康。展望未来,我们坚信,在山东省委、省政府的正确领导下,在各级用水部门的协调下,经过一代代中华儿女矢志不渝的努力奋斗和不断探索,黄河一定能实现长治久安,更好地造福中华民族,更好地推动山东省社会经济的可持续发展,使黄河水满足山东省工农业生产及城乡人民生活用水的需要。山东黄河的未来一定会变得更加和谐美好。

二、南水北调东线工程

南水北调东线工程山东段不仅效益巨大,而且是实现山东经济社会可持续发展战略的重要保障,为山东省水资源的优化配置和统一调度奠定了良好的工程基础,基本解决近期山东省水资源短缺问题,同时可有效地拉动山东省经济持续增长,创造更多的就业机会,促进全省污染治理,有效地改善供水区生态环境。但也必须清醒地认识到,该工程跨区域调水对山东环境产生的负面影响也是多方面、多方位的,影响并非只是水环境,还包括调水途经区、水源输入区的人文、社会、经济以及土壤、大气环境、生物物种的生境、地表植被、生物多样性以及传染病、地方病等。跨流域调水对环境和社会的影响巨大而复杂,存在直接或间接、短期或长期、诱发或积累、一次性或继发性的种种影响,可能会引发流域性生态安全问题,还有引来的水对当地水水质的影响、如何发挥工程的最大效益以及如何协调当地水与引江水丰枯遭遇等问题,这正是山东人民关注的热点和焦点问题。因此,研究南水北调东线工程山东段可能出现的新的生态安全问题,及早提出控制对策,确保山东生态安全,对于充分发挥工程效益,促进山东经济和社会可持续发展等都具有重要意义。

第六章 虚拟水与齐鲁国民经济发展

引 言

　　山东省多年平均淡水资源总量为 303 亿 m^3,仅占全国水资源总量的 1.1%,但人口却占全国的 7.07%,人均水资源占有量 344 m^3,仅为全国水平的 1/6,世界平均水平的 1/24。根据联合国制定的水资源标准,山东省属于人均水资源量低于 500 m^3 的极度缺水区。要解决山东缺水问题,从根本上要走内涵发展的道路,节约用水和保护水环境是关键,其中调整第一、二、三产业的结构,建立基于水资源保护的节水型社会是协调社会经济发展和水资源矛盾的唯一举措。

　　"虚拟水"概念是由伦敦大学教授 J. A. Allan 在 1993 年提出来的。开始时是指包含在世界粮食贸易中的水资源,后来延伸到隐含于水密集型产品中的水资源量。虚拟水贸易是指国家或地区之间通过进出口商品或服务而进行水资源量的间接贸易,如生产 1 kg 蔬菜平均需要消耗 200 kg 水量,如果不考虑调入山东省的蔬菜量,按有 50% 的蔬菜约 0.2 亿 t 参与外销,相当于从山东省调出了 40 亿 m^3 水量。而跨流域工程调水等真实水的调配方式具有投资大、水价高、移民和占地多、水质和生态安全风险大等缺点,运用虚拟水贸易进行水资源的二次调配,并将该思想运用于山东省水资源配置和保护,具有其现实可行性和必要性。

目前,虚拟水贸易分析大多采用针对具体产品的表观消费方法,只适用于对农产品虚拟水贸易的核算,难以衡量工业产品的虚拟水贸易量,更难从宏观经济的角度系统把握区域间虚拟水的流动关系,且存在进出口产品重复计算的风险。基于投入产出的虚拟水研究方法可以有效地克服以上不足。

投入产出分析方法是由美国哈佛大学教授、经济学家瓦西里·列昂惕夫(W. Leontief)于 20 世纪 30 年代研究并创立的一种反映经济系统各部分之间投入与产出数量依存关系,并广泛应用于经济分析、政策模拟、计划制定以及能源、水资源、环境保护等领域的数量分析方法。采用投入产出方法研究山东省虚拟水贸易,有助于深入剖析宏观经济与水资源之间的双重关系:一方面,水是工业的血液、农业的命脉,水资源日益紧缺的状况很大程度上制约了经济的发展和产业结构的调整;另一方面,经济的发展又反作用于水资源的开发利用,各种工程项目的实施,无论是开源还是节流,都需要经济的发展提供必要的资金和物质保证。

第一节 山东省宏观经济和水资源概况及特点

一、山东省宏观经济概况

自改革开放以来,山东经济一直保持着持续、快速、健康的发展,产业结构亦日趋合理,经济效益逐步提升,国内生产总值以 10% 以上的速度逐年递增,人均国内生产总值突破万元,主要国民经济指标均位居全国前列,成为东部沿海的经济大省。

(一)山东省农业发展概况

山东省一直将农业作为其发展经济的基础产业,农业生产总值居全国第一。同时,山东省是全国重要的粮食主产区,连续多年的粮食年产量均超过 4 000 万 t;山东省棉花种植的历史悠久,是全国主要的产棉区之一;山东省还是全国最大的花生产区之一,花生出口量占全国花生出口量的一半以上。此外,近年来,山东省的蔬菜生产已成为山东省农业的第二大主导产业,被誉为全国最大的"菜篮子",蔬菜产品供应到北京、上海等地的蔬菜市场,是主要供货地之一;山东省还是著名的水果之乡,出产的主要水果有高品质的苹果、桃、杏、梨、枣、西瓜、葡萄等,产量居全国第一。

山东省非常重视林业建设,保护与发展并重,形成了城镇、平原、山区、沿海四大绿化体系,以及以苹果、板栗、梨、银杏等为主的经济林业。

山东省畜牧业的历史悠久,作为全国粮食和经济作物的主产区,山东省凭借其充足的饲料和秸秆资源为省内畜牧业的发展提供了强有力的保障。

(二)山东省工业发展概况

山东省工业发展迅速,逐步形成了以能源、冶金、化工、机械、建材、食品、纺织等产业为支柱的工业体系。全省有多个省重点企业集团和大中型工业企业,例如山东电力集团、浪潮集团、齐鲁石油化工有限公司、中国重型汽车集团、济南钢铁集团、海信集团、海尔集团及兖矿集团等。

主要的工业产品有原煤、钢、水泥、塑料制品、平板玻璃、纱、机制纸、家用电冰箱、房间空气调节器、汽车、摩托车、电子计算机、彩色电视机等。其中,海信、海尔、小鸭、澳柯玛等家用电器,轻骑摩托车,浪潮服务器等产品驰名国内外。山东省内利润居前五位的行业包括电力、化工、天然气、纺织和食品。

山东省整体经济系统呈现出以下特点:工业生产增长平稳、投资结构日渐优化、对外贸易增长较快、经济运行质量逐步提高、节能减排成效显著、制造业占据半壁江山、第三产业比重偏低等。

二、山东省宏观经济与水资源相关关系

人类社会发展至今,自然资源与国计民生一直有着非常密切的联系,比如,农业社会阶段,土地资源被看作是最关键的生产要素;工业社会阶段,能源和金属矿产资源则得到了很大程度上的重视;而到了后工业社会的今天,基于人类文明发展而带来的对资源的过度消耗以及对自然环境的极大破坏,水资源的短缺及保护逐渐成为关注的焦点。

农业中粮食作物、蔬菜、果树、林木的生产状况均在很大程度上取决于当地可使用的水资源的状况。基于农业生产的需要，山东省水利工程和农田基本建设取得了一些成绩，包括建造许多地表水库等，由此开始扩种高产作物，提高复种指数，农业结构比率发生了较明显的改变和优化。同时，水利投资有助于缓解"三农"问题，帮助调整区域供水结构，通过将工业生产中挤占的农业用水量偿还给农业，并将处理后的城市污水回用于农业灌溉，可缓解农业生产中用水不足的问题，降低生产成本，从而增强区域农业的竞争力，促成农村经济的增长。

工业中，使用当地水源的主要用水型工业区有：胶东节水型工业区，南四湖耗水型工业区，淄博、济南、莱芜、枣庄耗水石油化工区及鲁西北化工区；使用客水作为生产用水的工业区有：东营石油工业区，潍北化工区及青岛黄岛石油化工区。分析可发现，不同地区工业结构的不同依赖于当地水资源形式的不同，水资源在产业结构形成及调整过程中发挥着关键的作用。如若忽视对水资源的保护，工业将朝恶性的方向发展：经济发展→工业化水平提高→污染程度加重→水环境容纳能力及自净化能力减弱→工业生产成本提高→工业产出减少→国内生产总值下降，最终导致经济发展遭遇资源瓶颈，人类生存环境遭受破坏。

水资源作为工业的血液、农业的命脉，在工农业生产过程中起着举足轻重的作用。从国民经济生产各部门对水资源的依赖性来讲，农业作物的生长离不开水分、阳光和土壤的供给，水资源在渔业和畜牧业生产中的重要性同样如此，因此对于农业部门来讲，其对水资源有绝对的依赖性；对工业生产各部门来讲，电力及蒸汽热水生产等基础设施产业在取水以保障其各自生产的基础上，还为其他行业提供了包含虚拟水在内的中间产品和服务，因此在一定意义上说，这些基础设施产业对水的依赖性较大。实际上，通过对耗水系数的分析，可得出农业、电力及蒸汽热水生产等基础部门的直接耗水系数和完全耗水系数均较大，也验证了对这些部门水依赖性的分析。

总体来讲，水资源对宏观经济的影响主要体现在以下几方面：

（1）水资源在社会经济发展中居于极其重要的地位，既是重要的生产资料，也是必不可少的生活资料，且随着社会经济发展程度的逐步提高,对水资源的依赖性也逐渐增强。

(2)水资源短缺与水环境污染已经成为制约社会经济更快更好发展的瓶颈因素。

(3)供水规模直接影响到宏观经济发展的速度和质量,因此要想实现社会经济的健康、持续发展,就必须增强对水资源的有效保护以及对使用量和利用率的控制。

当前,随着节水意识的增强、节水措施的实施及不断强化,在经济发展的基础上,水资源的节约利用也取得了良好的成效,山东省宏观经济与水资源之间逐渐呈现出相辅相成、相互促进的良好形势。

第二节 水资源投入产出分析方法

一、投入产出分析

(一)投入产出表的提出和发展

投入产出分析主要是通过投入产出表的编制及相应数学模型的建立,来反映经济系统中各产品部门之间的相互关系。投入产出表于20世纪30年代由美国哈佛大学教授、经济学家瓦西里·列昂惕夫(W. Leontief)首先提出并进行了研究和编制。该分析运用投入产出技术,将国民经济生产各部门在生产中投入的各种费用与产出的各种产品和服务的价值及使用去向,组成纵横交错的棋盘式平衡表,系统地反映宏观经济中各产品部门在生产过程中相互制约、相互依存的经济联系。投入产出表中的投入项是指各产品部门在生产产品和服务时的各项投入,包括中间投入部分和最终投入部分。产出则是指各部门产品和服务的产出及其使用去向,同样包括中间使用部分和最终使用部分。

自投入产出理论提出至今,该方法得到了不断的发展和完善。理论方面,该方法由静态模型向动态模型发展,并研究出了系数修订方法,提出了与其他理论系统相融合的优化模型;应用方面,投入产出表的编制方法和手段均得到了改进,投入产出分析方法的应用领域得到了扩展。

（二）投入产出表的基本结构

首先给出投入产出简化表,如表6-1所示。

表6-1 投入产出简化表

产出\投入		中间使用				最终使用	总产出
		1	2	…	n	合计		
中间投入	1	x_{11}	x_{12}	…	x_{1n}	W_1	Y_1	X_1
	2	x_{21}	x_{22}	…	x_{2n}	W_2	Y_2	X_2
	…	…	…	…	…	…	…	…
	n	x_{n1}	x_{n2}	…	x_{nn}	W_n	Y_n	X_n
	合计	C_1	C_2	…	C_n	W	Y	X
增加值		N_1	N_2	…	N_n	N		
总投入		X_1	X_2	…	X_n	X		

由表6-1可看出,投入产出表由三大部分组合而成,依次按照左上、右上、左下的顺序,称其为第Ⅰ、第Ⅱ和第Ⅲ象限。

第Ⅰ象限由数目一致、名称相同且排列顺序相同的 n 个产品部门纵横交叉而成,分列为中间投入、中间使用。矩阵中的每个数字 x_{ij} 都具有双重意义:从行方向来看,表明某产品部门生产的产品或服务提供给各产品部门所使用的价值量;从列方向来看,反映某产品部门在生产过程中消耗各产品部门生产的产品或服务的价值量。该象限充分揭示了宏观经济各部门间相互制约、相互依存的经济联系,同时也反映了宏观经济各部门之间相互提供劳动对象供生产和消费的过程,该象限是投入产出表的核心部分。

第Ⅱ象限是对第Ⅰ象限在水平方向上的延伸,其主栏与第Ⅰ象限相同,为 n 个产品部门;宾栏则是由最终消费、资本形成总额、净出口等最终使用项目组成。该象限反映了各产品部门生产的产品或服务分别用于各种最终使用的价值量及构成,体现了国内生产总值经历分配和再分配过程后的最终使用。

第Ⅲ象限则是对第Ⅰ象限在垂直方向上的延伸,其主栏由劳动者报酬、固定资产折旧、生产税净额、营业盈余等增加值项组成;宾栏与第Ⅰ象限相同,该象限反映了宏观经济各产品部门增加值的构成。

总体来说,第Ⅰ和第Ⅱ象限一起组成的横表,反映了宏观经济各部门生产的产品和服务的使用去向;第Ⅰ和第Ⅲ象限一起组成的竖表,反映了宏观经济各部门在生产和经营活动中各种投入的来源及产品价值的构成,体现了宏观经济各部门产品和服务的价值形成过程。

(三)投入产出表中的基本概念

投入产出表中的投入项,是指各产品部门生产产品和服务所投入的价值量,包括中间投入及增加值两项。其中,中间投入是指各产品部门在生产和经营过程中投入的各种原材料、动力、燃料及服务的价值量;增加值则是指生产各种产品和服务所需资本、劳动等要素的费用。

投入产出表中的产出项,是指各产品部门的总产出,包括中间使用和最终使用两项。其中,中间使用是指各产品部门生产的产品和服务提供给各中间部门使用的价值量;最终使用则是指各产品部门生产的产品和服务用于投资、消费及出口的部分。

二、水资源投入产出分析方法

(一)水资源投入产出分析的基本类型及结构

投入产出表是基于宏观经济各产业部门在生产和经营过程中所投入价值的来源与产出产品的分配使用去向,纵横交叉排列而成的,表中的横行反映了某一部门生产的产品对其他中间使用部门的分配,纵列则反映了某一部门在生产经营过程中从其他部门所获得的产品和服务的投入,该表充分揭示了宏观经济各部门之间相互依赖、相互制约的经济联系。

水资源投入产出表则是对投入产出表的改造,将水资源的内容加入其中而形成的。自20世纪60年代开始,基于水资源投入产出表,国内外专家学者纷纷提出了各具特色的水资源投入产出分析方法。根据其各自的特点,可大致分为以下3类:

(1)水资源利用投入产出分析。由我国学者汪党献提出。该分析中,以对角矩阵的形式加入了"用水量"的项目,用以反映各产品部门对水资源的利用状况。在国外,Bouhia提出,在水资源利用投入产出表中,除加入"用水量"外,还可在产出部分加入"自然水储水量的变化"

项。该表从水的自然循环以及社会循环量两方面出发,很好地表达出了水资源在社会经济活动中的流动过程,并直接反映出了经济活动中实际消耗的水量。

(2)水污染分析投入产出分析。陈锡康等建立了包含水污染分析在内的投入产出表,在水资源利用投入产出表的基础上,加入了关于污染物的内容。该分析将社会部门分为水资源部门和经济部门两大类,分别讨论了各部门对水资源的利用情况,同时考虑了废水的产生及处理等问题。此方法兼顾环境保护和资源利用两方面的内容,是较为合理的水资源投入产出分析方法,得到了国内外学者的广泛应用,并不断完善和创新。

(3)水资源投入占用产出分析。随着理论和实践的不断深入,陈锡康等创造性地提出了投入占用产出分析方法,并将其应用于水资源的研究。水资源投入占用产出表除在投入产出表中加入了水的使用分析以及对水污染的分析外,还加入了包括固定资产、流动资产、劳动力等在内的占用项。该模型对各部分的分类较为细致,能够更确切地描述问题,但同时也导致分析所需的数据量太大,实际操作较为困难。

(二)水资源投入产出表

用于分析的宏观经济水资源投入产出表的结构如表 6-2 所示。

表 6-2　宏观经济水资源投入产出表

投入 ＼ 产出		中间使用		最终使用	总计
		$1,\cdots,j,\cdots,n$	总计		
生产部门	$1,\cdots,j,\cdots,n$	Ⅰ X_{ij}		Ⅱ Y_i	X_i
	合计				
部门耗水	$1,\cdots,j,\cdots,n$	Ⅲ W_{ij}		Ⅳ V_i	W_i
	合计				
初始投入		Ⅴ　AD_j			

注:X_{ij}—部门产品流量;Y_i—第 i 部门用于最终使用的产品;X_i—第 i 部门总产出量;W_{ij}—第 i 部门的用水量($i \neq j$ 时,$W_{ij} = 0$);V_i—第 i 部门最终需求领域取水量;W_i—第 i 部门总取水量;AD_j—第 j 部门附加价值。

宏观经济水资源投入产出表与投入产出表中第Ⅲ象限的内容不同,是由对角矩阵形式表示的各行业生产过程中用水量的情况。

第三节 山东省宏观经济水资源 投入产出计算及分析

一、山东省宏观经济水资源投入产出计算

(一)部门分类及数据合并

由于宏观经济系统庞大,无法对各分支行业均进行计算和分析,故在计算之前,应先对各产业部门进行分类和合并。

所谓产品部门,是指具有某些相同属性的产品的集合,该集合可以是单一产品,也可由具有某种相同属性的几种产品组合而成。因此,产品部门分类的原则是指产品或服务的消耗结构基本相同、使用用途基本相同、生产工艺基本相同。而在实际中,同一产品部门的产品或服务往往不同时满足上述三个条件,而是只满足其中的一个或两个条件。因此,在实际运用中,可根据几种产品或服务符合某一相同原则而将其划为同一产品部门。例如,对火力发电、核力发电、风力发电、水力发电、潮汐发电等行业来讲,尽管各行业间的消耗结构和生产工艺存在很大差异,但由于它们的用途基本相同,因此在部门分类中,可将它们统一划入电力产品部门中。

综上所述,结合经济生产和水资源使用两方面的因素,并以"山东省投入产出表"中的行业分类作为基本参考,将山东省宏观经济系统大体划分为14个产业部门,如表6-3所示。

根据上述部门划分,结合1997年、2002年、2007年《山东省水资源公报》及用水定额中的数据进行合并,可得出1997年、2002年、2007年三年山东省14个行业的用水量数据,如表6-4所示。

同时,根据上述部门划分,对1997年、2002年、2007年"山东省投入产出表"中的数据进行合并,基于计算的需要,在此只留取合并后14个行业的中间流量、总投入及附加价值数据。由于14个行业投入产出

表规模较大,鉴于篇幅限制,在本书中以数字 1~14 依次代表农业、采掘业、食品制造业、纺织缝纫及皮革工业、造纸及文教用品业、电力及蒸汽热水生产和供应业、石油工业、化学工业、建材及其他非金属矿物制品业、金属冶炼及加工业、机械工业、建筑业、其他工业及第三产业。对于本书中其他规模较大的表格也采取同样的行业表示方式。

表 6-3　宏观经济部门分类

基本分类	产业分类
初级产品	农业
	采掘业
制造业(轻工业)	食品制造业
	纺织缝纫及皮革工业
	造纸及文教用品业
	其他工业(工业品及其他制造业、废品废料)
	石油工业
制造业(重工业)	化学工业
	建材及其他非金属矿物制品业
	金属冶炼及加工业
	机械工业
工业基础设施	电力及蒸汽热水生产和供应业
社会基础设施及服务业	建筑业
	第三产业

表 6-4　山东省 14 个行业用水量　（单位：万 m³）

部门	1997 年	2002 年	2007 年
农业	1 173 332	2 051 256	1 648 162
采掘业	19 013	31 926	12 839
食品制造业	12 894	23 468	15 163
纺织缝纫及皮革工业	9 986	25 634	15 890
造纸及文教用品业	16 973	53 946	42 795
电力及蒸汽热水生产和供应业	32 882	71 395	62 594
石油工业	4 373	34 628	25 666
化学工业	33 652	40 819	34 234
建材及其他非金属矿物制品业	3 705	8 069	6 790
金属冶炼及加工业	8 435	17 368	15 289
机械工业	6 373	9 615	8 281
建筑业	8 738	16 097	14 708
其他工业	7 360	17 961	14 520
第三产业	23 691	34 285	44 000

218

合并后，1997 年、2002 年及 2007 年的投入产出表中间流量，即第Ⅰ象限的数据及附加值、总投入的数据如表 6-5 ~ 表 6-10 所示。

（二）宏观经济水资源投入产出指数计算

宏观经济水资源投入产出方法的计算包括耗水指数计算、供水经济效益计算以及产品输出输入虚拟水量计算三部分。计算的基础是基于投入产出表中各部门生产与使用的平衡方程，以及引入水资源使用量后产生的水资源使用方程，如下所述：

表 6-5　1997 年投入产出表中间流量数据

（单位：万元）

部门	1	2	3	4	5	6	7	8	9	10	11	12	13	14
1	2 192 629	28 721	8 287 211	2 512 552	351 097	100	2 699	518 683	4 237	242	829	0	47 414	328 121
2	18 310	1 896 520	87 154	339 424	294 836	856 168	1 703 624	1 700 155	1 985 159	1 245 615	1 844 455	473 417	131 835	413 179
3	1 293 609	15 352	3 010 587	179 910	240 304	840	1761	466 999	38 955	3 198	37 697	0	390 165	1 691 834
4	0	368 069	23 561	3 653 960	590 188	1 886	9 993	521 311	46 541	86 679	180 473	16 237	96 616	918 270
5	2 418	41 264	186 802	68 861	992 781	1 269	11 625	101 032	219 686	128 472	342 038	12 338	71 675	1 765 568
6	16 300	278 165	28 822	43 156	39 868	1 599	17 863	217 350	128 522	607 829	185 512	31 723	37 863	282 934
7	99 010	190 187	13 560	216 612	30 782	21 132	81 395	158 203	79 776	422 723	169 112	148 666	44 987	632 302
8	1 243 996	453 178	128 733	623 054	780 338	8 167	86 209	4 207 578	703 090	245 642	1 197 982	353 713	431 000	1 058 360
9	0	427 069	111 896	37 451	74 562	8 609	30 646	217 480	411 130	586 168	513 487	3 455 291	27 274	346 088
10	36 456	694 745	33 998	56 318	184 802	7 895	20 107	447 458	400 992	2 887 734	2 798 223	2 323 989	98 531	333 855
11	181 767	1 326 122	56 576	83 660	160 501	110 358	72 554	578 034	1 043 456	1 036 026	7 550 167	677 310	72 387	303 054
12	17	47 632	4 876	2 837	11 280	4 052	4 576	32 698	4 504	17 149	56 149	4 134	20 442	1 660 733
13	6	153 837	8 010	9 798	117 415	1 041	18 737	223 203	65 869	114 249	173 296	248 674	506 657	208 694
14	3 548 682	3 044 120	221 593	1 281 980	983 734	52 914	121 459	1 750 394	901 473	1 302 855	2 263 990	1 458 308	488 632	8 929 439

表 6-6　1997 年投入产出表附加值和总投入数据

（单位：万元）

部门	1	2	3	4	5	6	7	8	9	10	11	12	13	14
附加值	11 950 000	5 020 369	4 019 927	1 747 186	1 517 437	1 144 611	1 009 496	3 718 899	2 286 735	1 419 876	5 699 230	3 550 000	714 576	22 702 191
总投入	20 583 200	13 985 351	16 223 304	10 856 759	6 369 925	2 220 635	3 192 743	14 859 377	8 320 126	10 104 457	23 012 638	12 753 800	3 180 053	44 301 923

表 6-7　2002 年投入产出表中间流量数据

（单位：万元）

部门	1	2	3	4	5	6	7	8	9	10	11	12	13	14
1	3 223 069	13 630	10 215 072	2 409 609	448 579	293	7 130	831 658	5 147	1 167	2 312	123 373	30 394	719 220
2	189 267	1 985 975	444 413	86 219	105 998	849 839	3 959 712	694 808	941 023	3 140 636	972 953	739 017	103 857	177 896
3	1 379 240	540 638	7 761 456	1 017 453	651 951	1 003 240	979	4 827 708	385 077	5 191	5 574 738	0	238 084	2 836 259
4	244 483	326 806	804 006	3 211 635	114 398	6 278	234 593	315 501	67 829	42 009	694 481	77 426	632 526	199 296
5	19 308	116 270	401 819	98 947	1 086 571	12 155	291 231	83 485	49 120	34 992	175 461	1 999 946	30 204	1 757 307
6	209 483	364 114	145 762	464 999	153 311	247 757	5 098	496 691	456 927	592 118	95 720	159 794	85 862	1 320 243
7	523 497	148 840	489 881	43 420	51 808	64 453	786 990	1 171 386	475 983	747 222	332 180	482 628	34 062	1 546 872
8	3 881 713	1 047 549	1 309 741	2 354 451	447 979	45 046	438 624	3 955 677	1 289 772	433 710	1 471 603	810 198	276 084	1 131 847
9	151 688	493 288	415 275	80 109	13 261	9 923	37 931	500 243	497 399	710 079	704 043	8 628 866	49 409	250 027
10	16 141	858 754	94 974	40 363	54 267	65 541	57362	292 909	270 628	2 140 825	4 351 541	3 153 112	150 165	648 670
11	247 533	594 155	251 586	142 456	68 372	450 537	756 636	238 889	186 899	378 849	9 461 453	1 670 129	140 641	3 085 283
12	9 878	20 941	8 862	381	500	604	8 951	1 571	983	1 326	28 063	0	4 458	431 670
13	29 888	116 959	539 672	147 552	640 153	29 901	12 527	91 252	89 928	82 754	216 305	885 440	293 222	452 727
14	878 672	2 654 524	5 822 561	1 299 665	751 298	464 947	589 056	3 022 065	1 190 419	1 257 443	4 450 098	1 300 837	334 267	21 778 191

表 6-8　2002 年投入产出表附加值和总投入数据

（单位：万元）

部门	1	2	3	4	5	6	7	8	9	10	11	12	13	14
附加值	15 734 491	6 482 295	12 374 605	3 622 038	1 871 789	2 896 697	885 370	7 278 414	2 585 581	1 794 228	6 990 523	6 258 235	1 122 724	35 623 614
总投入	26 738 353	15 764 743	41 079 686	15 020 198	6 466 230	6 147 206	8 072 190	23 802 257	8 492 714	11 362 548	35 521 466	24 489 000	3 525 957	71 959 135

表 6-9　2007 年投入产出表中间流量数据

（单位：万元）

部门	1	2	3	4	5	6	7	8	9	10	11	12	13	14
1	8 185 009	162 344	30 451 740	7 791 889	667 321	3 517	0	1 201 733	0	0	4 096	86 934	981 278	2 059 701
2	156 274	3 804 450	375 046	184 990	38 491	5 646 949	15 727 306	4 491 778	4 601 379	13 389 290	455 461	1 168 937	54 210	178 605
3	4 077 768	754	16 225 345	555 061	60 543	23 253	0	1 406 372	24 817	0	778 512	0	272 274	4 997 124
4	65 539	1 491 101	314 299	23 566 818	462 464	83 370	34 279	895 813	843 741	909 999	3 093 507	641 325	1 480 125	1 031 201
5	16 566	237 185	1 343 243	695 749	10 189 432	46 193	18 739	752 838	617 366	153 303	817 402	132 018	200 898	2 985 858
6	432 239	6 911 382	1 530 055	1 286 684	383 330	2 395 350	607 916	3 450 323	2 260 902	3 486 404	2 596 881	360 638	479 821	2 189 961
7	318 800	1 450 119	387 407	165 547	82 600	226 544	2 523 731	2 447 310	521 273	3 297 611	1 144 167	2 230 46	88 968	10 205 695
8	5 937 780	3 111 423	1 843 153	2 793 357	1 959 749	162 367	755 801	33 902 027	1 983 312	1 715 874	7 232 076	1 185 803	852 070	5 687 687
9	59 218	850 550	529 697	128 698	63 073	52 913	60 185	641 798	4 909 310	1 038 089	1 802 316	7 401 295	90 907	214 436
10	105 073	3 395 467	1 258 906	299 089	622 107	162 793	76 612	733 098	697 839	22 544 340	28 125 236	7 796 328	828 780	569 322
11	401 119	7 420 110	1 258 281	1 182 667	613 751	1 401 290	418 109	2 450 216	1 510 783	5 315 432	40 219 606	3 942 211	338 228	8 243 381
12	88 181	123 174	42 186	12 800	2 448	20 956	14 431	66 117	10 783	80 719	46 061	0	12 430	1 523 723
13	115 886	531 057	247 444	142 517	1 255 648	44 463	44 774	418 455	467 800	1 217 629	2 070 102	1 004 622	3 597 966	990 394
14	2 030 224	6 614 921	5 135 976	2 220 982	891 776	2 577 512	1 080 222	6 745 409	3 204 669	4 681 922	8 420 064	3 052 197	1 125 660	27 489 230

表 6-10　2007 年投入产出表附加值和总投入数据

（单位：万元）

部门	1	2	3	4	5	6	7	8	9	10	11	12	13	14
附加值	24 322 150	21 238 713	17 420 633	11 088 113	4 169 382	6 687 882	2 257 642	19 881 093	10 043 720	10 560 766	29 797 571	12 155 427	5 507 986	84 528 021
总投入	46 311 826	57 342 750	78 363 413	52 114 960	21 462 113	19 535 352	23 619 748	79 484 380	31 697 693	68 391 377	124 193 053	39 150 742	15 911 601	152 894 338

（1）各产品部门生产与使用的平衡方程

$$\sum_{j=1}^{n} X_{ij} + Y_i = X_i \quad (i,j = 1,2,\cdots,n) \tag{6-1}$$

矢量方程

$$AX + Y = X \tag{6-2}$$

对式（6-2）进行变化为：

$$X = (I - A)^{-1}Y \tag{6-3}$$

式中　A——直接消耗系数矩阵；

　　　I——n 阶单位矩阵；

　　　$(I - A)^{-1}$——列昂惕夫逆矩阵。

（2）水资源使用方程

$$W_i = \sum_{j=1}^{n} W_{ij} \quad (i \neq j \text{ 时}, W_{ij} = 0) \tag{6-4}$$

令 j 部门直接耗水系数

$$h_{ij} = W_{ij}/X_j \quad (i = j \text{ 时}, h_{ij} \neq 0)$$

则

$$W_i = \sum_{j=1}^{n} h_{ij}X_j \tag{6-5}$$

矢量方程为　　　　　　$HX = W \tag{6-6}$

将式（6-3）代入式（6-6）得

$$W = H(I - A)^{-1}Y \tag{6-7}$$

由上述分析可知，在宏观经济水资源投入产出计算中，直接消耗系数矩阵 A 及列昂惕夫逆矩阵 $(I - A)^{-1}$ 是两个重要的工具，因此需要根据合并后投入产出表中的数据首先计算出 1997 年、2002 年及 2007 年的直接消耗系数矩阵及列昂惕夫逆矩阵。其中，A 中直接消耗系数 a_{ij} 的计算方法为：用第 j 部门的总投入 X_j 去除该部门生产经营中所直接消耗的第 i 部门的产品或服务的中间使用量 x_{ij}。计算结果如表 6-11 ~ 表 6-13 所示。

之后，根据列昂惕夫逆矩阵的定义，即 $(I - A)^{-1}$，使用 MATLAB 中的矩阵运算工具，对上述计算出的直接消耗系数矩阵 A 进行计算，可得 1997 年、2002 年、2007 年三年的列昂惕夫逆矩阵，如表 6-14 ~ 表 6-16 所示。

表6-11　1997年直接消耗系数矩阵

部门	1	2	3	4	5	6	7	8	9	10	11	12	13	14
1	0.106 5	0.002 1	0.510 8	0.023 1	0.055 1	0.000 0	0.000 8	0.034 9	0.000 5	0.000 0	0.000 0	0.000 0	0.014 9	0.007 4
2	0.000 9	0.135 6	0.005 4	0.031 3	0.046 3	0.385 6	0.533 6	0.011 4	0.238 6	0.123 3	0.080 1	0.037 1	0.041 5	0.009 3
3	0.062 8	0.001 1	0.185 6	0.016 6	0.037 7	0.000 4	0.000 6	0.031 4	0.004 7	0.000 3	0.001 6	0.000 0	0.122 7	0.038 2
4	0.000 0	0.026 3	0.001 5	0.336 6	0.092 7	0.000 8	0.003 1	0.035 1	0.005 6	0.008 6	0.007 8	0.001 3	0.030 4	0.020 7
5	0.000 1	0.003 0	0.011 5	0.006 3	0.155 9	0.000 6	0.003 6	0.006 8	0.026 4	0.012 7	0.014 9	0.001 0	0.022 5	0.039 9
6	0.000 8	0.019 9	0.001 8	0.004 0	0.006 3	0.000 7	0.005 6	0.014 6	0.015 4	0.060 2	0.008 1	0.002 5	0.011 9	0.006 4
7	0.004 8	0.013 6	0.000 8	0.020 0	0.004 8	0.009 5	0.025 5	0.010 6	0.009 6	0.041 8	0.007 3	0.011 7	0.014 1	0.014 3
8	0.060 4	0.032 4	0.007 9	0.057 4	0.122 5	0.003 7	0.027 0	0.283 2	0.084 5	0.024 3	0.052 1	0.027 7	0.135 5	0.023 9
9	0.000 0	0.030 5	0.006 9	0.003 4	0.011 7	0.003 9	0.009 6	0.014 6	0.049 4	0.058 0	0.022 3	0.270 9	0.008 6	0.007 8
10	0.001 8	0.049 7	0.002 1	0.005 2	0.029 0	0.003 6	0.006 3	0.030 1	0.048 2	0.285 8	0.121 6	0.182 2	0.031 0	0.007 5
11	0.008 8	0.094 8	0.003 5	0.007 7	0.025 2	0.049 7	0.022 7	0.038 9	0.125 4	0.102 5	0.328 1	0.053 1	0.022 8	0.068 4
12	0.000 0	0.003 4	0.000 3	0.000 3	0.001 8	0.001 8	0.001 4	0.002 2	0.000 5	0.001 7	0.002 4	0.000 3	0.006 4	0.037 5
13	0.000 0	0.011 0	0.000 5	0.000 9	0.018 4	0.000 5	0.005 9	0.015 0	0.007 9	0.011 3	0.007 5	0.019 5	0.159 3	0.004 7
14	0.172 4	0.217 7	0.013 7	0.118 1	0.154 4	0.023 8	0.038 0	0.117 8	0.108 3	0.128 9	0.098 4	0.114 3	0.153 7	0.201 6

表6-12　2002年直接消耗系数矩阵

部门	1	2	3	4	5	6	7	8	9	10	11	12	13	14
1	0.120 5	0.000 9	0.248 7	0.160 4	0.069 4	0.000 0	0.000 9	0.034 9	0.000 6	0.000 1	0.000 1	0.005 0	0.008 6	0.010 0
2	0.007 1	0.126 0	0.010 8	0.005 7	0.016 4	0.138 2	0.490 5	0.029 2	0.110 8	0.276 4	0.027 4	0.030 2	0.029 5	0.002 5
3	0.051 6	0.034 3	0.188 9	0.067 7	0.100 8	0.163 2	0.000 1	0.202 8	0.045 3	0.000 5	0.156 9	0.000 0	0.067 5	0.039 4
4	0.009 1	0.020 7	0.019 6	0.213 8	0.017 7	0.001 0	0.029 1	0.013 3	0.008 0	0.003 7	0.019 6	0.003 2	0.179 4	0.002 8
5	0.000 7	0.007 4	0.009 8	0.006 6	0.168 0	0.002 0	0.036 1	0.003 5	0.005 8	0.003 1	0.004 9	0.008 2	0.008 6	0.024 4
6	0.007 8	0.023 1	0.003 5	0.031 0	0.024 6	0.040 3	0.000 6	0.020 9	0.053 8	0.052 1	0.002 7	0.006 5	0.024 4	0.018 3
7	0.019 6	0.009 4	0.011 9	0.002 9	0.008 0	0.010 5	0.097 5	0.049 2	0.056 0	0.065 8	0.009 4	0.019 7	0.009 7	0.021 5
8	0.145 2	0.066 4	0.031 9	0.156 8	0.069 3	0.007 3	0.054 3	0.166 2	0.151 9	0.038 2	0.041 4	0.033 1	0.078 3	0.015 7
9	0.005 7	0.031 3	0.010 1	0.005 3	0.002 1	0.001 6	0.004 7	0.021 0	0.058 6	0.062 5	0.019 8	0.352 4	0.014 0	0.003 5
10	0.000 6	0.054 5	0.002 3	0.002 7	0.008 4	0.010 7	0.007 1	0.012 3	0.031 9	0.188 4	0.122 5	0.128 8	0.042 6	0.009 0
11	0.009 3	0.037 7	0.006 1	0.009 5	0.010 6	0.073 3	0.093 7	0.010 0	0.022 0	0.033 3	0.266 4	0.068 2	0.039 9	0.042 9
12	0.000 4	0.001 3	0.000 2	0.000 0	0.000 0	0.000 1	0.000 1	0.000 1	0.000 1	0.000 1	0.000 8	0.000 0	0.001 3	0.006 0
13	0.001 1	0.007 4	0.013 1	0.009 8	0.099 0	0.004 9	0.001 6	0.003 8	0.010 6	0.007 3	0.006 1	0.036 2	0.083 2	0.006 3
14	0.032 9	0.168 4	0.141 7	0.086 5	0.116 2	0.075 6	0.073 0	0.127 0	0.140 2	0.110 7	0.125 3	0.053 1	0.094 8	0.302 6

表6-13 2007年直接消耗系数矩阵

部门	1	2	3	4	5	6	7	8	9	10	11	12	13	14
1	0.176 7	0.002 8	0.388 6	0.149 5	0.031 1	0.000 2	0.000 0	0.015 1	0.000 0	0.000 0	0.000 0	0.002 2	0.061 7	0.013 5
2	0.003 4	0.066 3	0.004 8	0.003 5	0.001 8	0.289 1	0.665 9	0.056 5	0.145 2	0.195 8	0.003 7	0.029 9	0.003 4	0.001 2
3	0.088 1	0.000 0	0.207 1	0.010 7	0.002 8	0.000 1	0.000 0	0.017 7	0.000 8	0.000 0	0.006 3	0.000 0	0.017 1	0.032 7
4	0.001 4	0.026 0	0.004 0	0.452 2	0.021 5	0.004 3	0.001 5	0.011 3	0.026 6	0.013 3	0.024 9	0.016 4	0.093 0	0.006 7
5	0.000 4	0.004 1	0.017 1	0.013 4	0.474 8	0.002 4	0.000 8	0.009 5	0.019 5	0.002 2	0.006 6	0.003 4	0.012 6	0.019 5
6	0.009 3	0.120 5	0.019 5	0.024 7	0.017 9	0.122 6	0.025 7	0.043 4	0.071 3	0.051 0	0.020 9	0.009 2	0.030 2	0.014 3
7	0.006 9	0.025 3	0.004 9	0.003 2	0.003 8	0.011 6	0.106 8	0.030 8	0.016 4	0.048 2	0.009 2	0.005 7	0.005 6	0.066 7
8	0.128 2	0.054 3	0.023 5	0.053 6	0.091 3	0.008 3	0.032 0	0.426 5	0.062 6	0.025 1	0.058 2	0.030 3	0.053 6	0.037 2
9	0.001 3	0.014 8	0.006 8	0.002 5	0.002 9	0.002 7	0.002 5	0.008 1	0.154 9	0.015 2	0.014 5	0.189 0	0.005 7	0.001 4
10	0.002 3	0.059 2	0.016 1	0.005 7	0.029 0	0.008 3	0.003 2	0.009 2	0.022 0	0.329 6	0.226 5	0.199 1	0.052 1	0.003 7
11	0.008 7	0.129 4	0.016 1	0.022 7	0.028 6	0.071 7	0.017 7	0.030 8	0.047 7	0.077 7	0.323 8	0.100 7	0.021 3	0.053 9
12	0.001 9	0.002 1	0.000 5	0.000 2	0.000 1	0.000 1	0.000 6	0.000 0	0.000 3	0.001 2	0.000 4	0.000 0	0.000 8	0.010 0
13	0.002 5	0.009 3	0.003 2	0.002 7	0.058 5	0.002 3	0.001 9	0.005 3	0.014 8	0.017 8	0.016 7	0.025 7	0.226 1	0.006 5
14	0.043 8	0.115 4	0.065 5	0.042 6	0.041 6	0.131 9	0.045 7	0.084 9	0.101 1	0.068 5	0.067 8	0.078 0	0.070 7	0.179 8

第六章　虚拟水与齐鲁国民经济发展

表6-14 1997年列昂惕夫逆矩阵

部门	1	2	3	4	5	6	7	8	9	10	11	12	13	14
1	1.201 3	0.064 5	0.762 1	0.4759	0.217 1	0.032 6	0.050 9	0.155 4	0.067 6	0.0657	0.062 3	0.055 9	0.206 4	0.087 8
2	0.056 9	1.306 7	0.061 1	0.167 8	0.206 9	0.535 2	0.749 4	0.314 7	0.457 7	0.437 7	0.315 6	0.305 2	0.209 0	0.111 7
3	0.116 0	0.044 9	1.306 3	0.103 2	0.119 6	0.023 7	0.036 0	0.102 0	0.051 9	0.049 4	0.046 9	0.045 2	0.238 8	0.085 2
4	0.024 6	0.088 7	0.025 7	1.549 7	0.216 9	0.042 6	0.064 2	0.118 9	0.071 9	0.079 9	0.072 3	0.057 7	0.110 0	0.069 6
5	0.021 3	0.041 7	0.033 8	0.042 2	1 222 1	0.023 0	0.035 0	0.045 5	0.070 5	0.064 7	0.062 9	0.048 8	0.068 9	0.076 0
6	0.009 8	0.046 3	0.011 0	0.022 9	0.031 3	1.022 8	0.036 2	0.044 0	0.048 6	0.114 2	0.048 7	0.045 7	0.038 2	0:021 6
7	0.016 3	0.040 8	0.013 9	0.050 9	0.033 5	0.029 5	1.053 7	0.040 3	0.040 7	0.090 0	0.044 2	0.049 4	0.042 8	0.032 2
8	0.132 8	0.140 1	0.109 0	0.216 0	0.305 3	0.075 9	0.135 0	1.493 6	0.231 4	0.170 3	0.202 9	0.172 0	0.320 5	0.107 9
9	0.015 7	0.074 5	0.022 8	0.033 0	0.051 4	0.040 3	0.059 2	0.059 6	1.102 7	0.134 5	0.085 4	0.339 2	0.050 3	0.044 3
10	0.035 5	0.168 1	0.035 7	0.071 0	0.127 3	0.092 4	0.121 5	0.142 6	0.194 6	1.534 1	0.336 3	0.374 3	0.132 1	0.082 9
11	0.077 2	0.294 3	0.071 0	0.131 7	0.183 5	0.208 0	0.224 1	0.221 9	0.370 3	0.402 8	1.668 7	0.309 2	0.180 9	0.198 4
12	0.013 1	0.024 9	0.010 7	0.019 6	0.022 9	0.014 4	0.019 2	0.022 2	0.020 8	0.025 7	0.023 1	1.020 4	0.027 0	0.054 2
13	0.007 2	0.029 9	0.007 4	0.014 5	0.042 5	0.015 0	0.027 5	0.039 7	0.031 3	0.040 0	0.032 8	0.045 7	1.207 2	0.017 8
14	0.326 0	0.499 0	0.251 6	0.460 6	0.482 9	0.258 2	0.366 6	0.440 4	0.437 7	0.518 5	0437 8	0.442 6	0.472 6	1.401 5

表6-15　2002年列昂惕夫逆矩阵

部门	1	2	3	4	5	6	7	8	9	10	11	12	13	14
1	1.203 2	0.073 5	0.406 7	0.335 8	0.207 7	0.101 0	0.093 1	0.182 7	0.091 9	0.074 2	0.140 4	0.080 2	0.148 9	0.070 8
2	0.064 3	1.241 3	0.077 3	0.085 1	0.101 0	0.228 7	0.722 3	0.143 2	0.265 1	0.542 6	0.194 9	0.244 5	0.135 0	0.068 7
3	0.168 8	0.168 7	1.352 6	0.273 5	0.288 9	0.305 3	0.192 4	0.402 6	0.222 4	0.170 1	0.392 6	0.172 1	0.251 0	0.144 9
4	0.030 4	0.054 3	0.056 0	1.303 3	0.082 0	0.029 5	0.088 3	0.051 6	0.046 0	0.048 5	0.069 4	0.048 8	0.276 7	0.024 6
5	0.013 0	0.031 5	0.032 8	0.030 1	1.224 4	0.021 3	0.077 5	0.030 3	0.034 1	0.036 2	0.036 2	0.037 0	0.034 1	0.052 2
6	0.024 7	0.056 5	0.028 1	0.067 7	0.059 6	1.064 5	0.048 8	0.051 8	0.092 7	0.109 7	0.046 2	0.066 6	0.064 1	0.041 0
7	0.050 5	0.051 4	0.051 6	0.050 2	0.049 9	0.041 4	1.159 3	0.101 0	0.111 8	0.138 6	0.071 1	0.095 7	0.055 1	0.052 9
8	0.242 8	0.167 9	0.165 7	0.347 4	0.208 4	0.089 5	0.218 6	1.302 6	0.285 6	0.187 0	0.183 8	0.207 1	0.235 3	0.079 6
9	0.021 0	0.061 8	0.030 2	0.030 0	0.025 7	0.025 4	0.054 5	0.048 5	1.093 4	0.120 0	0.067 4	0.413 2	0.044 0	0.021 8
10	0.020 9	0.115 1	0.029 8	0.035 9	0.050 5	0.061 2	0.109 6	0.053 0	0.092 4	1.311 4	0.247 0	0.232 8	0.099 1	0.046 0
11	0.045 7	0.116 7	0.060 1	0.071 6	0.078 9	0.152 1	0.235 0	0.080 2	0.110 8	0.157 4	1.440 9	0.180 9	0.120 6	0.114 4
12	0.001 8	0.004 6	0.003 0	0.002 7	0.003 2	0.002 6	0.005 5	0.003 2	0.003 6	0.004 3	0.004 8	1.003 2	0.004 2	0.009 7
13	0.009 4	0.023 2	0.029 3	0.027 8	0.143 7	0.019 1	0.027 8	0.021 4	0.028 9	0.029 5	0.029 2	0.060 9	1.108 6	0.021 7
14	0.181 9	0.446 7	0.389 5	0.363 1	0.403 8	0.310 2	0.483 0	0.425 6	0.457 2	0.506 5	0.510 0	0.402 1	0.383 4	1.555 4

表6-16　2007年列昂惕夫逆矩阵

部门	1	2	3	4	5	6	7	8	9	10	11	12	13	14
1	1.306 8	0.051 0	0.659 4	0.394 4	0.148 4	0.038 8	0.048 8	0.092 8	0.053 0	0.053 9	0.063 2	0.052 3	0.189 3	0.070 1
2	0.088 8	1.280 8	0.114 3	0.124 5	0.162 3	0.490 1	0.995 6	0.279 2	0.358 8	0.555 4	0.278 4	0.280 7	0.139 4	0.140 9
3	0.160 9	0.029 4	1.352 5	0.088 0	0.051 2	0.027 7	0.030 2	0.069 3	0.031 1	0.032 1	0.043 8	0.029 2	0.070 2	0.068 6
4	0.027 6	0.103 8	0.042 0	1.861 4	0.141 4	0.065 6	0.091 7	0.080 9	0.113 4	0.111 8	0.131 9	0.104 8	0.254 7	0.045 8
5	0.022 2	0.038 6	0.063 9	0.070 4	1.937 3	0.033 8	0.038 4	0.058 6	0.073 9	0.042 1	0.052 2	0.045 1	0.059 4	0.060 7
6	0.058 3	0.227 4	0.085 2	0.110 6	0.120 5	1.245 8	0.219 6	0.162 5	0.191 2	0.217 5	0.149 5	0.129 5	0.110 8	0.069 0
7	0.042 3	0.090 0	0.051 2	0.051 3	0.065 2	0.074 6	1.201 8	0.110 6	0.080 9	0.150 4	0.097 0	0.080 3	0.055 6	0.117 5
8	0.340 7	0.232 9	0.268 7	0.332 8	0.442 4	0.154 6	0.262 9	1.874 5	0.265 6	0.241 9	0.299 9	0.222 5	0.260 9	0.165 0
9	0.012 5	0.039 2	0.022 8	0.018 9	0.025 0	0.025 1	0.036 8	0.033 1	1.203 2	0.053 6	0.051 6	0.248 1	0.023 5	0.015 7
10	0.055 1	0.248 4	0.099 7	0.097 7	0.195 1	0.168 7	0.219 4	0.137 2	0.172 0	1.690 5	0.611 8	0.459 4	0.181 1	0.092 8
11	0.083 4	0.347 4	0.122 4	0.156 8	0.206 3	0.290 0	0.320 0	0.212 5	0.243 6	0.380 0	1.674 9	0.332 4	0.150 9	0.171 1
12	0.004 8	0.007 0	0.005 0	0.004 3	0.004 5	0.006 5	0.007 2	0.006 0	0.005 2	0.007 5	0.005 9	1.004 9	0.004 9	0.014 1
13	0.015 1	0.038 3	0.023 8	0.025 7	0.164 9	0.027 6	0.036 6	0.033 5	0.048 2	0.064 5	0.064 9	0.067 9	1.312 4	0.026 2
14	0.159 5	0.316 6	0.232 9	0.227 0	0.260 3	0.343 0	0.334 4	0.319 8	0.315 6	0.345 4	0.318 1	0.298 5	0.243 6	1.315 9

1. 耗水指数计算

耗水分析包括直接耗水系数、完全耗水系数以及耗水乘数分析三种。

1）直接耗水系数

直接耗水系数，也即生产部门单位产值的直接耗水指数，相当于常用的万元产值取水量，表达式为

$$h_{ij} = W_{ij}/X_j \tag{6-8}$$

2）完全耗水系数

完全耗水系数则是指生产部门生产单位产值所消耗的包含于所有其他部门提供给该部门的中间产品中所消耗的水资源总量。

由式（6-7）可知，$H(I-A)^{-1}$ 反映了经济生产与社会生产总耗水之间的关系，即完全耗水矩阵。

假设 $D = H(I-A)^{-1} = d_{ij}(i,j=1,2,\cdots,n)$，$d_{ij}$ 则具体反映了 j 部门与 i 部门之间的中间耗水关系，那么，$\sum_{j=1}^{n} d_{ij}$ 就代表了 j 部门的完全耗水系数，或者说就是直接耗水量和间接耗水量之和。

3）耗水乘数

设完全耗水系数向量为：

$$H' = (\sum_{i=1}^{n} d_{i1}, \sum_{i=1}^{n} d_{i2}, \cdots, \sum_{i=1}^{n} d_{in}) = (H_1, H_2, \cdots, H_n) \tag{6-9}$$

则耗水乘数为

$$M_j = H'_j/h_j \tag{6-10}$$

式中　H'_j——j 部门完全耗水系数；

h_j——j 部门直接耗水系数。

利用耗水乘数可表示出由于 j 部门产出的增加而引起单位耗水量增加后，引起整个宏观经济系统耗水量的增加量，该系数可用于研究某部门生产的变化对整个宏观经济系统耗水量的影响程度。

根据上述分析，利用 1997 年、2002 年、2007 年三年山东省用水量数据及 14 个行业投入产出表数据对直接耗水系数、完全耗水系数及耗水乘数进行计算，结果如表 6-17 ~ 表 6-19 所示。

表 6-17　1997 年山东省 14 个行业耗水指数计算结果

部门	直接耗水系数 （×10⁻³万 m³/万元）	完全耗水系数 （×10⁻³万 m³/万元）	耗水乘数
农业	57.004 4	69.371 2	1.216 9
采掘业	1.359 5	6.908 0	5.081 3
食品制造业	0.794 8	45.226 8	56.903 4
纺织缝纫及皮革工业	0.919 8	30.071 9	32.694 0
造纸及文教用品业	2.664 6	17.669 7	6.631 3
电力及蒸汽热水 生产和供应业	4.807 5	8.181 6	1.701 8
石油工业	1.369 7	6.502 8	4.747 6
化学工业	2.264 7	13.816 8	6.100 9
建材及其他非金属 矿物制品业	0.445 3	6.680 9	15.003 2
金属冶炼及加工业	0.834 8	7.546 3	9.039 7
机械工业	0.276 9	6.132 4	22.146 7
建筑业	0.685 1	6.108 0	8.915 5
其他工业	2.314	16.761 9	7.243 7
第三产业	0.579 9	6.918 3	11.930 2

表 6-18　2002 年山东省 14 个行业耗水指数计算结果

部门	直接耗水系数 （×10⁻³万 m³/万元）	完全耗水系数 （×10⁻³万 m³/万元）	耗水乘数
农业	76.719 6	93.820 9	1.222 9
采掘业	2.025 2	10.381 9	5.126 4
食品制造业	0.571 3	33.770 4	59.111 4
纺织缝纫及皮革工业	1.706 6	30.593 0	17.926 3
造纸及文教用品业	8.342 7	28.983 3	3.474 1
电力及蒸汽热水 生产和供应业	11.614 2	21.723 0	1.870 4
石油工业	4.289 8	16.099 1	3.752 9

部门	直接耗水系数 （×10⁻³万 m³/万元）	完全耗水系数 （×10⁻³万 m³/万元）	耗水乘数
化学工业	1.714 9	18.620 7	10.858 2
建材及其他非金属 矿物制品业	0.950 1	11.713 6	12.328 8
金属冶炼及加工业	1.528 5	12.032 3	7.872 0
机械工业	0.270 7	14.208 3	52.487 4
建筑业	0.657 3	10.645 8	16.196 2
其他工业	5.093 9	20.050 5	3.936 2
第三产业	0.504 2	7.993 9	15.854 6

表 6-19　2007 年山东省 14 个行业耗水指数计算结果

部门	直接耗水系数 （×10⁻³万 m³/万元）	完全耗水系数 （×10⁻³万 m³/万元）	耗水乘数
农业	35.588 4	47.072 2	1.322 7
采掘业	0.223 9	3.358 6	15.000 5
食品制造业	0.193 5	24.464 8	126.433 2
纺织缝纫及皮革工业	0.304 9	15.469 1	50.735 0
造纸及文教用品业	1.994	10.171 0	5.100 8
电力及蒸汽热水 生产和供应业	3.204 1	5.911 4	1.845 0
石油工业	1.086 6	4.403 4	4.052 4
化学工业	0.430 7	5.145 0	11.945 8
建材及其他非金属 矿物制品业	0.214 2	3.418 6	15.959 8
金属冶炼及加工业	0.223 6	3.707 2	16.579 7
机械工业	0.066 7	3.590 4	53.829 6
建筑业	0.375 7	3.353 1	8.925 0
其他工业	0.912 5	8.830 7	9.677 5
第三产业	0.287 8	3.537 8	12.292 7

2. 供水经济效益指数计算

供水经济效益分析也包括三种,即单位耗水直接附加价值系数、单位耗水完全附加价值系数和耗水收入乘数。

1) 单位耗水直接附加价值系数

第 j 部门单位耗水直接附加价值系数定义为

$$Ad_j = AD_j/W_j \qquad (6-11)$$

式中　W_j——j 部门生产过程中的耗水;

　　　AD_j——j 部门创造的附加价值。

2) 单位耗水完全附加价值系数

设 $ad = (ad_1, ad_2, \cdots, ad_n)$,其中,$ad_j = AD_j/X_j$,表示从 j 部门单位产量所获得的收入,则 $B = ad(\boldsymbol{I} - \boldsymbol{A})^{-1} = (B_1, B_2, \cdots, B_n)$,$B_j$ 表示 j 部门增加一个单位产出所引起的完全收入。

又由 j 部门单位耗水增加产出为:X_j/W_j,则部门单位耗水完全附加价值系数为

$$M_{wj} = \frac{X_j}{W_j} B_j = \frac{X_j}{W_j} \sum_{i=1}^{n} \left[\frac{AD_j}{X_j} b_{ij} \right] \qquad (6-12)$$

M_{wj} 表明单位用水用于 j 部门而引起整个经济系统附加价值的总增加量。

3) 耗水收入乘数

$$M_{vj} = \frac{\text{单位耗水完全附加价值系数}}{\text{单位耗水直接附加价值系数}}$$

M_{vj} 表明第 j 部门增加用水而产生的单位附加价值所引起整个经济系统附加价值总增加量,说明第 j 个部门用水增加引起收入变化对整个经济系统总收入的影响程度。

根据上述分析,利用 1997 年、2002 年、2007 年三年山东省 14 个行业用水量数据、宏观经济附加值数据及投入产出表数据直接附加价值系数完全附加价值系数及收入乘数进行计算,可得结果如表 6-20 ~ 表 6-22 所示。

表 6-20　1997 年山东省 14 个行业供水经济效益指数计算结果

部门	直接附加价值系数 （×10³ 万元/万 m³）	完全附加价值系数 （×10⁴ 万元/万 m³）	收入乘数
农业	0.101 8	0.017 5	1.722 1
采掘业	2.640 5	0.735 6	2.785 8
食品制造业	3.117 7	1.258 3	4.035 9
纺织缝纫及皮革工业	1.749 6	1.087 3	6.214 7
造纸及文教用品业	0.894 0	0.375 3	4.197 6
电力及蒸汽热水 生产和供应业	0.348 1	0.067 5	1.940 2
石油工业	2.308 5	0.730 0	3.162 5
化学工业	1.105 1	0.441 5	3.994 9
建材及其他非金属 矿物制品业	6.172 0	2.245 3	3.637 9
金属冶炼及加工业	1.683 3	1.197 7	7.115 4
机械工业	8.942 8	3.609 9	4.036 6
建筑业	4.062 7	1.459 4	3.592 1
其他工业	0.970 9	0.432 1	4.450 2
第三产业	9.582 6	1.870 1	1.951 5

表 6-21　2002 年山东省 14 个行业供水经济效益指数计算结果

部门	直接附加价值系数 （×10³ 万元/万 m³）	完全附加价值系数 （×10⁴ 万元/万 m³）	收入乘数
农业	0.007 7	0.001 3	1.699 4
采掘业	0.203 0	0.049 4	2.431 9
食品制造业	0.527 3	0.175 0	3.318 9
纺织缝纫及皮革工业	0.141 3	0.058 6	4.146 1
造纸及文教用品业	0.034 7	0.012 0	3.454 8
电力及蒸汽热水 生产和供应业	0.040 6	0.008 6	2.121 9
石油工业	0.025 6	0.023 3	9.117 1

续表 6-21

部门	直接附加价值系数 （×10³万 m³/万元）	完全附加价值系数 （×10⁴万 m³/万元）	收入乘数
化学工业	0.178 3	0.058 3	3.270 0
建材及其他非金属 矿物制品业	0.320 4	0.105 3	3.284 8
金属冶炼及加工业	0.103 3	0.065 4	6.333 4
机械工业	0.727 0	0.369 5	5.081 9
建筑业	0.388 8	0.152 2	3.913 7
其他工业	0.062 5	0.019 6	3.141 1
第三产业	1.039 0	0.209 9	2.019 7

表 6-22　2007 年山东省 14 个行业供水经济效益指数计算结果

部门	直接附加价值系数 （×10³万元/万 m³）	完全附加价值系数 （×10⁴万元/万 m³）	收入乘数
农业	0.014 8	0.002 8	1.907 4
采掘业	1.654 2	0.449 6	2.717 7
食品制造业	1.148 9	0.518 1	4.509 4
纺织缝纫及皮革工业	0.697 8	0.328 9	4.714 0
造纸及文教用品业	0.097 4	0.050 3	5.167 9
电力及蒸汽热水 生产和供应业	0.106 8	0.031 4	2.937 5
石油工业	0.088 0	0.092 6	10.524 6
化学工业	0.580 7	0.233 1	4.014 5
建材及其他非金属 矿物制品业	1.479 2	0.469 1	3.171 1
金属冶炼及加工业	0.690 7	0.450 6	6.523 1
机械工业	3.598 3	1.548 6	4.303 6
建筑业	0.826 5	0.267 9	3.241 7
其他工业	0.379 3	0.109 9	2.897 5
第三产业	1.921 1	0.348 6	1.814 6

3. 产品输出输入虚拟水量计算

"虚拟水"是指在生产产品和服务过程中所需要的水资源量,即凝结在产品和服务中的虚拟水量。因此,引入"虚拟水"这一概念用于计算生产商品和服务所需要的水资源量。根据这一概念,不仅在饮用和淋浴时需要消耗水,其实在消费其他产品时,也消耗了大量隐形的水。比如,生产 1 台台式电脑约耗费 1.5 t 水,生产 1 条斜纹牛仔裤约耗费 6 t 水,生产 1 kg 小麦约耗费 1 t 水,生产 1 kg 鸡肉耗费 3 ~ 4 t 水,而生产 1 kg 牛肉则要耗费 15 ~ 30 t 水。

由虚拟水的概念可看出,虚拟水以"隐形"的形式寄存于其他商品中,相对于实体的水资源而言,由于其便于运输的特点,使得以贸易作为有效工具用以缓解水资源短缺成为可能。传统观念上,人们对水和粮食安全问题的反思都习惯局限于问题发生的区域,并在此范围内寻求解决方案。虚拟水战略则是基于系统的角度,寻找与问题相关的诸多影响因素,于问题发生的区域范围之外寻找解决该区域内部问题的有效策略。例如,提倡出口效益高耗水少的产品,通过贸易的形式来解决水资源短缺及粮食安全等相关问题。对于水资源紧缺的地区而言,虚拟水贸易提供了一种可替代的水资源供应途径,且该途径不会对环境造成恶劣的后果,可以较好地缓解区域水资源紧缺的压力。

因此,国家、地区之间的产品贸易,在一定程度上可看作是以虚拟水的形式进口或出口水资源。比如,根据分析,生产 1 kg 的蔬菜平均约需消耗 200 kg 的水,若不考虑调入山东省的蔬菜,按有约 2 000 万 t 的省内产蔬菜参与外销,则相当于从山东省调出了 40 亿 m³ 的水。

就山东省而言,产品的净流出量由国外使用、国内省外使用、进口和外省流入四项组成,其中国外使用和国内省外使用为输出项,进口和外省流入为输入项。净输出为输出项与输入项之差,正值说明该部门产品输出大于输入,负值说明该部门产品输入大于输出。

根据"山东省投入产出表"中的数据,山东省向省外输出的产品及服务的价值总量在 1997 年及 2002 年的表中只用一项"净流出"表示,而在 2007 年的表中,分列为"国外使用"、"国内省外使用"、"进口"和"省外流入"四项。针对这一数据情况,对 1997 年及 2002 年只计算了净流出的虚拟水量,而对 2007 年的数据,则将"国外使用"和"国内省外使用"合并为输出产品及服务的价值,将"进口"和"省外流入"合并为输入产品及服务的价值,而输出产品及服务价值量与输入产品及服务价值量之差则为净流出价值。

在分析各行业产品的输入输出所带来的虚拟水效应时,可根据产品及服务净输出量与相应完全耗水系数的乘积得出;而在计算 14 个行业的总输出虚拟水量时,由于完全耗水系数中存在行业间耗水量重复计算的问题,故应采用各行业产品及服务净输出量与相应直接耗水系数乘积之和。

根据上述分析,对 1997 年、2002 年、2007 年三年山东省各行业虚拟水流出量以及 14 个行业虚拟水流出总量进行计算,结果如表6-23 ~ 表6-25所示。

二、山东省宏观经济水资源投入产出关系分析

(一)分行业虚拟水分析

(1)直接耗水系数反映了该行业在生产过程中直接消耗的水量。对计算结果中直接耗水系数较大的几个行业进行排序:农业、电力及蒸汽热水生产和供应业、造纸及文教用品业、石油工业、化学工业等,这些行业均在生产过程中直接消耗了大量的水资源。

(2)完全耗水系数是指某生产部门单位产值消耗的包含于所有其他部门提供给该部门的中间产品中所消耗的水资源总量,反映的是该产品部门直接和间接消耗水资源的总和。对其进行排序:农业、食品制造业、纺织缝纫及皮革工业、造纸及文教用品业、电力及蒸汽热水生产和供应业、化学工业、石油工业等均为完全耗水量大的行业,尤其是在直接耗水系数中排序靠后的食品制造业,完全耗水系数跃居第二位,说明其制造过程中直接消耗的水资源量较少,但间接耗水量很大。

(3)耗水乘数综合反映了直接耗水与完全耗水之间的关系,耗水乘数越大,表明该产业直接需水与完全需水之间的差别越大,即间接耗水量较大。如 2007 年食品制造业为126.433 2,这是因为该行业生产间接消耗的原材料及中间产品中存在着对水资源依赖较强的产品,如

表6-23 1997年及2002年输出虚拟水量计算结果

部门	1997年产品及服务净输出量（万元）	1997年净输出虚拟水量（×10⁵万 m³）	2002年产品及服务净输出量（万元）	2002年净输出虚拟水量（×10⁵万 m³）
农业	3 117 037	2.162 3	1 588 139	1.49
采掘业	429 667	0.029 7	304 878	0.031 7
食品制造业	7 619 300	3.446	6 137 691	2.072 7
纺织缝纫及皮革工业	3 406 887	1.024 5	4 253 720	1.301 3
造纸及文教用品业	3 736 304	0.660 2	1 041 995	0.302
电力及蒸汽热水生产和供应业	-189 079	-0.015 5	570 275	0.123 9
石油工业	900 071	0.058 5	1 286 245	0.207 1
化学工业	9 670 264	1.336 1	2 535 874	0.472 2
建材及其他非金属矿物制品业	1 971 758	0.131 7	-4 396 022	-0.514 9
金属冶炼及加工业	-221 191 6	-0.166 9	11 429 778	1.375 3
机械工业	-132 004 78	-0.809 5	-3 538 121	-0.502 7
建筑业	2 522 955	0.154 1	966 251	0.102 9
其他工业	-718 646	-0.120 5	-2 166 603	-0.434 4
第三产业	1 111 526	0.076 9	476 621	0.038 1
合计	18 165 650	2.157 1	20 490 721	1.605 8

第六章　虚拟水与齐鲁国民经济发展

表6-24　2007年输出虚拟水量计算结果

部门	产品及服务输出量（万元）	输出虚拟水量（×10⁵万 m³）	产品及服务输入量（万元）	输入虚拟水量（×10⁵万 m³）	产品及服务净输出量（万元）	净输出虚拟水量（×10⁵万 m³）
农业	4 772 620	2.246 6	12 335 822	5.806 7	-7 563 202	-3.560 2
采掘业	2 182 210	0.073 3	1 064 379	0.035 7	1 117 831	0.037 5
食品制造业	11 770 061	2.879 5	1 893 785	0.463 3	9 876 276	2.416 2
纺织缝纫及皮革工业	9 855 777	1.524 6	258 267	0.04	9 597 510	1.484 6
造纸及文教用品业	1 754 575	0.178 5	75 967	0.007 7	1 678 608	0.170 7
电力及蒸汽热水生产和供应业	12 198	0.000 7	6 761 240	0.399 7	-6 749 042	-0.399
石油工业	201 828	0.008 9	560 327	0.024 7	-358 499	-0.015 8
化学工业	12 452 390	0.640 7	8 296 065	0.426 8	4 156 325	0.213 8
建材及其他非金属矿物制品业	7 189 247	0.245 8	97 776	0.003 3	7 091 471	0.242 4
金属冶炼及加工工业	10 663 947	0.395 3	8 069 899	0.299 2	2 594 048	0.096 2
机械工业	2 590 985	0.093	10 953 647	0.393 3	-8 362 662	-0.300 3
建筑业	0	0	1 137 862	0.038 2	-1 137 862	-0.038 2
其他工业	1 556 741	0.137 5	1 772 156	0.156 5	-215 415	-0.019
第三产业	15 475 624	0.547 5	6 008 407	0.212 6	9 467 217	0.334 9
合计	80 478 203	1.947 1	59 285 599	4.720 2	21 192 604	-2.773 1

表 6-25　山东省分行业虚拟水比较

部门	1999 年贸易净输出量 （万元）	1999 年净输出虚拟水量 （$\times 10^5$ 万 m^3）
农业	3 117 037	2.162 3
工业	13 937 087	−0.082 1
第三产业	1 111 526	0.076 9
部门	2002 年贸易净输出量 （万元）	2002 年净输出虚拟水量 （$\times 10^5$ 万 m^3）
农业	1 588 139	1.490 0
工业	18 425 961	0.077 7
第三产业	476 621	0.038 1
部门	2007 年贸易净输出量 （万元）	2007 年净输出虚拟水量 （$\times 10^5$ 万 m^3）
农业	−7 563 202	−3.560 2
工业	19 288 589	0.452 2
第三产业	9 467 217	0.334 9

食品工业中糕点、酒类、糖果等的生产,其原材料中粮食、油料、瓜果、酒精等都对水资源依赖较强,因而该行业的耗水乘数就高。同样,纺织业的耗水乘数也较高,为 50.735 0。通过分析各行业的耗水乘数,消耗农业产品较大的食品、纺织等行业普遍具有较高的耗水乘数,从投入产出流量来看,食品、纺织行业在生产过程中使用农业产品量的比重分别为 37.22% 和 18.99%,而农业作为高耗水的基础性产业,恰好解释了食品及纺织行业耗水乘数较大的原因。机械工业的耗水乘数较高,达到 53.829 6,则是因为该行业与其他行业之间的经济联系十分密切,导致间接消耗环节增加,耗水乘数增大。

造纸行业,无论从直接耗水系数还是通过原材料的消耗反映的间接耗水来看,都是主要的耗水部门,应控制其大规模发展;农业和电力行业的耗水乘数一直最小,这是由于一方面这两个行业的直接耗水量很大,另一方面其本身又是原材料生产部门,需要的原料投入量不大,减小了直接用水量与完全用水量之间的差别。

(4)综合分析各产业间的直接耗水系数与完全耗水系数,均存在差异,这意味着同样的水资源量可以产生不等的效益。例如,2007年农业的直接耗水系数为 $35.588\ 4 \times 10^{-3}$ 万 m^3/万元,完全耗水系数为 $47.072\ 2 \times 10^{-3}$ 万 m^3/万元,通过此两项系数的意义可以表明,水是一种资源,具有资源的共性,可以进行生产部门之间的再分配,以获得最大的经济效益。

(5)水资源的附加价值可以衡量生产效益的大小,而各产业单位用水除本身创造的直接附加价值外,通过行业之间的联系,也存在着完全附加价值。如对石油工业而言,2007年直接附加价值系数为 $0.088\ 0 \times 10^3$ 万元/万 m^3,通过各行业的经济联系,完全附加价值系数为 $0.092\ 6 \times 10^4$ 万元/万 m^3,完全附加价值系数为直接附加价值系数的 10.524 6 倍。在制定水资源配置方案时,这一指标也是非常重要的,应提倡在缺水地区发展附加价值高的行业。

此外,由2007年各行业的耗水收入指标可看出,机械行业的直接附加价值和完全附加价值均较高,这恰好符合现行节水型工业的策略。

根据虚拟水的概念,区域产品或产值的输入和输出,就意味着水量的调入和调出。各行业产品的流入流出而带来的水量流入流出在各行业间相差也较大,如2007年食品制造业为 $2.416\ 2 \times 10^5$ 万 m^3,而电力及蒸汽热水生产和供应业为 -0.399×10^5 万 m^3。这说明,就山东区域内而言,通过输出食品,2007年耗水为 $2.416\ 2 \times 10^5$ 万 m^3,而电力行业的生产过程及供应却间接性地带来了 0.399×10^5 万 m^3 水量的引入。通过分析净流出耗水量,如果能够在结构调整时,增加输出水量少的行业部分的比重,同时降低输出水量多的行业部门的比重,那么对于山东省内水量的可持续发展而言,意义是非常重大的。

(6)根据表6-23和表6-24中的计算结果,对国民经济三大产业进行比较,见表6-25。以2002年为例,山东省农业部门净输出 1.49×10^5 万 m^3 虚拟水,占总输出虚拟水的92.79%,工业部门净输出 0.08×10^5

万 m³ 虚拟水,占总输出虚拟水的 5.84% 。而从贸易经济量来看,2002年,山东省农业净输出 158.8 亿元,仅占总贸易输出量的 7.75% ;工业净输出 1 842.6 亿元,占到总贸易输出量的 89.92% 。这说明山东省2002 年的农业贸易输出量虽然小于工业贸易输出量,但输出的都是水资源密集型农产品。对水资源短缺的山东省而言,大量水资源密集型产品的输出,直接加剧了水资源供需矛盾。

(7)综观三年数据,工业产业中,食品制造业和纺织缝纫及皮革工业的虚拟水净输出量均位居前列,食品制造业和纺织缝纫及皮革工业的生产原料来自农业,农业是耗水量最大的产业部门,导致食品制造业和纺织缝纫及皮革工业在生产过程中消耗的间接用水量较大。

(8)虽然工业产品中的虚拟水含量远不及农业,但是作为宏观经济的一部分,对其虚拟水贸易进行研究也是非常必要的。工业是与农业同等重要的支柱产业,农业及第三产业的生产活动依赖于工业创造的良好条件;调节地区内部产业结构,达到区域内水资源的优化配置,是研究山东省虚拟水贸易的最终目的,而工业产品中的虚拟水含量是重要的参考依据。

(9)从行业角度分析,应适量削减农业在山东省经济中所占的份额,鼓励实施虚拟水战略,加大粮食进口;工业应调整其产业结构,向节水型产业的方向发展;第三产业消耗较少的虚拟水,应作为今后的行业重点进行发展。

(二)年际虚拟水分析

(1)综合分析 1997 ～2007 年数据,在所有行业中,农业作为基础产业,无论是直接耗水系数还是完全耗水系数均处于遥遥领先的位置,而在供水顺序中,农业又往往被排在最后,因此在一定程度上,解决水资源短缺问题,可以说就是解决农业用水的问题。

(2)比较 1997 年、2002 年、2007 年三年数据,造纸行业的直接耗水系数及完全耗水系数逐年下降,尤其是 2007 年降幅较大,造成这一现象的原因是,山东省于 2005 年加大环保力度,关停了一大批技术落后的小型造纸企业,直接导致了山东省内造纸行业用水量的减少及节水技术的整体提高。

（3）整体综观 1997～2007 年,尤其是 2002～2007 年的数据显示,耗水系数呈总体下降趋势,这说明近年来在生产过程中采取的节水政策措施及技术设施取得了一定程度的成效,为达到更好的节水效果,各产品部门应进一步增加投入,增强节水力度。

（4）根据计算,1997 年、2002 年、2007 年三年的净输出虚拟水量分别为:2.1571×10^5 万 m^3、1.6058×10^5 万 m^3、-2.7731×10^5 万 m^3。由数据可看出,三年的净输出虚拟水呈明显下降的趋势,就分行业数据而言,农业三年的数值分别为:2.1623×10^5 万 m^3、1.49×10^5 万 m^3、-3.5602×10^5 万 m^3。说明近年来通过商品贸易的形式,山东省减少了虚拟水的输出,这对缓解水资源短缺是十分有益的。

（5）具体到各行业,农业净输出虚拟水量呈持续下降趋势,与总量保持一致,尤其是在 2002～2007 年,由净输出转变为净输入状态,这对山东省水资源保护和可持续利用是有利的;第三产业的净输出虚拟水量亦持续上升,但不高于该产业贸易输出量的增长速度,在合理范围之内;工业净输出虚拟水量持续上升,且高于其贸易输出量的增长速度,主要与生产过程中的用水效率有关,这种局面应通过加大节水力度进行扭转。

第四节 小 结

利用宏观经济水资源投入产出分析方法,对山东省 1997 年、2002 年、2007 年三年 14 个行业的数据进行计算,导出各项指标,分析可得结论如下:

（1）直接耗水系数较大的行业有农业、电力、造纸及石油工业等,完全耗水系数较大的行业有农业、食品、纺织及造纸工业等。

（2）从各行业的耗水乘数来看,消耗农业产品量较大的食品、纺织行业,经济联系较强的机械工业普遍具有较高的耗水乘数;农业、电力行业由于直接耗水量大及所需原材料投入量小等,耗水乘数最小;造纸行业的直接耗水和间接耗水均较大,应控制发展。

（3）利用各行业部门的附加值及其用水量对其生产效益进行评

价,可在水资源配置规划中起到重要的辅助作用。

（4）通过输出输入部门产品而带来的虚拟水输出输入量相当大,应提倡出口高效益低耗水产品,进口一定量的本地没有足够水资源生产的农业和工业产品,借助贸易的形式缓解水资源短缺问题。

（5）根据分析,1997～2007年14个部门产品在生产过程中的直接用水量及间接用水量均呈现整体下降的趋势,这与近年来大力实施的节水政策密切相关。

本书中进行的宏观经济水资源投入产出分析是从静态的角度,对1997年、2002年、2007年的经济生产及水资源使用情况进行了计算和分析,得出了年内各行业之间耗水量、供水经济效益及虚拟水量的比较,以及年间各行业内部耗水量、供水经济效益及虚拟水量的变化情况。

而宏观经济水资源投入产出模型则可以通过建立线性模型,对水资源与宏观经济之间的关系进行动态分析和模拟,基于已有年份的宏观经济及水资源的数据,对未来年份的需水量等情况进行预测。这项工作的完成将是非常有意义的。

随着人口的不断增长和经济规模的进一步扩大,水资源短缺问题的解决不应仅仅局限于对本地区水资源的开发利用,而需要从全局的角度出发,采用系统的方法进行分析,从外围寻求解决地区内部问题的对策。虚拟水贸易战略即为解决该问题的有效思路。

虚拟水贸易量的计算是关键,计算过程中使用的投入产出方法能够反映各产业部门之间的联系,较为清晰地量化区域经济贸易过程中的水资源调配量,具有以下优点:估算全面,涵盖了宏观经济各产业部门;利用投入产出关系,在考虑各部门间复杂联系的前提下,计算方法相对简明,数据口径统一,可操作性强;方法依赖于投入产出表和各部门用水量的数据,计算结果精确可靠。

虚拟水战略具有远见性、前瞻性和科学性,对山东省而言,也具有挑战性。具体而言,在虚拟水贸易的指导下,在保证国家生态安全、粮食安全与稳定提高农民收入的前提下,应从水的产出率角度出发,调整用水结构,提高第二、第三产业的比例,农业内部提高节水高效作物的比例,工业内部提高节水高新科技产业的比例。这应作为政府政策引导的重要方向。

　　虚拟水战略并不是简单地控制区域内虚拟水含量高的行业,也不是单纯地进口虚拟水含量高的产品,而是要优化产业结构,优化进出口产品比例。因此,在虚拟水贸易领域仍有更深入细致的研究要做,以真正为政府部门的水资源管理工作提供有效依据。

结论与展望

　　水,是生命之源,是人类赖以生存和发展的不可缺少的宝贵自然资源,是可持续发展的基础条件。从古至今,山东省社会发展和进步都离不开水的恩泽。从山东省农业发展史可以看出,水利是农业的命脉,水资源对山东省农业发展进步有着举足轻重的作用;水是工业的血液,山东省工业发展得益于水也受制于水;水赋予了城市灵气和活力,景观水是城市生态发展建设中重要的组成要素;黄河是山东省经济社会发展的生命线,山东黄河沿岸的工农业发展以及城乡居民生产生活都离不开黄河水的提供;南水北调东线工程使水资源贫乏的山东省用上了长江水,在一定程度上缓解了山东省的供需矛盾。总之,不管是当地水还是客水都对山东省的发展起到了至关重要的作用。

　　山东省内引黄、南水北调东线工程等跨流域调水工程与当地水系构成现代化水网,对水资源进行优化配置,势必会改变山东省用水格局,并且也将会改善沿线生态环境,部分置换地下水,对城市景观水带将产生积极影响,其整体线路对山东省的综合生态影响效果较局部工程大很多,这一问题需进一步深入地进行定量研究。需要指出的是,山东省是资源型缺水地区,从长远看,解决该地区的缺水问题不能完全依赖南水北调东线工程,南水北调水价较高,主要是解决城市生活和工业用水,农业用水供需矛盾将长期存在。因此,应建立节水型社会,节约用水,治理水污染,重视工业和城市生活污水与再生水灌溉问题,充分利用非常规水,开源节流,实施虚拟水贸易战略,调节地区内部产业结构,实现区域内水资源的优化配置,从而使水与齐鲁文明向着愈加和谐的方向发展。

参 考 文 献

[1] 中国水利文学艺术协会.水文化文集[M].武汉:长江出版社,2005.

[2] 靳怀春.孔子与水:智者乐水[J].中国三峡,2010(9):52 – 55.

[3] 金戈.孔子与水[J].海河水利,2001(1):37 – 40.

[4] 靳怀春.墨子与水:非禹之道也,不足谓墨[J].中国三峡,2011(4):59 – 62.

[5] 金戈.墨子与水[J].海河水利,2001(6):35 – 37.

[6] 靳怀春,刘智勇.孙子与水:水无常形　兵无常势[J].中国三峡,2011(4):
52 – 57.

[7] 金戈.孙子与水[J].海河水利,2002(1):53 – 55.

[8] 胡军.中国古代神话传说与治水[J].陕西水利,2003(2):42 – 43.

[9] 栾丰实.北辛文化研究[J].考古学报,1998(3):265 – 288.

[10] 刘薇薇.北辛文化在中国文化发展史的作用[J].佳木斯教育学院学报,2011
(2):54.

[11] 张文英.大汶口文化在中原地区的传播[J].兰台世界,2009(7):75 – 76.

[12] 赵清.关于龙山文化的考古学思考[J].中原文物,1995(4):62 – 69.

[13] 肖凤春.山东龙山文化礼器研究[D].南京:南京航空航天大学,2007.

[14] 刘昌明.说说中国历代的水利问题[J].求是,2007(9):47 – 51.

[15] 张家诚.中国古代治水的科学思想[J].水科学进展,1996,7(2):158 – 162.

[16] 吴义昭.中国古代治水与和谐思想的形成[J].科技咨询导报,2007(3):250.

[17] 王曙光.管仲的治水思想与齐人的治水实践[J].管子学刊,2002(2):
16 – 20.

[18] 赵敏.中国古代的治水与治水思想[J].商丘师范学院学报,2003,19(6):
47 – 48.

[19] 靳怀春.试论《管子》的治水思想[J].海河水利,1999(1):41 – 43.

[20] 周长勇,刘萍,吴绪才,等.管仲的治水思想[J].水利天地,2003(1):44 – 45.

[21] 卞吉.王景治河　千载无患[J].中国减灾,2008(8):46 – 47.

[22] 吴绪刚.历经沧桑的明代建筑——戴村坝[J].百科知识,1996(4):55.

[23] 栗志.黄河流域灌溉发展史简述[J].人民黄河,1997(3):55 – 58.

[24] 陈树平.明清时期的井灌[J].中国社会经济史研究,1983(4):29 – 43.

［25］陈时磊.桓台县深层地下水资源可利用性研究［D］.济南:济南大学,2012.

［26］高赞东,寿冀平,曹永凯,等.桓台县地下水资源开发利用与保护对策［J］.山东地质,1999,15(1):24－28.

［27］中国人民政治协商会议桓台县委员会.桓台文史 1949—1956［M］.淄博:中国人民政治协商会议桓台县委员会,1998.

［28］马承新.21 世纪初期山东省农村水利发展战略研究［M］.济南:山东省地图出版社,2006.

［29］袁静波.京杭大运河山东段——济州河和会通河探析［J］.济宁师专学报,1996,17(2):91－94.

［30］山东省水利史志编辑室.山东水利史志汇刊［M］.济南:山东省水利史志编辑室,1988.

［31］陆家行,刘振龙.运河南旺枢纽文化考［J］.济宁师专学报,1998,19(5):86－91.

［32］马同军.明清时期山东运河沿线湖泊变迁及相关历史地理问题研究［D］.广州:暨南大学,2012.

［33］郭永盛.历史上山东湖泊的变迁［J］.海洋湖沼通报,1990(3):15－22.

［34］王乃昂.梁山泊的形成和演变［J］.兰州大学学报:社会科学版,1988(4):74－80.

［35］于琪.北五湖干涸灭绝的警示［J］.中国水利,2007(17):55－57.

［36］邓飚,郭华东.基于多源空间数据的鲁中北五湖近 100 年变化分析［J］.古地理学报,2009,11(4):464－470.

［37］王婷婷.胶莱运河研究［D］.济南:山东师范大学,2012.

［38］王铎.胶莱运河的前世与今生［J］.海洋世界,2007(7):24－28.

［39］李宝金.元明时期胶莱运河兴废初探［J］.东岳论丛,1985(2):85－89.

［40］水利水电科学研究院.中国水利史稿·下册［M］.北京:水利电力出版社,1987.

［41］郑连第.古代城市防洪［J］.中国水利,1995(5):40－41.

［42］杜鹏飞,钱易.中国古代的城市排水［J］.自然科学史研究,1999,18(2):136－146.

［43］王双怀.中国古代的水利设施及其特征［J］.陕西师范大学学报,2010,39(2):109－117.

［44］余蔚茗,李树平,田建强.中国古代排水系统初探［J］.中国水利,2007(4):51－56.

参考文献

［45］张龙海,朱玉德.临淄齐国故城的排水系统［J］.考古,1988(9):784-787.

［46］黄海.曲阜鲁国故城与临淄齐国故城的比较研究［J］.四川文物,1999(5):34-38.

［47］陆敏.济南水文环境的变迁与城市供水［J］.人文地理,1999,14(3):68-69.

［48］张咏梅.小清河水系济南段山区流域地貌特征及城市发展的关系［D］.济南:山东师范大学,2008.

［49］刘秋锋.济南市城市地貌演变及其对排水防洪的影响研究［D］.济南:山东师范大学,2002.

［50］山东省水利史志编辑室.山东水利大事记［M］.济南:山东科学技术出版社,1989.

［51］俞宽钟.现代山东农业［M］.济南:山东科学技术出版社,2000.

［52］山东省统计局.奋进的历程 辉煌的成就——山东改革开放30年［M］.北京:中国统计出版社,2008.

［53］孙贻让.山东水利［M］.济南:山东科学技术出版社,1997.

［54］山东省地方史志编纂委员会.山东省志水利志［M］.济南:山东人民出版社,1993.

248

［55］山东省水利厅.山东省水利工程经济效益计算(1949~1988)［R］.

［56］刘景华.山东省农业灌溉现状及节水模式探讨［J］.节水灌溉,2003(3):37-38.

［57］王维平,马承新.山东省水资源承载能力对农业结构内部调整和布局的影响及对策［J］.水资源管理,2004(2):9-10.

［58］马存奎,季永顺,姜宏,等.果树滴灌技术研究［J］.山东水利科技,1991(3):6-12.

［59］杨光玉.浅谈寿光市节水灌溉工程的发展及应用［J］.山东水利,2004(11):14-15.

［60］姜广达.山东省节水农业措施与对策［J］.山东水利,2003(1):15.

［61］邢丽贞,孔进.城市污水回用于农业的技术经济分析［J］.环境科学与技术,2003,26(5):23-24.

［62］张江辉,陈走卿,周黎勇.地面灌溉节水技术［J］.新疆水利,2001(4):13-18.

［63］刘玉春,王晓晨,姜红安.发展承德节水生态农业改善京津地区生态环境［J］.水科学与工程技术,2005(1):36-38.

［64］郑芳,胡继连.山东省节水农业发展问题研究［J］.山东社会科学,2007(3):

84 - 87.

[65] 李陶琳.山西农业用水面临的主要问题及发展对策[J].太原大学教育学院学报,2009(27):91 - 93.

[66] 李振函,张春荣,朱伟.日照市沿海地区海水入侵现状与分析[J].水文地质工程地质,2009(5):129 - 132.

[67] 李玉国,刘金涛.山东农业发展对水面源污染的影响及防治对策[J].山东水利,2007(1):58 - 59.

[68] 马桂周.山东省农业面源污染趋势预测分析[J].科技广场,2007(2):60 - 61.

[69] 杜传德,张宏,刘艳军.水——生态农业的生命线[J].中国环境管理,2003(22):132 - 133.

[70] 王维平,曲士松,孙小滨.基于水资源承载力的农业结构和布局调整分析[J].中国农村水利水电,2008(12):76 - 78.

[71] 李龙昌,于国平.山东省灌溉节水区划[R].济南:山东省水利厅,1992.

[72] 山东省水利厅农村水利处,山东省水利科学研究院.21世纪初期山东省农业节水发展战略研究[R].2003.12.

[73] 王修智.山东工业四十年[M].济南:山东人民出版社,1989.

[74] 江奔东.山东经济史现代卷[M].济南:济南出版社,1998.

[75] 范西成.中国近代工业发展史[M].西安:陕西人民出版社,1991.

[76] 山东省统计局.辉煌山东60年[M].北京:中国统计出版社,2009.

[77] 周金凯,张贵民,袁志宏.南水北调对山东经济社会可持续发展的影响分析[J].山东水利,2004(12):24 - 25.

[78] 陈楠.青岛纺织的昨天 今天 明天[J].山东纺织经济,2005(1):48.

[79] 赵俊杰.青岛市发展节水型工业[J].中国经贸导刊,2001(6):26.

[80] 刘建峰,张延青,张相忠,等.青岛市工业节水研究[J].工业安全与环保,2006,32(4):19 - 21.

[81] 郭小雅,隋永安,仇志峰.对山东省胶东调水工程发展战略的思考[J].山东水利,2006(8):79 - 80.

[82] 王燕,巍平,王慧婷.烟台市水资源状况及对策研究[J].水利科技,2007(4):40 - 42.

[83] 尹磊,原玮.水资源约束下的胶东半岛制造业基地建设[J].集团经济研究,2007(7):193.

[84] 孔岩.关于加快胶东半岛制造业基地建设的研究[J].科学与管理,2004(2):

17 - 18.

[85] 徐少宁.大力发展循环经济 建设资源节约型社会[J].县域经济,2005 (12):45 - 48.

[86] 孙红霞.胶东半岛制造业基地发展方向研究[J].沿海企业与科技,2005(2): 62 - 64.

[87] 徐保云.前进中的济宁机械工业[J].中国机电工业,2000(16):33 - 35.

[88] 王可理.谈济宁煤炭工业的持续发展[J].煤炭经济研究,2002(7):64.

[89] 武三三,杨丽丽,姜彦民,等.大武水源地在淄博市城市水资源系统配置中的作用分析[J].水利水电技术,2008,39(10):17 - 20.

[90] 徐品,宋长清.淄博市大武水源地水环境问题及防治对策[J].山东地质, 2000,16(3):36 - 40.

[91] 邢永强,窦明,张璋,等.大武水源地地下水动态分析及水质评价[J].河南科学,2008,26(1):80 - 87.

[92] 阎烙法.枣庄市地表水开发利用现状调查及分析[J].山东水利科技,1997 (2):52.

[93] 李栋,李桂兰,陈新国.滨州市水资源开发利用存在问题及对策[J].黄河水利,2006(6):19 - 20.

[94] 祁炳军,傅心莉,郝彩萍.浅谈滨州黄河水资源统一管理的成效和存在的问题[J].山东水利,2002(10):26.

[95] 祁兴芬,刘福刚.德州市地下水资源开发利用及保护[J].资源环境与工程, 2007,21(6):752 - 754.

[96] 郑绪刚,郑绪霞.浅谈德州市工业节水[J].经济研究导刊,2011(26): 57 - 58.

[97] 左爱华,王振晏,宰令林,等.德州黄河水资源利用现状分析[J].人民黄河, 1998,20(9):37 - 38.

[98] 张允锋,史正涛,刘新有.聊城市水资源与经济可持续发展[J].节水灌溉, 2008(2):50 - 53.

[99] 淳悦峻,姜淑芹,王艳,等.聊城市新兴生态化工业城市定位研究[J].山东省农业管理干部学院学报,2012,29(1):60 - 64.

[100] 沈东珍,宋全峰,孙祝春.新兴临港产业:引领蓝色经济的新增长极[J].山东经济战略研究,2010(6):23 - 26.

[101] 包怡斐,孙熙.引黄济青工程效益评价[J].山东经济战略研究,1997(3): 41 - 43.

[102] 牛玉生.东营市地下淡水资源及其可持续开发利用[J].资源开发与市场,
       2005,21(4):343－345.

[103] 郑子华.新形势下加强油区工作的几点思考[J].山东经济战略研究,2000
       (12):31－33.

[104] 王金钟,杨化勇,苗乃华,等.潍坊市滨海地区水资源可持续利用研究[J].
       中国水利,2009(9):56－57.

[105] 齐晓雷.山东省潍坊市滨海经济开发区可持续发展对策研究[D].北京:中
       国农业科学院,2008.

[106] 中国纺织工业协会.中国纺织工业发展报告2007/2008[M].北京:中国纺
       织出版社,2008.

[107] 潘梅.鲁泰集团的棉印染废水回用工程[J].中国纺织,2008(4):136－137.

[108] 成六三,李小雁,肖洪浪.从产业化谈雨水资源利用及发展概况[J].绿色中
       国,2004(12):31－34.

[109] 王世昌.发展海水淡化产业为沿海经济区提供补充水[J].天津城市建设学
       院学报,2003,9(2):73－75.

[110] 辛宝美,蒋殿顺,郑永杰.洪水资源化对山东省水生态环境保护的作用[J].
       海河水利,2005(6):9－10.

[111] 孙义福,刘长军,张军.科学配置山东水资源问题的探讨[J].水资源管理,
       2008(19):40－42.

[112] 邵武.论中水回用问题及解决途径[J].冶金管理,2008(3):51－52.

[113] 于福春,刘圣桥,周建仁.南水北调东线工程与山东社会经济的可持续发展
       [J].东岳论丛,2005,26(2):192－194.

[114] 张平,赵敏,郑垂勇.南水北调东线受水区水资源优化配置模型[J].资源科
       学,2006,28(5):88－93.

[115] 杨淑华.南水北调与山东水资源可持续利用[J].山东国土资源,2005,21
       (9):55－57.

[116] 张明.浅谈提高企业水资源利用率的途径[J].节能,2000(2):37－38.

[117] 孔祥国.浅议几种常见的水处理方法[J].2005,15(20):298－296.

[118] 朱尊亮,刘晓明,张召军.浅议山东省雨水利用[J].山东水利,2003(10):
       19－20.

[119] 王维平,刁希全,王玉太.山东省城市工业用水节水现状、发展趋势与战略
       措施[J].山东水利,1999(2－3):24－25.

[120] 王维平.山东半岛工业节水现状和措施及投资分析[J].水利水电技术,

1993(7):9-11.

[121] 刘开非.山东省节水型社会建设规划研究[D].济南:山东大学,2008.

[122] 崔伟.山东省节水型社会建设研究[D].青岛:青岛大学,2011.

[123] 武瑞锁,齐春三,吕绍红.山东省水资源面临的主要问题分析[J].山东水利,2005(4):21-23.

[124] 张军,刘建生,王华,等.山东省水资源配置思路浅析[J].中国水利,2007(5):29-30.

[125] 徐军祥,石宝玉,程秀明.山东省主要生态环境地质问题与调查方法探讨[J].山东地质,2002,18(3-4):95-99.

[126] 骆晓春,王雪峰,蒋书怡,等.水处理方法概述[J].应用技术,2006(11):15-16.

[127] 孙东迁,周孝德,曹永中.突发性水污染事故及其应急监测[J].水利科技与经济,2008,14(3):200-202.

[128] 何进朝,李嘉.突发性水污染事故预警应急系统构思[J].水利水电技术,2005(10):90-96.

[129] 邹平,江霜英,高廷耀.城市景观水的处理方法[J].中国给水排水,2003,19(2):24-25.

[130] 李海燕,鲁敏,施银桃,等.城市景观水体的净化及增氧[J].武汉科技学院学报,2004,17(1):56-60.

[131] 李佩成,寸待贵,岳亮,等.再论景观水资源及其分类[J].水科学进展,1998,9(2):176-180.

[132] 张雅卓,练继亮.城市河湖湿地景观价值评估方法研究[J].水利学报,2011,42(11):1328-1333.

[133] 李如雪,张震,王振建,等.城市景观水体的开发与利用研究[J].资源开发与市场,2008,24(9):831-833.

[134] 张诚,曹加杰,王凌河,等.城市水生态系统服务功能与建设的若干思考[J].水利水电技术,2010,41(7):9-13.

[135] 汤小强,杨莉,曹群.国内外景观用水现状调查及对策分析[J].环境科学导刊,2008,27(6):66-68.

[136] Krausse,Gerald H. Tourism and waterfront renewal:assessing residential perception in Newport[J]. Ocean and Coastal Management,1995,26(3):179-203.

[137] Ann Breen, Dick Rigby. The New Waterfront[J]. Thames and Hudson,1996:5-17.

[138] 李世欣,马思凤.恢复泉水常年喷涌　保护城市生态环境[J].园林科技信息,2003,10(1):38－42.

[139] 张二勋,周秀慧,刘道辰,等.聊城地区旅游资源评价及开发利用研究[J].聊城师院学报:自然科学版,1997,10(4):84－88.

[140] 周臻,王少青,耿庆国.滨州市以四环五海打造城市水利[J].山东水利,2005,10(3):23－24.

[141] 曹景迎.滨州市创建全国水土保持生态环境示范城市措施分析[J].海河水利,2006,21(4):8－10.

[142] 张祖陆,沈吉,孙庆义,等.南四湖的形成及水环境演变[J].海洋与湖沼,2002,33(3):314－320.

[143] 沈吉,张祖陆,杨丽原,等.南四湖:环境与资源研究[M].北京:地震出版社,2008.

[144] 汪中华,张涛,刘继军,等.南四湖应急生态补水监测技术[M].郑州:黄河水利出版社,2005.

[145] 李书恒,郭伟.京杭大运河的功能与苏北运河段的发展利用[J].第四纪研究,2007,27(5):862－867.

[146] Xia L L,Liu R Z,Zao Y W. Correlation analysis of landscape pattern and water quality in baiyangdian Watershed[J]. Procedia Environmental Sciences, 2012, 13:2188－2196.

[147] 赵焕其,崔洪国.诸城市潍河水利风景区的作用与影响[J].山东水利,2011,12(1):41－42.

[148] 朱琳琳,毕钦祥,谭好臣,等.峡山水库水源地水质现状及保护措施[J].水质调查与评价,2011,12(3):81－82.

[149] 孟庆斌,刘永珍,谭永明,等.大明湖水质水量耦合模拟及引水方案研究[J].水电能源科学,2008,26(4):24－26.

[150] 宫巧玉,张祖陆,王兆军,等.济南市大明湖生态环境需水量[J].城市环境与城市生态,2007,20(4):28－30.

[151] 矫桂丽,刘祥栋,张晓谨.大明湖水质现状评价与防治对策[J].山东水利,2009(9):17－19.

[152] 吴俊河,李群智,张长江,等.江北水城河湖水系水动力学及水质模拟初步研究[J].灌溉排水学报,2007,26(4):11－13.

[153] 孙文章,曹乐升.东昌湖水质评价分析[J].山东大学学报,2007,37(6):95－105.

参考文献

[154] 郑兵,袁梅,陈新国. 四环五海工程对滨州市水环境的影响分析[J]. 海河水利,2008,23(4):13-15.

[155] 王素芬,颜廷方,时延庆. 南四湖上级来水量分析[J]. 治淮,2009,11(3):18-19.

[156] 程学江,官修超,李进东,等. 小埠东橡胶坝蓄水合理调度与综合效益研究[J]. 中国水利,2001,20(3):61.

[157] 高远,苏宇祥,元树财. 沂河流域浮游植物与水质评价[J]. 湖泊科学,2008,20(4):544-548.

[158] SL 431—2008 城市水系规划导则.

[159] 何俊达,吴迪,魏国. 城市适宜水面率及其影响因素分析[J]. 干旱区资源与环境,2008,22(2):6-8.

[160] 陈文波,肖笃宁,李秀珍. 景观指数分类、应用及构建研究[J]. 应用生态学报,2002,13(1):21-125.

[161] 何鹏,张会儒. 常用景观指数的因子分析和筛选方法研究[J]. 林业科学研究,2009(22):470-474.

[162] 齐伟,曲衍波,刘洪义,等. 区域代表性景观格局指数筛选与土地利用分区[J]. 中国土地科学,2009,23(1):33-37.

[163] DB37/T 2172—2012 山东省水生态文明城市评价标准.

[164] 王文珂. 水生态文明城市建设实践思考[J]. 中国水利,2012(23):33-36.

[165] 王维平,孙小滨,曲士松. 济南市有效利用城市雨水回灌岩溶地下水探讨[J]. 水利水电技术,2009,40(3):20-26.

[166] 陈锐. 济南试点创建全国水生态文明市[J]. 山东水利,2012(10).

[167] 张海防. 1885年黄河改道与山东经济社会发展关系探讨[J]. 中国社会科学院研究生院学报,2007,11(6):2-3.

[168] 陈丕虎,张继荣. 黄河断流对山东省经济发展的影响及对策[J]. 水利管理技术,1998(5):51-54.

[169] 姚傑宝,柴成果. 浅析黄河水资源的可持续管理战略[J]. 水利水电技术,2005(1):22.

[170] 李政海,王海梅,韩国栋,等. 黄河下游断流研究进展[J]. 生态环境,2007(2):119-123.

[171] 张仰正,苏京兰,李民东,等. 加强山东黄河水量统一调度发挥黄河水资源最佳效益[J]. 水利建设与管理,2006(5):77-79.

[172] 陈秀娟,赵化云. 黄河水资源管理与利用[M]. 济南:山东省地图出版

社,2009.

[173] 程进豪.山东黄河水资源状况与开发利用效益[M].济南:山东科学技术出版社,1997.

[174] 李国英.治理黄河思辨与践行[M].北京:中国水利水电出版社,郑州:黄河水利出版社,2003.

[175] 袁长极,等.清代山东水旱自然灾害[J].山东史志资料,1982.

[176] 郝金之,赵海棠,袁伯溪,等.山东黄河水资源开发利用现状、问题及对策[J].水利建设与管理,2006(7):81-82.

[177] 李国英.维持黄河健康生命[M].郑州:黄河水利出版社,2005.

[178] 山东省地方史志编纂委员会.山东省志·黄河志[M].济南:山东人民出版社,1992.

[179] 黄河水利委员会山东黄河河务局.山东黄河志[M].济南:山东省新闻出版局,1988.

[180] 刘长余,赵培青.论南水北调东线山东段工程规划[J].水利规划与设计,2007(2):4-6.

[181] 周垂田,齐春三,董温荣,等.引黄灌溉对土壤含盐量的影响分析与对策[J].山东水利,2006(1):34-35.

[182] 水利部黄河水利委员会.人民治理黄河六十年[M].郑州:黄河水利出版社,2006.

[183] 胡健,孙蓬蓬,戴清,等.小浪底水库运用对下游引黄灌区的影响[J].节水灌溉,2010(3):26-29.

[184] 韩其为.黄河调水调沙的效益[J].人民黄河,2009,31(5):6-10.

[185] 娄小英,赵良然,董宏灿.引黄沉沙的处理与应用[J].科技信息,2008(33):366.

[186] 庄勇.南水北调东线工程山东供水区的调水规模及供水水价分析[D].南京:河海大学,2007.

[187] 刘长余,赵培青,韩凤来.浅谈南水北调工程在山东经济社会发展中的地位和作用[J].东岳论丛,2003,1(6):10-12.

[188] 于福春,刘圣桥,周建仁.南水北调东线工程与山东社会经济的可持续发展[J].东岳论丛,2005,26(2):192-194.

[189] 徐曙光.投入产出技术的研究进展[J].国土资源情报,2005(12):35-39.

[190] 列昂惕夫.投入产出经济学[M].崔书香,译.北京:商务印书馆,1980.

[191] 王阳,刘云,刘亚.投入产出法及其应用问题探析[J].集团经济研究,2007

参考文献

（243）:264 - 266.

[192] 雷明.绿色投入产出核算:理论与应用[M].北京:北京大学出版社,2000.

[193] 严婷婷,贾绍凤.水资源投入产出模型综述[J].水利经济,2009,27(1): 8 - 13.

[194] Bullard C,Herendeen R. Energy impact of consumption decisions[J]. Proceedings of the IEEE,1975(63):484 - 493.

[195] 汪党献.水资源需求分析理论与方法研究[D].北京:中国水利水电科学研究院,2003.

[196] BouHia H. Water in the economy: integrating water res ourcesinto national economic planning[D]. Cambridge:Harvard University,1998.

[197] 唐志鹏,付雪,周志恩.我国工业废水排放的投入产出重要系数确定研究[J].中国人口资源与环境,2008,18(5):123 - 127.

[198] Leistritz L, Leitch F, Bangsund D. Regional economic impacts of water management alternatives: the case of Devils Lake, North Dakota, USA[J]. Journal of Environmental Management, 2002, 66(4):465 - 473.

[199] Chen X. Shanxi water resource input - occupancy - output table and its application in Shanxi province of China[J]. The 13th International Conference on Input-Output Techniques, Macerata, Italy,2002.

[200] 山东省水利厅.1997 山东省水资源公报[R].济南:山东省水利厅,1999.

[201] 山东省水利厅.2002 山东省水资源公报[R].济南:山东省水利厅,2004.

[202] 山东省水利厅.2007 山东省水资源公报[R].济南:山东省水利厅,2010.

[203] 山东省统计局.1997 年山东省投入产出表[R].济南:山东省统计局,1998.

[204] 山东省统计局.2002 年山东省投入产出表[R].济南:山东省统计局,2003.

[205] 山东省统计局.2007 年山东省投入产出表[R].济南:山东省统计局,2008.

[206] 刘保.投入产出乘数分析[J].统计研究,2004(5):55 - 58.

[207] 白雪梅,赵松山.对列昂惕夫逆矩阵应用的探讨[J].统计与决策,2003(6): 6 - 8.

[208] 中国投入产出学会课题组.国民经济各部门水资源消耗及用水系数的投入产出分析[J].统计研究,2007,24(3):20 - 15.

[209] 刘品,王维平,马承新,等.山东省宏观经济水资源投入产出分析[J].灌溉排水学报,2011,30(1):117 - 120.

[210] 马承新,王维平,刘品.山东省虚拟水贸易问题研究——基于投入产出分析方法[J].中国农村水利水电,2012(2):149 - 152.

水
与
齐
鲁
文
明
SHUI YU QILU WENMING

256